室内设计原理
与专题设计实践

主 编 王志乔 钟 刚 张 娟
副主编 曾晓泉 韩 冰 潘 震 高长征

U0340171

中国水利水电出版社
www.waterpub.com.cn

内 容 提 要

本书采用由一般到个别的论述方法对室内设计进行了研究，先是分析了室内设计的概念、程序、室内设计师的职责，与其他学科的关系等基本理论，然后对室内设计的风格样式、思维与方法、设计原则、设计方案表现、评价原则、空间设计理论等具有普遍意义的设计方法进行论述，并分析了居住与工作空间、公共空间、特殊人群、室内环境等专题设计方法，最后对室内设计的发展趋势、室内设计的项目协调与管理进行了研究。

图书在版编目（ＣＩＰ）数据

室内设计原理与专题设计实践 / 王志乔，钟刚，张
娟主编. -- 北京 : 中国水利水电出版社，2015.2（2022.10重印）
 ISBN 978-7-5170-3001-0

 Ⅰ. ①室… Ⅱ. ①王… ②钟… ③张… Ⅲ. ①室内装
饰设计 Ⅳ. ①TU238

中国版本图书馆CIP数据核字(2015)第041929号

策划编辑：杨庆川　责任编辑：陈　洁　封面设计：崔　蕾

书　　名	室内设计原理与专题设计实践
作　　者	主 编 王志乔 钟　刚 张　娟 副主编 曾晓泉 韩　冰 潘　震 高长征
出版发行	中国水利水电出版社 （北京市海淀区玉渊潭南路１号Ｄ座 100038） 网址：www. waterpub. com. cn E-mail：mchannel@263. net（万水） 　　　　 sales@ mwr. gov. cn 电话：(010)68545888（营销中心）、82562819（万水）
经　　售	北京科水图书销售有限公司 电话：(010)63202643、68545874 全国各地新华书店和相关出版物销售网点
排　　版	北京厚诚则铭印刷科技有限公司
印　　刷	三河市人民印务有限公司
规　　格	184mm×260mm　16 开本　24.5 印张　627 千字
版　　次	2015年7月第1版　2022年10月第2次印刷
印　　数	3001-4001册
定　　价	86.00 元

前　言

　　自从人类有建筑以来，就有室内空间。当代室内设计涵盖的领域十分广阔，其设计领域已扩展到诸如家具、灯具、陈设、小品和标志等的艺术设计。室内设计与建筑设计、环境设计、工业设计等有着十分密切的关系，是一门发展极为迅速的学科。当代室内设计不再是传统意义上的工艺美术，现代室内设计不仅与建筑学、文学、美学、物理学、生物学、生态学、符号学、人类工程学、认知心理学、环境心理学等学科相关，也与结构工程、生产工艺、环境工程技术、机械工程、照明工程、材料工程紧密相关，成为一种多学科的综合。

　　室内设计是一个整体的概念，将室内设计所涉及的各个专业加以整合，对不同部位使用的各种材料按照技术要求进行选择和封装，对室内各个空间和界面按照功能要求进行视觉艺术设计和标示系统设计，对空间及其界面进行装饰、点缀、美化以及布置。

　　改革开放以来，我国人民的生活水平不断提高，建筑装饰业迅猛发展，室内设计方兴未艾。时至今日，我国的室内设计教育已经得到飞速发展，日益受到人们的高度重视，展现出蓬勃向上的气势。室内设计既涉及个人的空间，也涉及公共的空间，通过室内空间及其界面的处理，以家具与陈设的布置与装饰等来满足生活的需求，表达设计师的理想和追求。室内设计是在更深的层次上设计生活，既是社会生活方式的体现，也是个体生活方式的反映，从而使室内设计呈现了极为丰富多彩的面貌。在现代社会中，人们的生活体验在很大程度上与室内设计相关，室内空间是人们所无法回避的主要生活环境，室内设计直接反映了生活的品质和人们的素质。

　　在精神文明和物质文明不断向前发展的今天，人们对美的要求日益提高，这就更加要求设计人员通过室内设计这一融科学和艺术于一体的学科，提高人们的生活质量和生存价值，展示现代文明的新成果。同时，也为了向室内设计相关专业（建筑学、艺术设计等）的学生和对室内设计感兴趣的人士系统地阐述室内设计的原理及室内专题设计，故编写了《室内设计原理与专题设计实践》这本书。

　　本书前半部分全面地论述了室内设计的基本理论、室内设计的相关学科、室内设计的思维与方法、室内设计的主要设计原则、室内设计方案表现与评价原则等，同时也论述了室内设计的风格样式及演化。后半部分在室内设计原理的基础上，首先阐述了室内空间的设计理论，然后就居住与工作空间设计、公共空间设计、特殊人群的室内设计、室内环境设计展开专题论述，最后从多个角度论证当代室内设计的发展趋势。该书不仅讨论设计的对象，也研究设计的主体。各位编者不仅有深厚的理论功底，同时也都有十分丰富的实践经验。《室内设计原理与专题设计实践》的成书凝聚了集体的心血，全书具有完整的体系，资料丰足，插图精美。编者们不仅注重理论的系统性，也注重实践性。该书介绍了世界建筑最新的发展趋势及其流派，论述深入浅出，逻辑严密，是一本难得的有关室内设计原理方面的著作。

全书由王志乔、钟刚、张娟担任主编,曾晓泉、韩冰、潘震、高长征担任副主编,并由王志乔、钟刚、张娟负责统稿,具体分工如下:

第一章、第二章、第四章第一节、第十二章第一节至第四节、第十三章:王志乔(长江大学);

第五章第一节、第六章、第七章:钟刚(重庆工程职业技术学院);

第九章第五节至第七节、第十章:张娟(内蒙古师范大学);

第四章第二节至第三节:曾晓泉(广西艺术学院);

第三章、第五章第二节:韩冰(南阳师范学院);

第十一章、第十二章第五节至第八节:潘震(商丘师范学院);

第八章、第九章第一节至第四节:高长征(华北水利水电大学)。

本书在编写过程中,借鉴和参考了部分学者的理论成果,在此对参考书目的作者表示衷心的感谢!由于室内设计的内涵和实践范畴十分庞大、复杂,国内对该学科体系目前还没有完全达成共识,加之编者水平所限,难免存在疏漏与不足,真诚欢迎各位专家、同仁提出宝贵意见,以便日后进一步完善。

编 者

2014 年 12 月

目　录

第一章　室内设计概论

第一节　室内设计的概念

一、室内设计的定义

室内设计是建筑内部空间的思维创造活动,是建筑设计的有机组成部分,是建筑设计的继续和深化,具体地说它是以功能的科学性、合理性为基础,以形式的艺术性、民族性为表现手法,为塑造出物质与精神兼而有之的室内生活环境而采取的思维创造活动,并通过一定技术手段,用视觉传达的方式表现出来。

室内设计有其自己的特征和独立性。随着社会的进步,室内设计越来越受到人们的关注和重视,成为人们生活中的一个热点。

二、室内设计的目的

(1)解决建筑内部空间的使用功能。
(2)改善空间内部原有物理性能(比如:保温、隔热、节能、空调、采光照明、智能化等)。
(3)塑造一个与使用者行为相称的生活与工作环境。
(4)改变人们的生活方式,创造新的生活理念。

三、室内设计的对象

设计的服务对象是人,设计为人的需求而存在,室内空间是为人享用的,所以设计的过程是将人的生活方式和行为模式物化的过程,这就需要设计人员体验生活、体验空间、体验环境,要满足社会上各种人所提出的使用功能和精神功能的需求。

四、室内设计的功能

(一)物质功能

根据建筑的类型及使用功能安排室内空间,要尽量做到布局合理、通行便利、空间层次清晰、通风良好、采光适度等。使用功能反映了人们对某个特定室内环境中的功能要求,不同使用功能的室内环境其设计要求也不同,比如,卧室要求私密、舒适,书房要求安静、宜于工作和学习等。

(二)精神功能

单纯注重物质功能的合理性是不够的,独特的设计所带来的心理和精神上的满足同样很重要。设计应通过外在形式唤起人们的审美感受并满足其心理需要。

1. 视觉体验

室内设计必须满足人类情感的需求。情感是一种直觉的、主观的心理活动,主要通过视觉的体验来获得。每一个室内空间都能给人带来不同的心理感受。比如,热烈的、可爱的、浪漫的、整齐的、活跃的、宁静的、严肃的、规矩的、杂乱的、理性的、正统的、艺术的、冰冷的、童趣的、拥挤的、世俗的、个性的、老朽的、宽敞的、明亮的、现代的、乡土的、典雅的、柔软的、昏暗的、未来的、高雅的、复杂的、华贵的、有趣的、简洁的、朴素的,等等。

2. 情感追求

在室内设计中,对待特定情感的追求与表现是十分重要的,从形式上看是在推敲诸如对地面、顶棚、墙面等实体的设计,而实质上是要通过这些手段,创造出理想的空间氛围。所以对于不同的设计要有不同的设计定位,从而作出与之相应的设计方案。

五、室内设计的特点

室内设计是对建筑设计的完善和再创造,是对室内空间、界面和形态的优化和改善。室内设计的主要内容包括对空间、色彩、材质、灯光和陈设的设计,以及对室内声、光、热等物理环境、心理环境和文化内涵的设计。

室内设计是人们根据建筑空间的使用性质,运用物质技术手段,创造出功能合理、舒适优美的室内环境,以满足人的物质与精神需求而进行的空间创造活动。室内设计所创造的空间环境既能满足相应的功能要求,同时也反映了历史文脉、建筑风格、环境气氛等精神因素。"创造出满足人们物质和精神生活需求的室内环境",是室内设计的目的。现代室内设计是综合的室内环境设计,它包括视觉环境和工程技术方面的问题,也包括声、光、热等物理环境及氛围、意境等心理环境和文化内涵等内容。

关于室内设计,中外优秀的设计师有许多好的观点和看法。建筑师戴念慈先生认为"室内设计的本质是空间设计,室内设计就是对室内空间的物质技术处理和美化"。建筑师普拉特纳则认为室内设计"比设计包容这些内部空间的建筑物要困难得多",这是因为在室内"你必须更多地同人打交道,研究人们的心理因素,以及如何能使他们感到舒适、兴奋。经验证明,这比同结构、建筑体系打交道要费心得多,也要求有更加专门的训练"。美国前室内设计协会主席亚当认为"室内设计的主要目的是给予各种处在室内环境中的人以舒适和安全,因此室内设计与生活息息相关,室内设计不能脱离生活,盲目地运用物质材料去粉饰空间"。建筑师 E・巴诺玛列娃认为"室内设计应该以满足人在室内的生产、生活需求，以功能的实用性为设计的主要目的"。

可见，室内设计是一门综合性学科，它所涉及的范围非常广泛，包括声学、力学、光学、美学、哲学、心理学和色彩学等知识。它具有如下鲜明的特点。

其一，室内设计强调"以人为本"的设计宗旨。室内设计的主要目的就是创造舒适美观的室内环境，满足人们多元化的物质和精神需求，确保人们在室内的安全和身心健康，综合处理人与环境、人际交往等多项关系，科学地了解人们的生理、心理特点和视觉感受对室内环境设计的影响。

其二，室内设计是工程技术与艺术的结合。室内设计强调工程技术和艺术创造的相互渗透与结合，运用各种艺术和技术的手段，使设计达到最佳的空间效果，创造出令人愉悦的室内空间环境。科学技术不断进步，使人们的价值观和审美观产生了较大的改变，对室内设计的发展也起了积极的推动作用，新材料新工艺的不断涌现和更新，为室内设计提供了无穷的设计素材和灵感，运用这些物质技术手段结合艺术的美学，创造出具有表现力和感染力的室内空间形象，使得室内设计更加为大众所认同和接受。

其三，室内设计是一门可持续发展的学科。室内设计的一个显著特点就是它对由于时间的推移而引起的室内功能的改变显得特别突出和敏感。当今社会生活节奏日益加快，室内的功能也趋于复杂和多变，装饰材料、室内设备的更新换代不断加快，室内设计的"无形折旧"更趋明显，人们对室内环境的审美也随着时间的推移而不断改变。这就要求室内设计师必须时刻站在时代的前沿，创造出具有时代特色和文化内涵的室内空间，如图 1-1 和图 1-2 所示。

图 1-1　室内设计欣赏一

图 1-2　室内设计欣赏二

第二节　室内设计师的职责

一、室内设计师的素质

设计与艺术创作是一回事,有的设计只是满足功能要求或抄袭一点形式上的东西,不能说这就是设计,如同商品画不算艺术创作一样,所以我们所说的设计必须是有创作成分在内的设计,室内设计师应具有全新的设计理念和独特的设计眼光,其设计作品为大众所能接受。

中国的室内设计目前还处在一个不太高的水平上,究其原委,有社会的,也有设计师自身的原因,这两条也不是没有关联的。总的来说当代中国设计师大都缺少全面的训练,有些人认为设计师靠的是艺术感觉与经历,粗通工艺就行了。其实训练有素的设计师成才的道路是不相同的,不用说任何一个立志从事设计的年轻人都愿意自己的作品是创新的,然而模仿又是初学者的一段必经途径,这就好比你必须要先上了路,才能独辟蹊径,你若是站在渺无人烟的荒漠上,全无踪迹可寻,要独辟蹊径,那只能是乱走了。

人们常说画如其人,设计也一样,不同素养的设计人,其设计结果也会不同,作为室内设计师不仅要在专业领域进行学习,还要在其他非专业领域中学习,看得多了设计得多了,你就会摸索出一套有个人特色的设计方法,既不违背设计规律,又能体现出自己设计作品的艺术风格。室内设计师的作用是在美学和实际需求之间调和,任何一方走向极端都要及时调整。

二、室内设计师的职责

室内设计师的职责包括协调室内空间使用功能和空间形象审美两个方面。

　　具体内容一般包括可行性报告、方案设计、施工图设计和施工监理等内容。而今天的室内设计服务内容又有了新的延伸,它还应包括与室内相连接的室外环境设施设计及室内选配灯具、家具、绿化、艺术品等陈设内容。在商业环境设计中还应包括店面设计及标志、标牌字体等 VI 设计(视觉形象设计),以及对经营行为发展预见等内容。在今天市场经济的社会环境下,综合服务已成为室内设计师的专业范畴和社会职责(图 1-3 至图 1-7)。

图 1-3　室外环境设施设计

图 1-4　与室内相连接的室外环境设计

图 1-5　店面设计

图 1-6　商业环境中对标牌字体的设计

图 1-7　商业环境设计中所包含的 VI 设计

三、室内设计师与业主的配合

室内设计师与业主的关系是一种服务与被服务的关系,在设计过程中会遇到各种业主,大部分业主都有很强的主观意见,有一些是能够沟通的,经过解释说服过程,达到理解与认同,但有时出于观念的不同,业主也许无法理解你一所设计表达的内容,因而更多的时候,你必须按照业主的主观意识去做,这样,设计师设计出来的作品并非出于本意。

第三节 室内设计的程序

一、设计准备

设计准备阶段最主要的是制定设计任务书,接受委托任务书,签订合同,或者根据标书要求参加项目投标。所谓设计任务书就是在开始项目之前决定设计的方向。这个方向要包括室内空间的物质功能和精神审美两个方面。设计任务书在表现形式上有意向协议、招标文件、正式合同等。不管表面形式如何多变,其实质内容都是相同的。通俗说设计任务书就是制约委任方(甲方)和设计方(乙方)的具有法律效益的文件。只有共同严格遵守设计任务书规定的条款才能保证工程项目的实施。

在现阶段设计任务书的制定应该以委托方(甲方)为主。设计方(乙方)应以对项目负责的精神提出建设性的意见供甲方参考。一般来说,设计任务书的制定在形式上表现为以下四种:①按照委托方(甲方)的要求制定;②按照等级档次的要求制定;③按照工程投资额的限定要求制定;④按照空间使用要求制定。

现阶段的设计任务书往往以合同文本的附件形式出现。应包括以下主要内容:①工程项目地点;②工程项目在建筑中的位置;③工程项目的设计范围与内容;④不同功能空间的平面区域划分;⑤艺术风格的发展方向;⑥设计进度与图纸类型。

在制定好设计任务书后,设计者还要接受委托设计书,签订合同,或者根据标书进行投标;明确设计任务书的设计任务和要求,如室内设计任务的使用性质、功能特点、设计规模、等级标准、总造价,根据任务书的使用性质所需创造的室内环境氛围、文化内涵或艺术风格等;熟悉设计有关的规范和定额标准,收集分析必要的资料和信息,包括对现场的调查,测绘关键性部位的尺寸,细心地揣摩相关的细节处理手法;调查同类室内空间的使用情况,找出功能上存在的问题。

在签订合同或制定投标文件时,要注明设计的进度安排,设计费率标准,即室内设计收取业主设计费占室内装饰总投入资金的百分比(一般由设计单位根据任务的性质、要求、设计复杂程度和工作量,提出收取设计费率,通常为 4%～8%,最终与业主商议确定);收取设计费,也有按工程量来算的,即按每平方米收多少设计费,再乘以总计工程的平方米来计算。

对业主所提供的建筑图纸、相关资料等进行分析,了解工作的内容和基本条件状况。业主一般能够提供建筑施工图,但有时也会由于各种各样的原因无法提供图纸,在这种情况下,你就需要亲自到现场测量了。对空间状况作现场测量,为设计人员确立室内空间概念起到了积极的作用。

现场测量其实很简单,只要有一把钢卷尺、一支笔、一张纸就可以了。在测量时先量总长度、总宽度,然后量墙和门窗,边量边在纸上画出相应的平面图,并把测到的门窗尺寸写在相应的位置上。像各种管道、电视天线插孔等位置,都应不厌其烦地测量并画好,最后还要把需保留的家具和设备的长、宽、高尺寸量好记录下来(图1-8)。

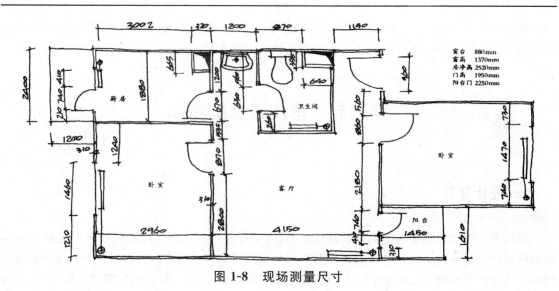

图 1-8　现场测量尺寸

二、草图构思

要作一个设计时,建筑平面及大体的构思已经有了,接下来便开始画草图。你摊开草图纸——一种半透明既薄又软的纸,拿起了笔,此刻一个接一个的假设浮上你的脑海,你要一个接一个地画出来比较,这就是勾画草图。徒手勾画草图实际上是一种图示思维的设计方式,在一个设计的开始阶段,最初的设计意象是模糊的、不确定的,而通过勾画草图能将设计思考的意象记录下来,这种工作方式对方案的设计分析起关键性的作用(图 1-9 至图 1-12)。

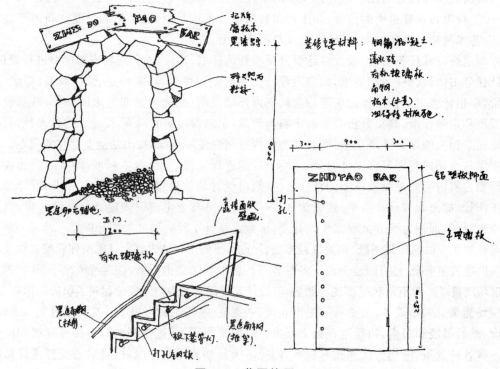

图 1-9　草图构思一

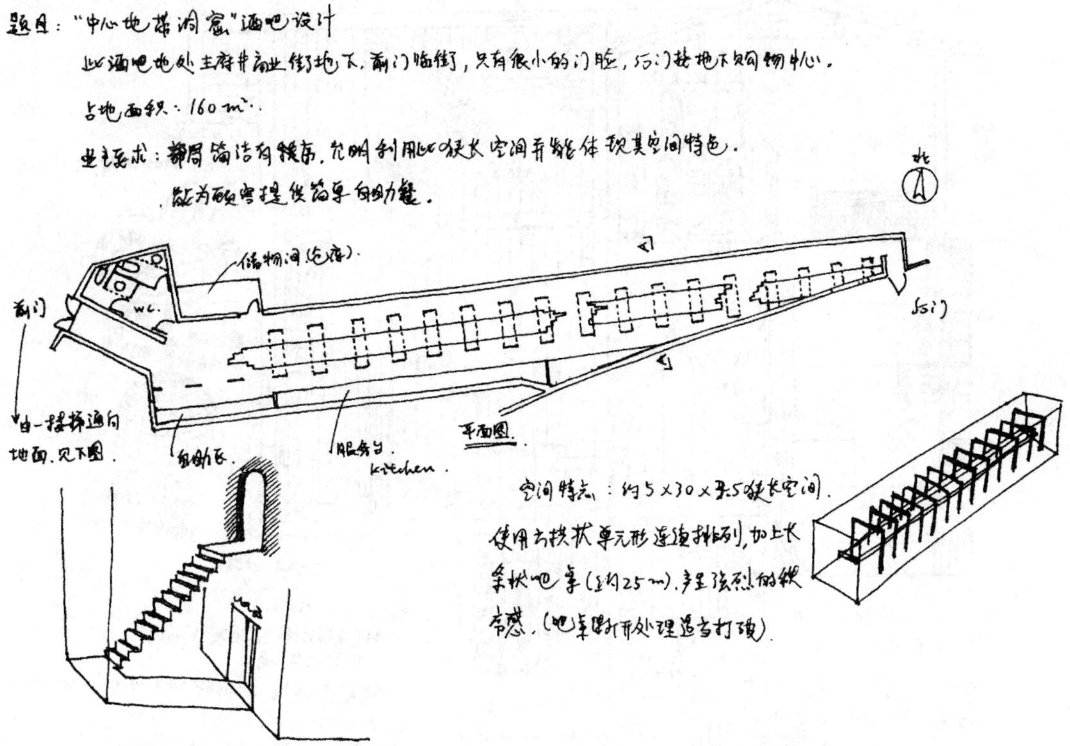

题目："中心地带洞意"酒吧设计

此酒吧地处王府井商业街地下,前门临街,只有很小的门脸,后门接地下购物中心。

占地面积:160㎡.

业主要求:装修简洁有特点,充分利用此狭长空间并能体现其空间特色.

能为顾客提供简单的饮料等.

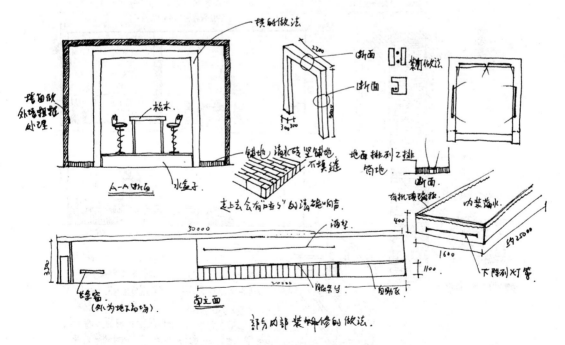

图 1-10　草图构思二

空间特色:约5×30×3.5狭长空间.

使用方块状单元形连续排列,加上长条状吧桌(约25m),产生强烈的线条感.(吧桌断面处理适当加厚)

图 1-11　草图构思三

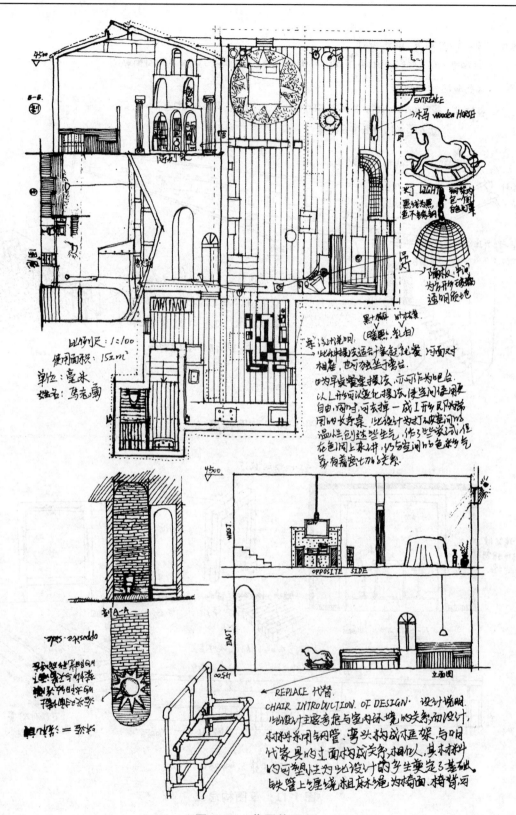

图 1-12　草图构思四

设计会受到上述各种客观因素的影响和制约,不管设计多复杂的平面,对设计人员来说都有个顺序:首先,要考虑利用天然采光、通风、日照等自然条件;其次,室内空间使用上是否有妨碍流通的情况,怎样设计使之避免。你可以在平面图上把实际尺寸的家具摆放进去,用箭头试画出人在室内活动的主要流通走向,分析是否有发生矛盾的地方。通过调整使矛盾减少到最小程度,使各种功能发挥最大效益。在平面空间调整妥当之后,再设计独立的立面,这时有些一闪而过的细部处理、材质设计等内容可用文字的形式、可视的图形一并记录在草图纸上,在这个过程中,不在乎画面效果,而在于发现、思索,强调脑、眼、手的互动(图 1-13、图 1-14)。

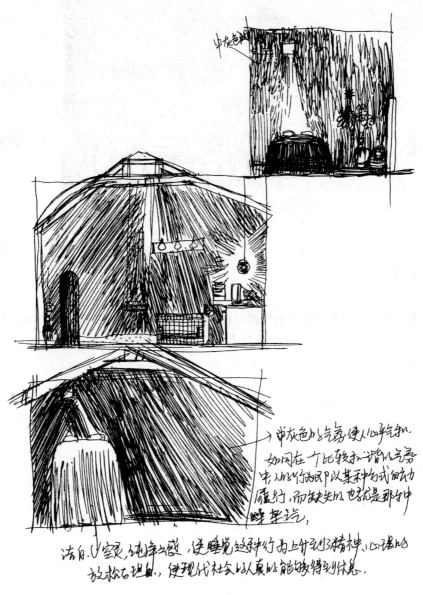

图 1-13　立面草图一

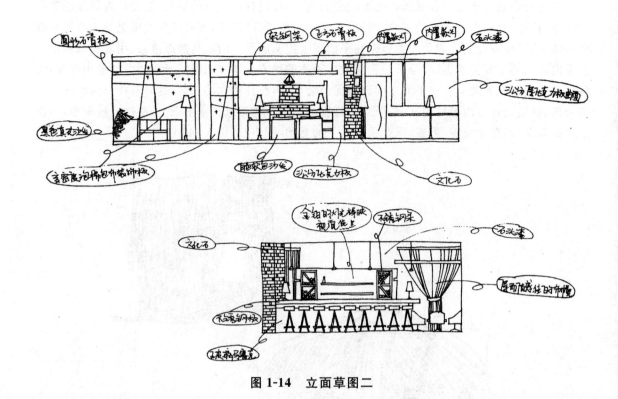

图 1-14　立面草图二

三、方案设计

对设计的各种要求以及可能实现的状况以图纸(平面图、立面图、效果图)和设计说明等形式与业主讨论并达成共识,待业主认同批准后方可进行下一阶段的工作。

(一)平面图

平面图是表现室内空间布局的一种手段,通俗地讲,平面图就仿佛是墙的中段被横切了一刀,从上面直接看下去的图形,这样可以清楚地标注出室内外及门窗、隔墙、家具等的不同尺寸。

画平面图时首先要按比例尺寸画,一般室内平面图多采用 1∶50 的比例,而小型的室内平面图,比如厨房、卫生间等可用 1∶30 的比例,绘图时可以根据纸张的大小和房间里内容的多少自行选择(图 1-15、图 1-16)。

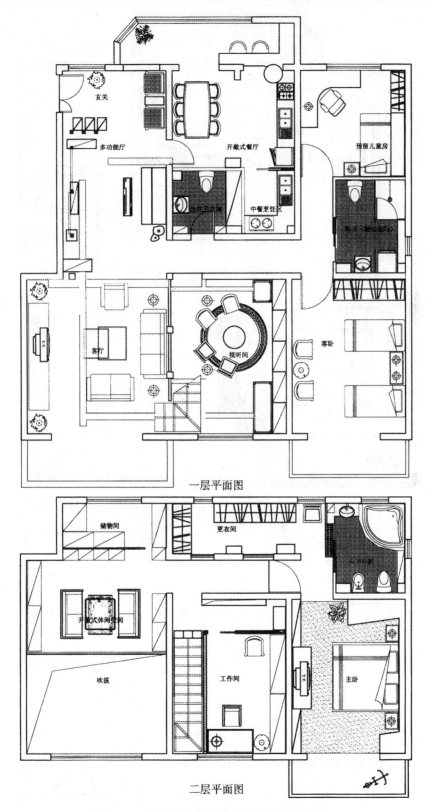

一层平面图

二层平面图

图 1-15　星海明珠复式住宅平面布置图一

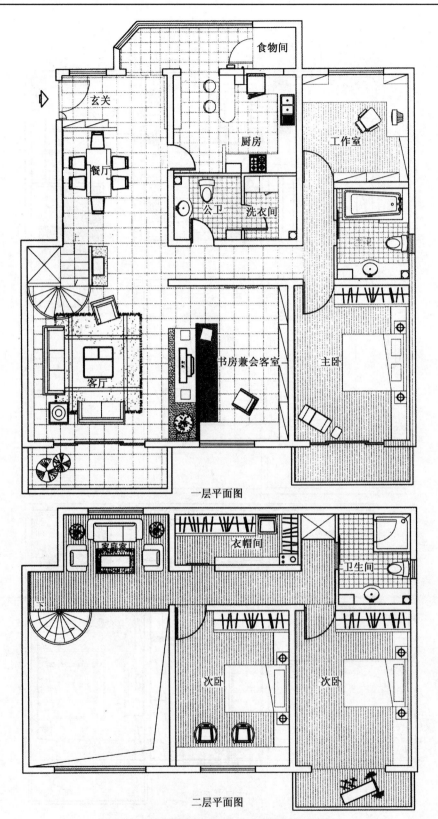

一层平面图

二层平面图

图 1-16　星海明珠复式住宅平面布置图二

（二）立面图

立面图是表现室内墙面造型的一种手段,立面图与平面图的原理是一样的,所不同的是立面图的图形仿佛是人站在房间中央朝四个方向看到的结果。

画立面图时也要按照比例尺寸来画,一般室内立面图多采用1：30的比例,但也可根据纸张大小和表现物体的复杂程度来定,一般立面图需标注室内标高等立面造型的尺寸。

（三）效果图

室内效果图是室内设计人员表达设计思维的语言,是完美地把设计意图传达给业主的手段,是设计投标、夺标的关键。虽然室内设计可以用平面图、立面图来表现,但是总不及室内效果图那样直观,同时通过这种假设出来的画面,业主可以直接地看到最终的设计效果,并提出他的修改意见,以便完善。

室内效果图可采用多种形式,由于效果图的绘制有其自身特点,它不同于一般的绘画作品,所以我们提倡采用快速的表现方法。比如,钢笔绘制或计算机绘制的方法(图 1-17、图 1-18)。

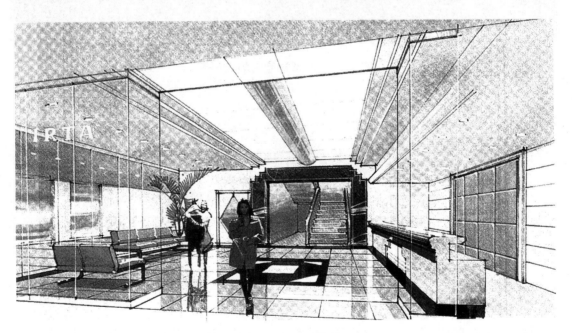

图 1-17　钢笔绘制的效果图

图 1-18　计算机绘制的效果图

四、扩初设计

设计人员在业主所批准的设计方案基础上,根据业主的意见及投资造价进行方案调整,作扩大初步设计供业主批准。扩初设计是具有一定细部的表现设计,能明确地表现出技术上的可行性、经济上的合理性、形式上的完整性和材料计划,待与业主磋商取得认同后,再进入到下一步施工图设计阶段。此阶段根据方案内容的复杂程度、业主要求、工程重要程度、设计变动等情况会多次重复。

五、施工图设计

设计人员在业主所批准的扩初设计基础上,以业主对设计内容的最后认定为标准作施工图,施工图的内容主要在构造、尺寸和材料的标注方面要有明确的示意,必要时还应包括水、暖、电等配套设施设计图纸,图 1-19 至图 1-26 是根据业主要求修改完善后的星海明珠复式住宅施工图(部分)。本书图纸中单位均为毫米(mm),标高单位为米(m)。

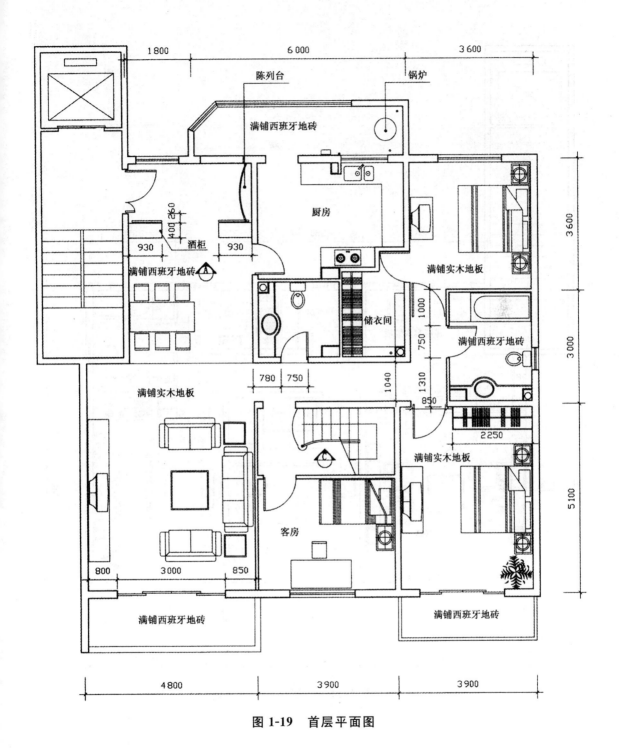

图 1-19　首层平面图

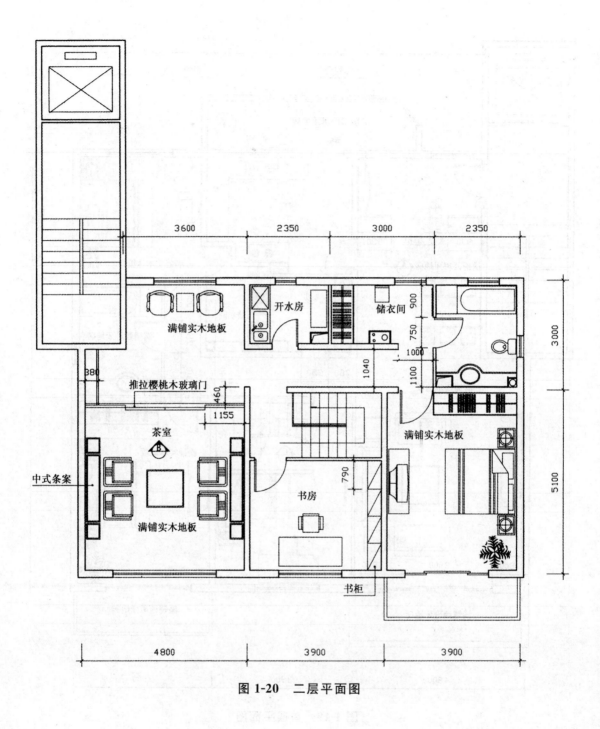

图 1-20 二层平面图

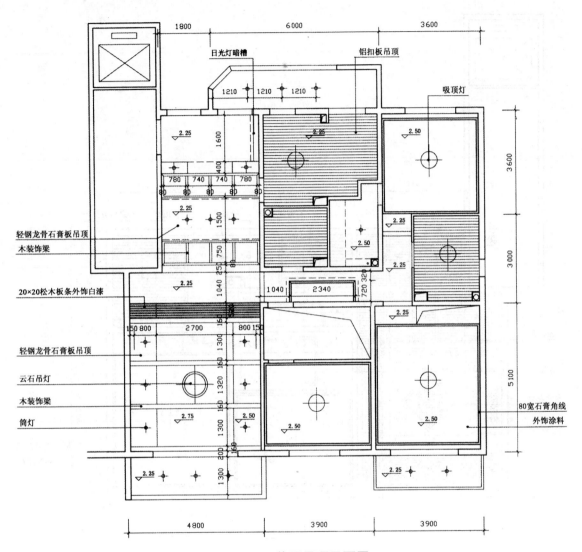

图 1-21　首层吊顶平面图

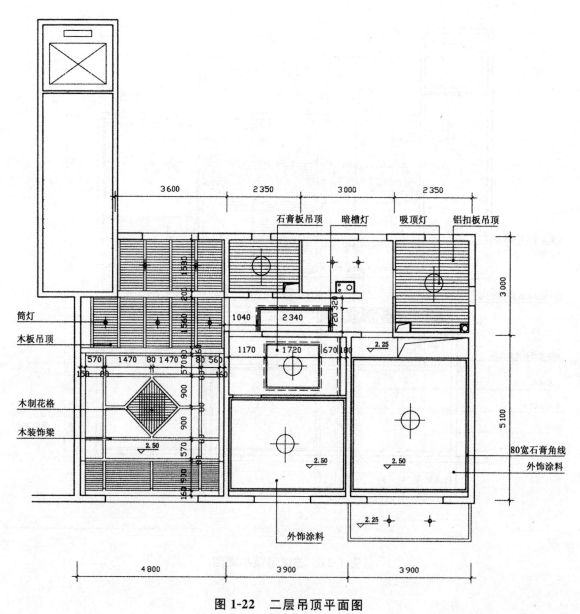

图 1-22　二层吊顶平面图

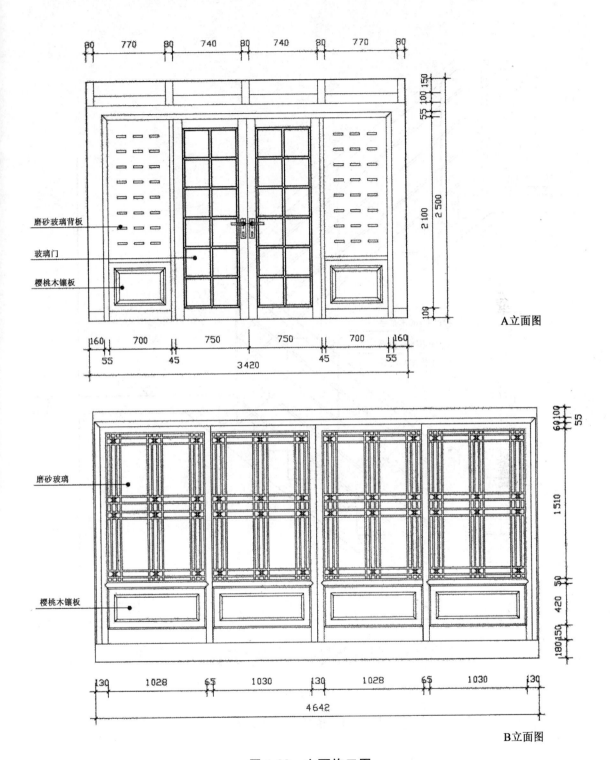

磨砂玻璃背板

玻璃门

樱桃木镶板

A立面图

磨砂玻璃

樱桃木镶板

B立面图

图 1-23　立面施工图

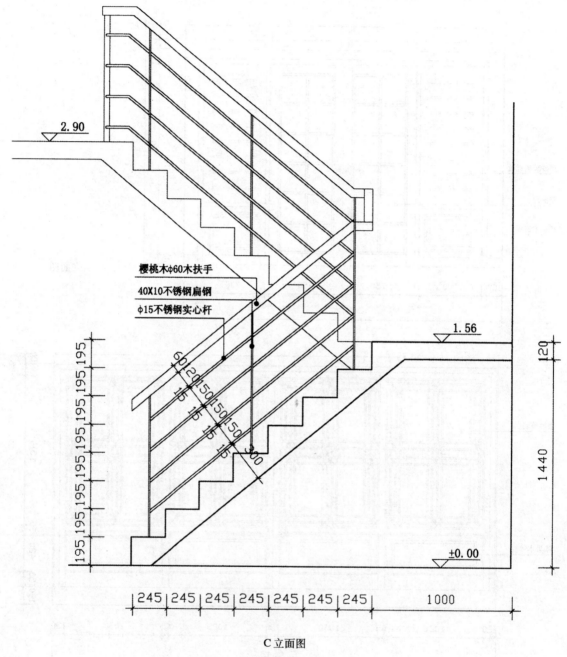

樱桃木φ60木扶手

40X10不锈钢扁钢

φ15不锈钢实心杆

C立面图

图 1-24　楼梯栏杆施工图

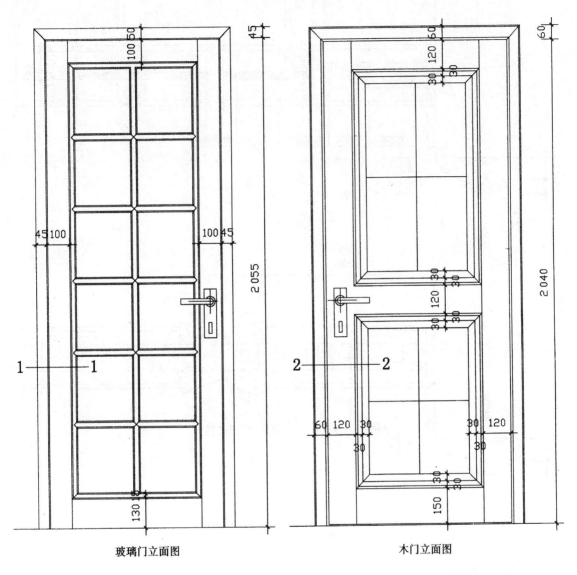

玻璃门立面图　　　　　　　　木门立面图

图 1-25　装饰立面图

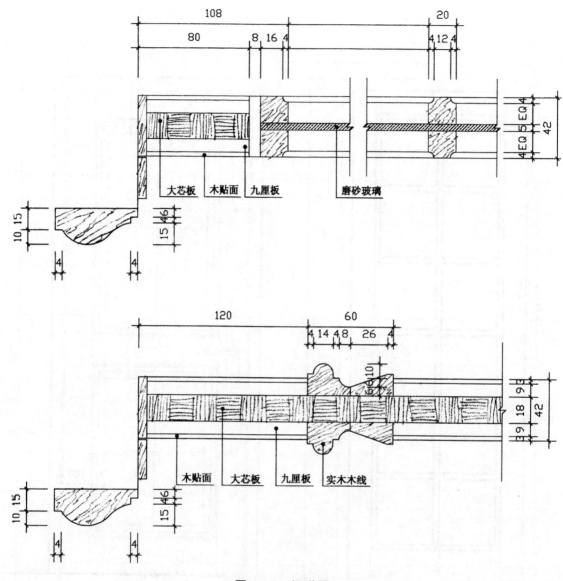

大芯板　木贴面　九厘板　磨砂玻璃

木贴面　大芯板　九厘板　实木木线

图 1-26　门详图

六、工程预算

当施工图绘制好后,施工方就可按施工图作预算了。其实预算本身也是一门专业,它是由预算员依照当地颁发的《建设工程概算定额》来计算的。定额中主要材料一栏中有材料代号者为定额指导价,当实际市场供应价格与定额指导价中的供应价格发生价差时,要与业主磋商取得认同。除定额规定允许调整或换算外,不得因工程的施工组织、施工方法、材料消耗等与定额规定的不同而调整。

工程费用＝主要材料费＋辅助材料费＋人工费＋设计费＋管理费＋税金

（一）主要材料费

主要材料费是指在装饰装修施工中按施工面积单项工程涉及的成品和半成品(比如,卫生洁具、厨具、水槽、热水器、煤气灶、地板、木门、油漆涂料、灯具、墙地砖,等等)的材料费。这些费用透明度较高,容易与业主沟通,其大约占整个工程费用的50%。

（二）辅助材料费

辅助材料费是指装饰装修施工中所消耗的难以明确计算的材料(比如,钉子、螺丝、水泥、沙子、木料以及油漆刷子、砂纸、电线、小五金,等等)所产生的费用。这些材料损耗较多,也难以具体计算,这项费用一般占到整个工程费用的10%。

（三）人工费

人工费是指整个工程中所耗的人工费用,其中包括工人的工资、工人上交劳动市场的管理费和临时户口费、医疗费、交通费、劳保用品费以及使用工具的机械消耗费,等等。这项费用一般占整个工程费用的30%左右。

（四）设计费

设计费是指工程的测量费、方案设计费和施工图设计费,一般是占整个工程费用的5%左右。

（五）管理费

管理费是指装饰装修企业在管理中所发生的费用,其中包括利润,比如,企业业务人员、行政管理人员的工资,企业办公费用、房租、水电、通讯费、交通费及管理人员的社会保障费用及企业固定资产折旧费用,等等。

（六）税金

税金是指企业在承接工程业务的经营中向国家所交纳的法定税金。

七、施工监理

当业主和施工方签订施工承包合同后,施工方便可以开始施工了。一般的施工工序是:进场后按图纸布线,如果是旧楼改造还需先拆旧、清理现场,然后综合布线。综合布线包括照明、计算机、音响、暖气、给排水、消防喷洒、烟感器、气体消防等走线。施工工序要先后交叉进行,一般先上瓦工、木工,后上油工,先做吊顶、墙面装修,后铺地面、粉刷、油漆,最终安装相应设备进行安全调试。在整个施工中,设计人员应关心工地的施工进展情况,与工厂积极配合并解决施工中所遇到的各种问题(图1-27)。

图 1-27　施工现场

八、陈设布置

　　在所有装修施工结束后,应由设计人员和业主共同协商配置设备、家具、灯具,挑选织物、绿化和陈设品。家具和织物是室内环境中的主要陈设,占面积较大,它的式样直接影响室内的风格,在室内占有举足轻重的地位,并且还应与墙面、顶棚、地面等相互协调。在大面积布置之后,还需在墙面及台面等位置摆放一些艺术品,这样才算真正完成了一件室内设计作品。

第二章 室内设计与其他学科

第一节 室内设计与人体工程学

人体工程学起源于欧美,其主要研究工业社会中,生产和使用机械设备的情况下,人与机械之间的协调关系。人体工程学作为独立的学科已有 50 多年的历史,在第二次世界大战中的军事设计领域首先开始运用人体工程学的原理和方法,如在坦克和飞机的内舱设计中,考虑了如何使人在舱内有效地工作和战斗,并尽可能地使人长时间在小空间内减少疲劳的人体工程学方案。第二次世界大战后,人体工程学的实践和研究成果开始迅速而广泛地运用到空间技术、工业生产和建筑及室内设计中。

一、人体工程学的含义与发展

人体工程学(Human Engineering),也称人类工程学、人间工学或工效学(Ergonomics)。工效学 Ergonomics 源自希腊文 Ergo,即工作、劳动和效果的意思,也可以理解为探讨人们劳动、工作效果和效能的规律性。人体工程学即研究"人—机—环境"系统中人、机器和环境三大要素之间关系的学科。人体工程学可以为"人—机—环境"系统中人的最大效能的发挥,以及人的健康问题提供理论数据和实施方法。

人体工程学是 20 世纪 40 年代后期发展起来的一门边缘学科,是随着军事及航天的需要发展起来的,萌芽于第一次世界大战,建立于第二次世界大战结束后,其发展历程如下。

(1)1950 年英国成立世界第一个人类工效学学会。

(2)1961 年国际人类工效学协会成立。

(3)1989 年中国人类工效学协会成立。

当今社会正向着后工业社会和信息社会发展,"以人为本"的思想已经渗透到社会的各个领域。人体工程学强调从人自身出发,在以人为主体的前提下研究人的衣、食、住、行以及生产、生活规律,探知人的工作能力和极限,最终使人们所从事的工作趋向于适应人体解剖学、生理学和心理学的各种特征。"人—机—环境"是一个密切联系在一起的系统,运用人体工程学主动地、高效率地支配生活环境将是未来设计领域重点研究的一项课题。

人体工程学联系到室内设计,以人为主体,运用人体计测、生理和心理计测等手段和方法,研究人体结构功能、心理、力学等方面与室内环境之间的合理协调关系,以适合人的身心活动要求,取得最佳的使用效能,其目标是安全、健康、高效能和舒适。

二、人体工程学的基本数据

(一)人体尺寸的分类

人的工作、生活、学习和睡眠等行为千姿百态,有坐、立、仰、卧之分,这些形态在活动过程中会涉及一定的空间尺度范围,这些空间尺度范围按照测量的方法可以分为构造尺寸和功能尺寸。

1. 构造尺寸

静态的人体尺寸,它是人体处于固定的标准状态下测量出的数据。这些数据包括手臂长度、腿长度和坐高等。它对于与人体有直接接触关系的物体(如家具、服装和手动工具等)有较大的设计参考价值,可以为家具设计、服装设计和工业产品设计提供参考数据。人体构造尺寸如图 2-1 至图 2-4 所示。

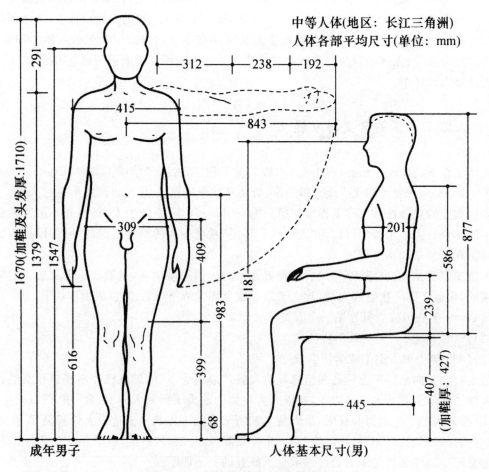

图 2-1　人体构造尺寸数据图一

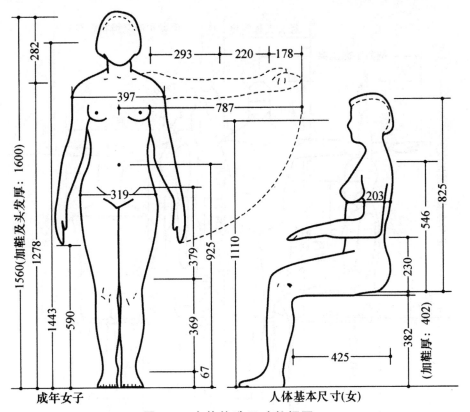

图 2-2　人体构造尺寸数据图二

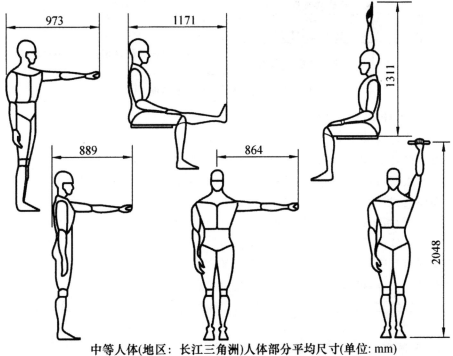

中等人体(地区：长江三角洲)人体部分平均尺寸(单位：mm)

图 2-3　人体构造尺寸数据图三

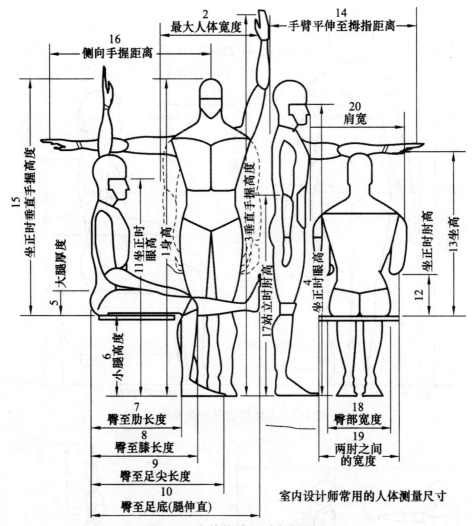

图 2-4　人体构造尺寸数据图四

(1)身高:指人身体直立、眼睛向前平视时从地面到头顶的垂直距离。

(2)最大人体宽度:指人直立时身体正面的宽度。

(3)垂直手握高度:指人站立时,手臂向上伸直能握到的高度。

(4)立正时眼高:指人身体直立、眼睛向前平视时从地面到眼睛的垂直距离。

(5)大腿厚度:指从坐椅表面到大腿与腹部交接处的大腿端部之间的垂直高度。

(6)小腿高度:指从地面到膝盖背面(腿弯处)的垂直距离。

(7)臀至肋长度:指从臀部最后面到小腿背面的水平距离。

(8)臀至膝盖长度:指从臀部最后面到膝盖骨前面的水平距离。

(9)臀至足尖长度:指从臀部最后面到脚趾尖的水平距离。

(10)臀至足底(腿伸直)长度:指人坐着时,在腿伸直的情况下,从臀部最后面到足底的水平距离。

(11)坐正时眼高:指人坐着时眼睛到地面的垂直距离。

(12)坐正时肘高:指从坐椅表面到肘部尖端的垂直距离。

(13)坐高：指人坐着时,从坐椅表面到头顶的垂直距离。

(14)手臂平伸至拇指距离：指人直立手臂向前平伸时后背到拇指的距离。

(15)坐正时垂直手握高度：指人坐正时,从坐椅到手臂向上伸直时能握到的距离。

(16)侧向手握距离：指人直立手臂向一侧平伸时,手能握到的距离。

(17)站立时肘高：指人直立时肘部到地面的高度。

(18)臀部宽度：指臀部正面的宽度。

(19)两肘之间的宽度：是两肘弯曲、前臂平伸时,两肘外侧面之间的水平距离。

(20)肩宽：指人肩部两个三角肌外侧的最大水平距离。

　　人体尺寸随着年龄、性别和地区差异各不相同。同时,随着时代的进步,人们的生活水平逐渐提高,人体的尺寸也在发生着变化。根据建筑科学研究院发表的《人体尺度的研究》中,有关我国人体的测量值,可作为设计时的参考,见表2-1。

表 2-1　不同地区人体各部分平均尺寸

单位:mm

编号	部　　位	较高人体地区(冀、鲁、辽)		中等人体地区(长江三角洲)		较低人体地区(广东、四川)	
		男	女	男	女	男	女
1	身高	1690	1580	1670	1560	1630	1530
2	最大人体宽度	520	487	515	482	510	477
3	垂直手握高度	2068	1958	2048	1938	2008	1908
4	立正时眼高	1573	1474	1547	1443	1512	1420
5	大腿厚度	150	135	145	130	140	125
6	小腿高度	412	387	407	382	402	377
7	臀至腘长度	451	431	445	425	439	419
8	臀至膝盖长度	601	581	595	575	589	569
9	臀至足尖长度	801	781	795	775	789	769
10	臀至足底(腿伸直)长度	1177	1146	1171	1141	1165	1135
11	坐正时眼高	1203	1140	1181	1110	1144	1078
12	坐正时肘高	243	240	239	230	220	216
13	坐高	893	846	877	825	850	793
14	手臂平伸至拇指距离	909	853	889	833	869	813
15	坐正时垂直手握高度	1331	1375	1311	1355	1291	1335
16	侧向手握距离	884	828	864	808	844	788
17	站立时肘高	993	935	983	925	973	915
18	臀部宽度	311	321	309	319	307	317
19	两肘之间的宽度	515	482	510	477	505	472
20	肩宽	420	387	415	397	414	386

2. 功能尺寸

动态的人体尺寸,是人活动时肢体所能达到的空间范围,它是动态的人体状态下测量出的数据。功能尺寸是由关节的活动和转动所产生的角度与肢体的长度协调产生的范围尺寸,它对于解决许多带有空间范围和位置的问题很有用。相对于构造尺寸,功能尺寸的用途更加广泛,因为人总是在运动着,人体是一个活动的、变化的结构。

运用功能尺寸进行设计时,应该考虑使用人的年龄和性别差异,如在家庭用具的设计中,首先应当考虑到老年人的要求,因为家庭用具一般不必讲究工作效率,主要是使用方便,在使用方便方面年轻人可以迁就老年人。家庭用具,尤其是厨房用具和卫生设备的设计,照顾老年人的使用是很重要的。在老年人中,老年妇女尤其需要照顾,她们使用合适了,其他人的使用一般不致发生困难,反之,倘若只考虑年青人使用方便舒适,则老年妇女有时使用起来会有相当大的困难,如图 2-5 所示。

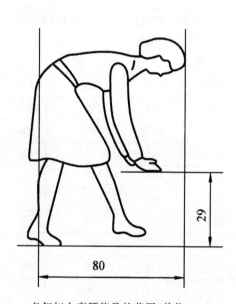
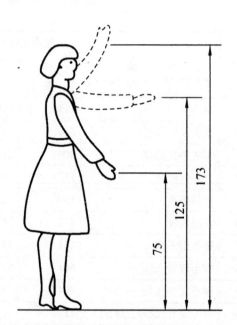

老年妇女弯腰能及的范围(单位:cm)　　　　老年妇女站立时手所能及的高度(单位:cm)

图 2-5　人体功能尺寸图

(二)人体尺寸的比例

公元前 1 世纪,罗马建筑师维特鲁威就从建筑学的角度对人体尺寸进行了较完整的论述。维特鲁威发现人体基本上以肚脐为中心,一个男人挺直身体,两手侧向平伸的长度恰好就是其高度,双足和双手的指尖正好在以肚脐为中心的圆周上。按照维特鲁威的描述,文艺复兴时期的达·芬奇创作了著名的人体比例图《维特鲁威人》,如图 2-6 所示。

成年人的人体尺寸之间存在一定的比例关系,对比例关系的研究,可以简化人体测量的复杂过程,只要量出身高,就可推算出其他的尺寸。不同地区、年龄和性别的人的人体比例系数也不同,如图 2-7 所示。

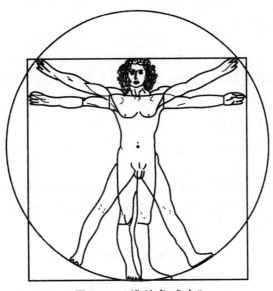

图 2-6　《维特鲁威人》

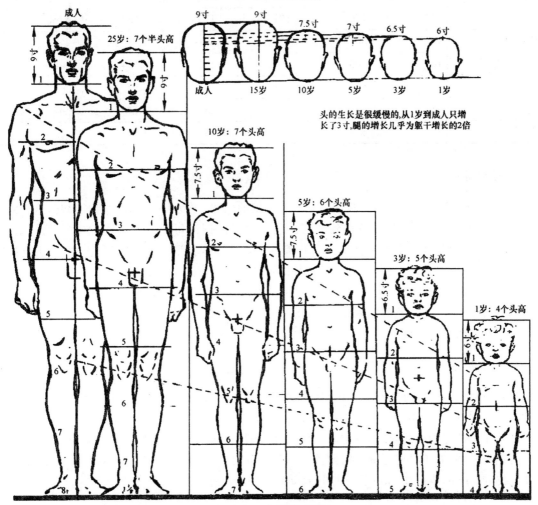

图 2-7　人体比例图

（三）人体尺寸的差异

人体尺寸测量如果仅仅是着眼于积累数据是不够的，还要进行大量的细致分析工作。由于很多复杂的因素都在影响着人体尺寸，所以个人与个人之间，群体与群体之间，在人体尺寸上存在很多差异，不了解这些差异就不可能合理地使用人体尺寸的数据，也就达不到预期的设计目的。差异的存在主要在以下几方面。

1. 种族差异

不同的国家，不同的种族，因地理环境、生活习惯和遗传特质的不同，人体尺寸的差异是十分明显的，从越南人平均 160.5cm 的身高到比利时人平均 179.9cm 的身高，高差幅度竟达 19.4cm，见表 2-2。

表 2-2　各地区人体尺寸对照表

单位：cm

人体尺寸(均值)	德　　国	法　　国	英　　国	美　　国	瑞　　士	亚　　洲
身高	172	170	171	173	169	168
坐高	90	88	85	86	—	—
站立时肘高	106	105	107	106	104	104
膝高	55	54	—	55	52	—
肩宽	45	—	46	45	44	44
臀宽	35	35	—	35	34	—

2. 世代差异

在过去 100 年中观察到的生长加快是一个特别的问题，子女们一般比父母长得高，这个问题在总人口的身高平均值上也可以得到证实。欧洲的居民预计每十年身高增加 10～14mm。因此，若使用三四十年前的数据会导致相应的错误。美国的军事部门每十年测量一次入伍新兵的身体尺寸，以观察身体的变化，二战入伍士兵的身高尺寸就超过了一战入伍士兵。美国卫生福利和教育部门在 1971—1974 年所作的研究表明，大多数女性和男性的身高比 1960—1962 年国家健康调查的结果要高。调查结果中 51% 的男性高于或等于 175.3cm，而 1960—1962 年只有 38% 的男性达到这个高度。

3. 年龄差异

年龄造成的差异也是非常重要的，体形随着年龄变化最为明显的时期是青少年期。人体尺寸的增长过程，妇女在 18 岁结束，男子在 20 岁结束，但男子到 30 岁才最终停止生长。此后，人体尺寸随年龄的增加而缩减，而体重和身体宽度却随年龄的增长而增加。一般来说，青年时期比老年时期高一些，老年时期比青年时期体宽一些。美国人研究发现，45—65 岁的人与 20 岁的人相比，身高减 4cm，体重加 6kg(男)～10kg(女)，如图 2-8 所示。

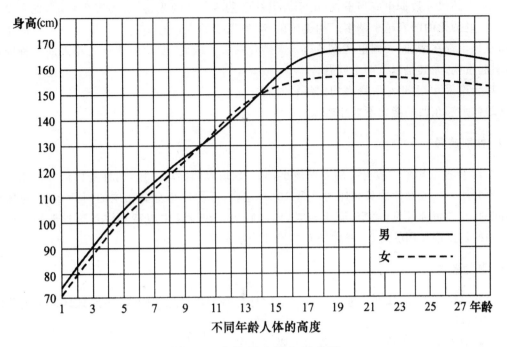

图 2-8 人体尺寸的年龄差异

历来关于儿童的人体尺寸是很少的,而这些资料对于设计儿童用具、幼儿园和学校是非常重要的,儿童意外伤亡与设计不当有很大的关系。例如,研究表明,只要头部能钻过的间隔,身体就可以过去,根据此项研究,栏杆的间距应必须能阻止儿童头部钻过,5 岁幼儿头部的最小尺寸约为 14cm,如果以它为平均值,为了使大部分儿童的头部不能钻过,栏杆的间距最多不超过 11cm,如图 2-9 所示。

图 2-9 栏杆的间距

老年人的尺寸数据也应当重视,由于人类社会生活条件的改善,人的寿命增加,现在世界上进入人口老龄化的国家越来越多。如美国的 65 岁以上的人口有 2000 万,接近总人口的十分之一,而且每年都在增加,中国也在逐步迈入老龄化社会。因此,设计中涉及老年人的各种问题不能不引起重视,尤其是以下两个问题。

(1)无论男女,上年纪后身高均比年轻时矮。

(2)伸手够东西的能力不如年轻人。

4. 性别差异

3—10 岁这一年龄阶段男女的差别极小,同一数值对两性均适用,两性身体尺寸的明显差别从 10 岁开始。一般女性的身高比男性低 10cm 左右,但女性与身高相同的男性相比,身体比例是不同的,女性臀部较宽、肩窄、躯干较长、四肢较短。在设计中应特别注意这种差别。根据经验,在腿的长度起作用的地方,考虑妇女的尺寸非常重要。

5. 其他差异

(1)地域性的差异,如寒冷地区的人的平均身高高于热带地区的人;平原地区的人的平均身高高于山区的人。

(2)职业差异,如篮球运动员比普通人要高许多。

(3)社会差异,社会的发达程度也是一种重要的差别,发达程度高,营养好,平均身高就高。

6. 残疾人

在各个国家里,残疾人都占一定比例,全世界的残疾人约有四亿。残疾人可以分为以下两类。

(1)乘轮椅患者,没有大范围乘轮椅患者的人体测量数据,进行这方面的研究工作是很困难的,因为患者的类型不同,有四肢瘫痪或部分肢体瘫痪;程度也不一样,如肌肉机能障碍程度和由于乘轮椅对四肢的活动带来的影响等。在设计中要充分考虑残疾人的需要,体现人文关怀。首先,应对轮椅的基本尺寸进行了解,如图 2-10 所示。其次,应对乘坐轮椅时人的活动范围进行了解,如图 2-11 所示。

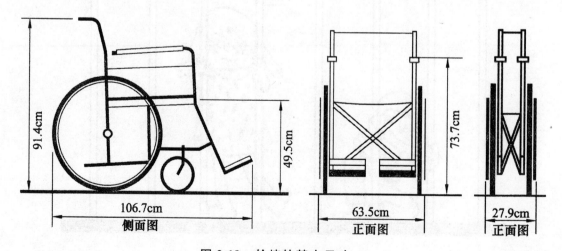

图 2-10　轮椅的基本尺寸一

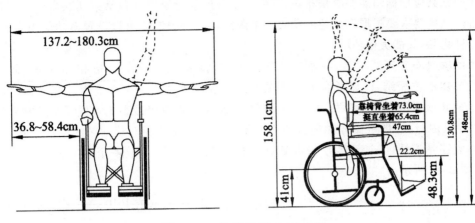

图 2-11　轮椅的基本尺寸二

（2）能走动的残疾人，对于能走动的残疾人，必须考虑他们的辅助工具如拐杖、手杖和助步车等的设计，以人体测量数据为依据，力求使这些工具能安全、舒适。

三、人体工程学在室内设计中的作用

人体工程学在室内设计中的作用主要有以下几点。

一是为确定空间范围提供依据。根据人体工程学中的有关计测数据，从人的尺度、动作域和心理空间等方面，为确定空间范围提供依据。

二是为家具设计提供依据。家具设施为人所使用，因此它们的形体、尺度必须以人体尺度为标准。同时，人们为了使用这些家具和设施，其周围必须留有活动和使用的最小空间，这些设计要求都可以通过人体工程学来解决。

三是提供适应人体的室内物理环境的最佳参数。室内物理环境主要包括室内热环境、声环境、光环境、重力环境和辐射环境等。室内物理环境参数有助于设计师做出合理的、正确的设计方案。

四是为确定感觉器官的适应能力提供依据。通过对视觉、听觉、嗅觉、味觉和触觉的研究，为室内空间环境设计提供依据。

四、人体工程学在室内设计中的运用

（一）客厅中的尺度

客厅也称起居室，是家庭成员聚会和活动的场所，具有多方面的功能，它既是全家娱乐、休闲和团聚的地方，又是接待客人，对外联系交往的社交活动空间，因此，客厅便成为住宅的中心。客厅应该具有较大的面积和适宜的尺度，同时，要求有较为充足的采光和合理的照明，面积一般在 $20m^2$ 左右，相对独立的空间区域较为理想。

　　客厅的家具应根据功能要求来布置,其中最基本的要求是设计包括茶几在内的一组沙发和视听设备。其他要求要根据客厅的面积大小来确定,如空间较大,可以设置多功能组合家具,既能存放各种物品,又能美化环境。

　　客厅的家具布置形式很多,一般以长沙发为主,排成"一"字形、L 形和 U 形等,同时应考虑多座位与单座位相结合,以适合不同情况下人们的心理需要和个性要求。客厅家具的布置要以利于彼此谈话的方便为原则,一般采取谈话者双方正对坐或侧对坐为宜,座位之间距离保持在 2m 以内,这样的距离才能使谈话双方不费力。为了避免对谈话区的各种干扰,室内交通路线不应穿越谈话区,谈话区尽量设置在室内一角或尽端,形成一个相对完整的独立空间区域,如图 2-12 所示。

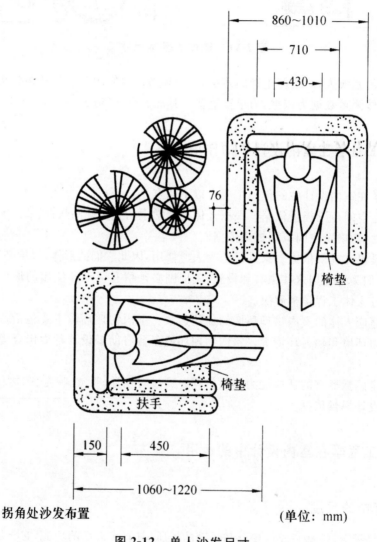

拐角处沙发布置　　　　　　　　　　　　　（单位：mm）

图 2-12　单人沙发尺寸

　　电视柜的高度为 400～600mm,最高不能超过 710mm。坐在沙发上看电视,座位高 400mm,座位到眼的高度是 660mm,合起来是 1060mm,这是视线的水平高度。如果用 29～33 寸的电视机,放在 500mm 高的电视柜上,这时视线刚好在电视机荧光屏中心,是最合理的布置。如果电视柜高过 710mm，即变成仰视，根据人体工程学原理，仰视易令人颈部疲劳。至于电视屏幕与人眼睛的距离，则是电视机荧屏宽度的 6 倍。

　　住宅单座位沙发一般为 760mm×760mm，三座位沙发长度一般为 1750～1980mm。很多人喜欢进口沙发，这种沙发的尺寸一般是 900mm×900mm，把它们放在小型单位的客厅中，会令客厅看起来狭小。转角沙发也较常用，转角沙发的尺寸应为 1020mm×1020mm。沙发座位的高度约为 400mm，座位深 530mm 左右，沙发的扶手一般高 560～600mm。所以，如果沙发无扶手，而用角几和边几的话，角几和边几的高度也应为 600mm。

　　沙发宜软硬适中，太硬或太软的沙发都会使人腰酸背痛。茶几的尺寸一般是 1070mm×600mm，高度是 400mm。中大型单位的茶几，有时会用 1200mm×1200mm，这时，其高度会降低至 250～300mm。茶几与沙发的距离为 350mm 左右。沙发尺寸和沙发间距尺寸如图 2-13 和图 2-14 所示。

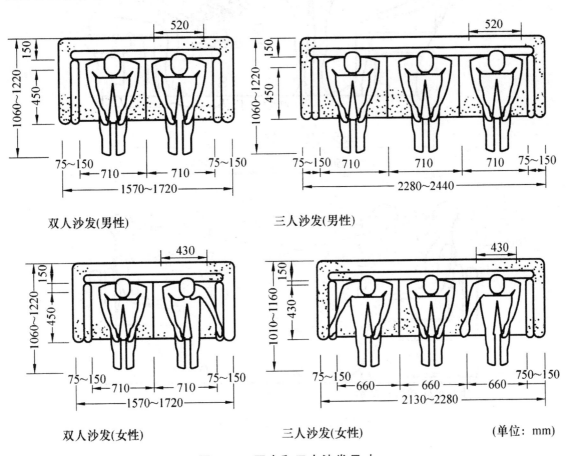

图 2-13　双人和三人沙发尺寸

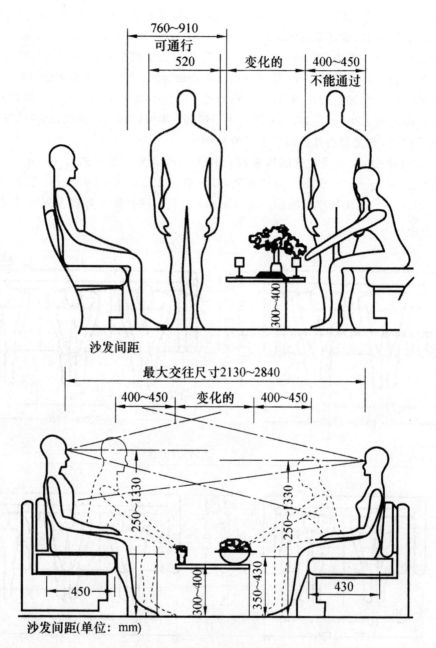

图 2-14　沙发间距尺寸

（二）餐厅中的尺度

"民以食为天"，美食自古以来就是人们津津乐道的话题。随着社会多元化不断渗透的今天，日益提高的生活水平为我们"吃什么"和"去哪吃"提供了更加广泛的选择空间。

单从用餐的空间而言，大致可分为三类：一类是功能性较强的在短时间内可解决人们温饱的并且在价格上也比较贴近百姓的诸如食堂，街边的小饭馆，KFC、麦当劳等的快餐店。另一类是服务性较强的如西餐厅、各国料理、主题餐厅、咖啡厅等。第三类则是居家环境中的就餐空间。

如果说第一类解决了人们的生理需求,那么后一类则满足了人们心理上或精神上的需求。因为后者往往为用餐者提供了更好的服务,营造了更好的用餐氛围,但价格较前者更贵。

但无论是在食堂或快餐店里争分夺秒地为在工作或学习之前努力补充能量的你,还是徜徉在西餐厅浪漫气氛中的你,都无时无刻地不在享受合理尺度带来的舒适感。空间尺度是宇宙为人类创造的规律,暗含在我们的生活中,却给我们带来最体贴的关怀。因此在人口密集,住房紧张的大城市,住宅空间相对较小,如何在有限的居住面积中设计出合理的就餐空间,是室内设计师应重点考虑的设计问题之一。

1. 餐桌的尺寸

正方形餐桌常用尺寸为 760mm × 760mm,长方形餐桌常用尺寸为 1070mm × 760mm。760mm 的餐桌宽度是标准尺寸,至少不能小于 700mm,否则对坐时会因餐桌太窄而互相碰脚。餐桌高度一般为 710mm,配 415mm 高度的坐椅。圆形餐桌常用的尺寸为直径 900mm、1200mm和 1500mm,分别座 4 人、6 人和 10 人。

2. 餐椅的尺寸

餐椅座位高度一般为 410mm 左右,靠背高度一般为 400～500mm,较平直,有 2°～3° 的外倾,坐垫约厚 20mm,如图 2-15 和图 2-16 所示。

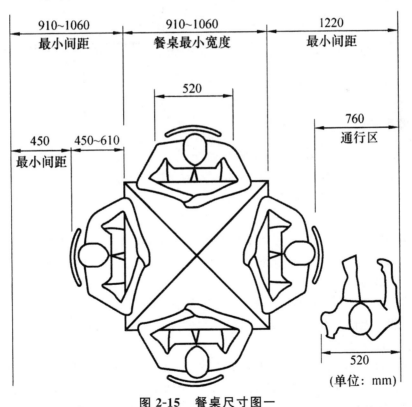

图 2-15 餐桌尺寸图一

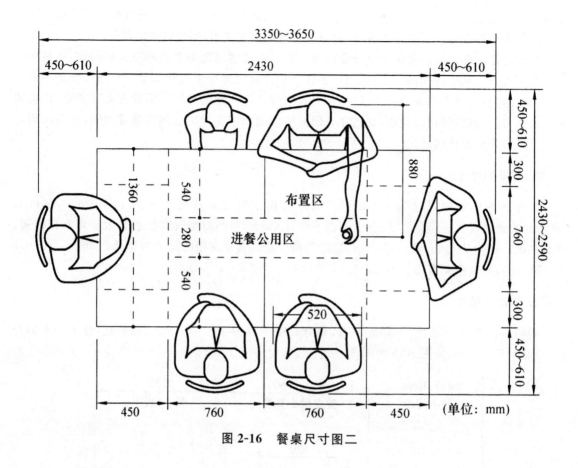

图 2-16　餐桌尺寸图二

3. 卧室的尺度

卧室是人们进行休息的场所,卧室内的主要家具有床、床头柜、衣柜和梳妆台等。床的长度是人的身高加 220mm 枕头位,约为 2000mm 左右。床的宽度有 900mm、1350mm、1500mm、1800mm 和 2000mm 等。床的高度,以被褥面来计算,常用 460mm,最高不超过 500mm,否则坐时会吊脚,很不舒服。被褥的厚度 50～180mm 不等,为了保持褥面高度 460mm,应先决定用多高的被褥,再决定床架的高度。床底如设置储物柜,则应缩入 100mm。床头屏可做成倾斜效果,倾斜度为 15°～20°,这样使用时较舒服。床头柜与床褥面同高,过高会撞头,过低则放物不便。床的尺寸如图 2-17 所示。

在儿童卧室中常用上下铺双人床,下铺床褥面到上铺床板底之间的空位高度不小于 900mm。如果想在上铺下面做柜,那么上铺要适当升高一些。但应保证上铺到天花板的空间高度不小于 900mm,否则起床时会碰头。

衣柜的标准高度为 2440mm,分下柜和上柜,下柜高 1830mm,上柜高 610mm,如设置抽屉,则抽屉面每个高 200mm。衣柜的宽度一个单元两扇门为 900mm,每扇门 450mm,常见的有四扇柜、五扇柜和六扇柜等。衣柜的深度常用 600mm,连柜门最窄不小于 530mm,否则会夹住衣服。衣柜柜门上如镶嵌全身镜,常用 1070mm×350mm,安装时镜子顶端与人的头顶高度齐平。

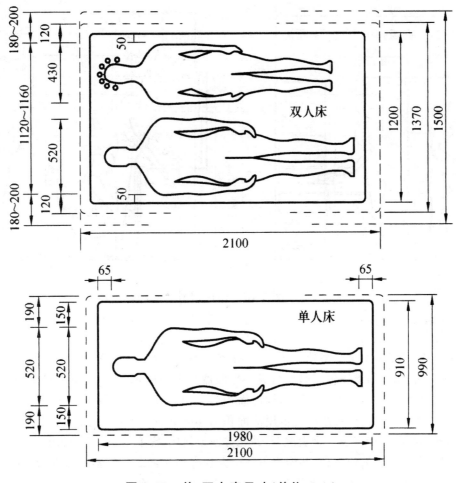

图 2-17 单、双人床尺寸（单位:mm）

4. 厨房的尺度

厨房是家庭生活用餐的操作间,人在这个空间是站立工作的,所有家具设施都要依据这个条件来设计。厨房的家具主要是橱柜,橱柜的设计应以家庭主妇的身体条件为标准。橱柜分为低柜和吊柜,低柜工作台的高度应以家庭主妇站立时手指能触及水盆底部为准。过高会令肩膀疲劳,过低则会腰酸背痛,常用的低柜高度尺寸是 810～840mm,工作台面宽度不小于 460mm。现在,有的橱柜可以通过调整脚座来使工作台面达到适宜的尺度。低柜工作台面到吊柜底的高度是 600mm,最低不小于 500mm。油烟机的高度应使炉面到机底的距离为 750mm 左右。冰箱如果是在后面散热的,两旁要各留 50mm,顶部要留 250mm,否则,散热慢,将会影响冰箱的功能。吊柜深度为 300～350mm,高度为 500～600mm,应保证站立时举手可开柜门。橱柜脚最易渗水,可将橱柜吊离地面 75～150mm。厨房尺寸如图 2-18 所示。

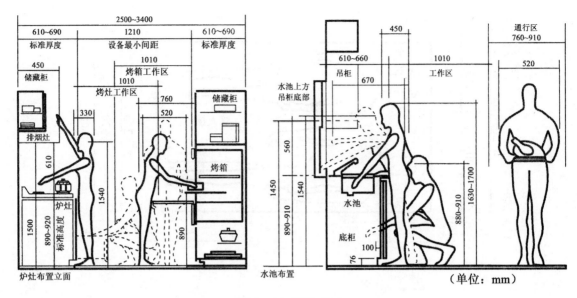

图 2-18　厨房尺寸

5. 卫生间的尺度

卫生间是家庭成员卫生洁浴的场所,是具有排泄和清洗双重功能的空间。卫生间主要由坐便器、沐浴间(或浴缸)和盥洗台三部分组成。坐便器所占的面积为 370mm×600mm,正方形淋浴间的面积为 900mm×900mm,浴缸的标准面积为 1600mm×700mm,悬挂式盥洗台占用的面积为 500mm×700mm,圆柱式盥洗台占用的面积为 400mm×600mm。浴缸和坐便器之间至少要有 600mm 的距离。而安装一个盥洗台,并能方便地使用,需要的空间为 900mm×1050mm,这个尺寸适用于中等大小的盥洗台,并能容下一个人在旁边洗漱。坐便器和盥洗台之间至少要有 200mm 的距离。此外,浴室镜应该装在 1350mm 的高度上,这个高度可以使镜子正对着人的脸。

附1:常用的室内尺寸

支撑墙体:厚 0.24m

室内隔墙断墙体:厚 0.12m

大门:高 2.0~2.4m,宽 0.90~0.95m

室内房间门:高 1.9~2.0m、宽 0.8~0.9m

门套厚 0.1m

厕所和厨房门:宽 0.8~0.9m,高 1.9~2.0m

室内窗:高 1.0m,窗台距地面:高 0.9~1.0m

玄关:宽 1.0m

阳台:宽 1.4~1.6m、长 3.0~4.0m(一般与客厅的长度相同)

踏步:高 0.15~0.16m、长 0.99~1.15m、宽 0.25m~0.30m

附2:常用家具尺寸

单人床:宽 0.9m、1.05m、1.2m;长 1.8m、1.86m、2.0m、2.1m;高 0.35~0.45m

双人床:宽 1.35m、1.5m、1.8m,长、高同上

圆床:直径 1.86m、2.125m、2.424m

矮柜:厚 0.35～0.45m、柜门宽度 0.3～0.6m、高 0.6m

衣柜:厚 0.6～0.65m、柜门宽度 0.4～0.65m、高 2.0～2.2m

沙发:座深 0.8～0.9m、座高 0.35～0.42m、靠背高 0.7～0.9m

单人式沙发:长 0.8～0.9m;高 0.35～0.45m

双人式沙发:长 1.26～1.50m

三人式沙发:长 1.75～1.96m

四人式沙发:长 2.32～2.52m

小型长方形茶几:长 0.6～0.75m、宽 0.45～0.6m、高 0.33～0.42m

大型长方形茶几:长 1.5～1.8m、宽 0.6～0.8m、高 0.33～0.42m

圆形茶几:直径 0.75m、0.9m、1.05m、1.2m;高 0.33～0.42m

正方形茶几:宽 0.75m、0.9m、1.05m、1.20m、1.35m、1.50m;高 0.33～0.42m

书桌:长 0.8～1.2m、宽 0.45～0.7m、高 0.75m

书架:厚 0.25～0.4m、长 0.6～1.2m、高 1.8～2.0m,下柜高 0.8～0.9m

餐椅:座面高 0.42～0.44m、座宽 0.46m

餐桌:中式一般高 0.75～0.78m、西式一般高 0.68～0.72m

方桌:宽 1.20m、0.9m、0.75m

长方桌:宽 0.8m、0.9m、1.05m、1.20m;长 1.50m、1.65m、1.80m、2.1m、2.4m

圆桌:直径 0.9m、1.2m、1.35m、1.50m、1.8m

橱柜工作台:高 0.89～0.92m、宽 0.4～0.6m

抽油烟机与灶的距离:0.6～0.8m

盥洗台:宽 0.55～0.65m、高 0.85m

淋浴间:0.9m×0.9m、高 2.0～2.4m

坐便器:高 0.68m、宽 0.38～0.48m、深 0.68～0.72m

第二节　室内设计与心理学

　　心理学是一门研究人的心理活动及其规律的科学。为了营造安全、舒适、优美的内部环境,就一定要研究人的心理活动,需要借鉴很多心理学的研究成果。其实室内设计师早已在自身的实践中尝试运用心理学的知识,不少学者也进行了这方面的探讨,本书的不少章节也都运用了心理学的知识与研究成果,这里则主要介绍心理需要层次论、气泡理论、造型元素及其心理影响以及好奇心理对室内设计的影响等方面的内容。

一、心理需要层次论

　　人的心理需要层次论是美国人本主义心理学家马斯洛(Abraham H. Maslow)提出的,他把人的需要大体上分为几个层次,即生理需要、安全需要、归属和爱的需要、尊重和自我实现的需要、美的需要。他认为人的需要依次发展,当低层次的需求满足以后,便追求高一层次的需求。

较低一级的需求高峰过去后,较高一级的需求才能起优势作用。尽管学术界对马斯洛的观点有不同的争议,但其理论的影响力至今仍然十分巨大。

(一)生理需要

生理需要是人的需要中最基本、最强烈、最明显的一种,人们需要食物、饮料、住所、睡眠和氧气。一个缺少食物、自尊和爱的人会首先要求食物,只要这一需求还未得到满足,他就会无视或把所有其他的需求都推到后面去。所以在室内设计中,必须首先考虑并满足人的基本生理需要。

(二)安全需要

一旦生理需要得到了充分的满足,就会出现马斯洛所说的安全需要。就安全而言,首先是遮风挡雨和防盗防火等安全问题,然后是个人独处和个人空间的需要,也就是指:当人们希望与别人相处或希望个人独处时,环境能为他提供选择的自由。因此,在进行室内空间组织与空间限定时,就应该充分考虑这种需要。当人的这种需要得不到满足时,人们就会发现自己处于过度的"拥挤"和"不安"的情境之中,人的心理也会处于一种应激的状态,造成精神上的重负与紧张,严重者可以导致疾病。

(三)归属和爱的需要

当生理和安全的需要得到满足时,对爱和归属的需要就出现了。马斯洛说,"现在这个人会开始追求与他人建立友情,即在自己的团体里求得一席之地。他会为达到这个目标而不遗余力。他会把这个看得高于世界任何别的东西,他甚至会忘了当初他饥肠辘辘时曾把爱当作不切实际或不重要的东西而嗤之以鼻。"马斯洛说:"爱的需要涉及给予爱和接受爱……我们必须懂得爱,我们必须能教会爱、创造爱、预测爱。否则,整个世界就会陷于敌意和猜忌之中。"

对爱和归属的需要往往表现为一种对社交的需要。人是一种社会动物,人追求与他人建立友情,在自己的团体中求得一席之地。因此在室内设计中,如何营造供人交流、供人交往的环境氛围是室内设计师值得认真考虑的问题。

(四)尊重和自我实现的需要

马斯洛发现,人们对尊重的需要可分成两类——自尊和来自他人的尊重。自尊包括:获得信心、能力、本领、成就,独立和自由等的愿望。来自他人的尊重包括:获得威望、承认、接受、关心、地位、名誉和赏识等。

当一个人对爱和尊重的需要得到合理满足之后,自我实现的需要就出现了。自我实现的需要一般是指发现人类有成长、发展、利用潜力的心理需要,这是马斯洛关于人的动机理论中一个很重要的方面。马斯洛还把这种需要描述成"一种想要变得越来越像人的本来样子、实现人的全部潜力的欲望"。在室内设计中,如何体现人的这些层次需求,如今已经成为室内设计中的一项重要内容。室内设计师在与业主的交流中,就应该充分了解和掌握这方面的信息,通过设计语言将其表达出来,实现业主的心理需求。

(五)对美的需要

马斯洛发现,对美的需要至少对有些人来说是很强烈的,他们厌恶丑。实验证明,丑会使人变得迟钝、愚笨。马斯洛发现,从最严格的生物学意义上说,人需要美正如人的饮食需要钙一样,美有助于人变得更健康。马斯洛还发现健康的孩子几乎普遍有着对美的需要。他认为审美需要的冲动在每种文化、每个时代里都会出现,这种现象甚至可以追溯到原始的穴居人时代。

马斯洛认为:人的一生实际上都处在不断追求之中,他是一个不断有所需求的动物,"几乎很少达到完全满足的状态。一个欲望得到了满足之后,另一个欲望就立刻产生了。"在现代文明社会,人的基本生理需求已经基本得到满足,因此我们更要注意满足人的高级需求,通过设计创造理想的环境,实现人的精神追求。

二、气泡理论

心理学家萨默(R. Sommer)曾提出:每个人的身体周围都存在着一个不可见的空间范围,它随身体移动而移动,任何对这个范围的侵犯与干扰都会引起人的焦虑和不安。

为了度量这一个人空间的范围,心理学家做了许多实验,结果证明这是一个以人体为中心发散的"气泡"(bubble),而且这一"气泡"前部较大,后部次之,两侧最小。个人空间受到侵犯时,被侵犯者会下意识地做出保护性反应,如表情、手势和身姿等。由于"气泡"的存在,人们在相互交往与活动时,就应该保持一定的距离,而且这种距离与人的心理需要、心理感受、行为反应等产生密切的关系。霍尔(E. Hall)对此进行了深入研究,并概括了四种人际距离。

(一)密切距离

在 0～15cm 时,常称为接近相密切距离,亦就是爱抚、格斗、耳语、安慰、保护的距离。这时嗅觉和放射热的感觉是敏锐的,但其他感觉器官基本上不发挥作用。

在 15～45cm 时,常称为远方相密切距离,可以是和对方握手或接触对方的距离。

密切距离一般认为是表示爱情的距离或者说仅仅是特定关系的人才能使用的空间。当然在拥挤的公共汽车内,不相识的人也被聚集到这一空间中,但在这种情况下,人们会感到不快和不自在,处于忍受状态之中。

(二)个体距离

在 45～75cm 时,常称为接近相个体距离,是可以用自己的手足向他人挑衅的距离。

在 75～120cm 时,常称为远方相个体距离,是可以亲切交谈、清楚地看对方的细小表情的距离。

个体距离常适合于关系亲密的友人或亲友,但有时也可适用于工作场所,如顾客与售货员之间的距离亦常在这一范围内。

(三)社交距离

在 1.2～2.1m 时,常称为接近相社交距离,在这个距离内,可以不办理个人事情。同事们在一起工作或社会交往时,通常亦是在这个距离内进行的。

在 2.1～3.6m 时,常称为远方相社交距离,在这一距离内,人们常常相互隔离、遮挡,即使在别人的面前继续工作,也不致感到没有礼貌。

（四）公众距离

在 3.6～7.5m 时，常称为接近相公众距离。敏捷的人在 3.6m 左右受到威胁时，就能采取逃跑或防范行动。

在 7.5m 以上时，常称为远方相公众距离，很多公共活动都在这一距离内进行。如果达到这样的距离而用普通的声音说话时，个别细致的语言差别就难以识别，对面部表情的细致变化也难以识别，所以，人们在讲演或演说时，或扯开嗓子喊，或缓慢而清晰地说，而且还常常运用姿势来表达，这一切都是为了适合公众距离内的听众而采用的方式。

霍尔的研究成果，无论对建筑设计还是室内设计都产生了很大的影响，为室内设计师的空间组织和空间划分提供了心理学上的依据。

三、造型元素及其心理影响

如何组织造型元素是室内设计中的重要内容。在造型元素的选择及处理过程中，必然涉及到心理学的内容，这里仅就这方面的内容加以简单介绍。

（一）空间形式及其心理感受

室内空间的大小和形状是由诸多因素影响决定的，其中，既涉及使用功能、结构体系等方面的问题，也涉及业主要求和个人喜好等方面的因素，但如何塑造特定的空间气氛和使人获得特定的心理感受，则无疑也是一个重要方面。

室内空间的形状多种多样，千变万化，但较为典型的可归纳为正向空间、斜向空间、曲面空间和自由空间这几类。它们各自能给人以相应的心理感受，室内设计师可以根据特定的要求进行选择，再结合相应的界面处理、色彩设计和材料选择，强化其空间感受（表 2-3）。

表 2-3　室内空间形状及其心理感受

室内空间形状	正向空间				斜向空间		曲面及自由空间	
心理感受	稳定规整	稳定有方向感	高耸神秘	低矮亲切	超稳定庄重	动态变化	和谐完整	活泼自由
	略呆板	略呆板	不亲切	压抑感	拘谨	不规整	无方向感	不完整

（二）色彩选择及其心理感受

色彩学的研究表明：色彩具有很强的心理作用。表 2-4 所示则显示了色相、明度、彩度与人的心理感受的关系。

表 2-4　色相、明度、彩度与人的心理感受

色的属性		人的心理感受
色相	暖色系	温暖、活力、喜悦、甜热、热情、积极、活泼、华美
	中性色系	温和、安静、平凡、可爱
	冷色系	寒冷、消极、沉着、深远、理智、休息、幽情、素静
明度	高明度	轻快、明朗、清爽、单薄、软弱、优美、女性化
	中明度	无个性、随和、附属性、保守
	低明度	厚重、阴暗、压抑、硬、退钝、安定、个性、男性化
彩度	高彩度	鲜艳、刺激、新鲜、活泼、积极、热闹、有力量
	中彩度	日常的、中庸的、稳健、文雅
	低彩度	无刺激、陈旧、寂寞、老成、消极、无力量、朴素

（三）材料选择及其心理感受

选择材料是室内设计中的一项重要工作。选择材料有很多需要思考的因素，如材料的强度、耐久性、安全性、质感、观赏距离等，但是如何根据人的心理感受选择材料亦是其中的重要内容。

国外有些学者曾进行过有关材料和人类密切程度的专题研究。在大量调查统计的基础上，得出了材料与人类密切程度的次序：棉、木、竹——土、陶器、瓷器——石材——铁、玻璃、水泥——塑料制品、石油产品……

专家们认为：棉、木、竹本身就是生物材料，它们与人体有着相似的生物特征，因而与人的关系最贴近、最密切。人与土亦存在着很大的关系，人的食物来源于土，人的最后归宿亦离不开土，因此，土包括土经火烧之后制成的陶器、瓷器，与人的关系亦很密切。石材也具有奇异的魔力，可以被认为是由地球这个巨大的窑所烧成的瓷器，与人的关系也较密切。而铁、玻璃、水泥等与人肌肤密切相关的东西并不多，至于塑料制品和石油产品则与人肌肤的关系更为疏远，具有一定的生疏感。这种材料对人的心理影响的研究，对于选择材料具有重要的参考意义。

材料的心理作用还表现在它的美学价值上。一般而言，人工材料会给人以冷峻感、理性感和现代感，而天然材料则易于给人以多种多样的心理感受。例如木材，天然形成的花纹如烟云流水、美妙无比，柔和的色彩典雅悦目，细腻的质感又倍感亲切。当人们面对这些奇特的木纹时，能体会到万物生长的旺盛生命力，能联想到年复一年、光阴如箭，也能联想到人生的经历和奋斗……又如当面对花纹奇特的大理石时，也许浮现在眼前的是风平浪静、水面如镜的湖面，也许是朔风怒号、惊涛骇浪的沧海，也许是绵延不断、万壑争流的群山，也许是鱼儿嬉戏、闲然悠静的田园风光……总之，这里没有文字、没有讲解，也没有说教，只有材料留给人们意味无穷的领悟和想象，正所谓"象外之象、景外之景"，"不着一字，尽得风流"。

四、好奇心理与室内设计

好奇是人类普遍具有的一种心理状态，在心理学上又可称为好奇动机。好奇心理具有普遍性，能够导致相应的行为，尤其是其中探索新环境的行为，对于室内设计具有很重要的影响。如果室内环境设计能够别出心裁，诱发人们的好奇心，这不但满足了人们的心理需要，而

且必然加深了人们对该室内环境的印象,使之回味无穷。对于商业建筑来说,还有利于吸引新老顾客,同时,由于探索新环境的行为可导致人们在室内行进和停留时间的延长,就有利于出现业主所希望发生的诸如选物、购物等行为。著名心理学家柏立纳(Berlyne)通过大量实验及分析指出:不规则性、重复性、多样性、复杂性和新奇性等五个因素比较容易诱发人们的好奇心理(图2-19)。

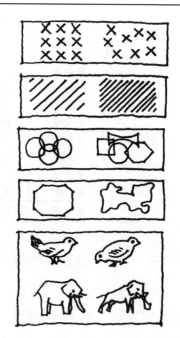

图2-19　容易诱发人们好奇心理的五个因素

(一)不规则性

不规则性主要指布局的不规则。显然,规则的布局能够使人一目了然,不需花很大的力气就能了解它的全局情况,也就难以激起人们的好奇心。于是设计者就试图用不规则的布局来激发人们的好奇心。例如:柯布西耶设计的朗香教堂就是运用了不规则的平面布局和空间处理手法(图2-20)。教堂屋顶下凹,平面由许多奇形怪状的弧形墙体围合而成,南面的那道墙也不垂直于地面,略作倾斜状,各墙面上"杂乱"地开了许多大小不一、形状各异、"毫无规律"的窗洞,整幢建筑的室内外可以说是极端的不规则。

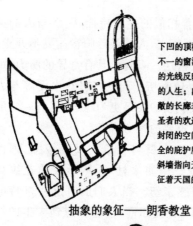

下凹的顶棚、大小不一的窗洞、暗淡的光线反映着现世的人生;向东面开敞的长廊表示对朝圣者的欢迎;沉冈封闭的空间正是安全的庇护所;弯曲斜墙指向天空,象征着天国的解脱

抽象的象征——朗香教堂

图2-20　朗香教堂

图2-21　S形珠宝陈列台和相应S形的装饰构件

在绝大多数情况下,室内的承重墙、柱子和天花等都是按结构原则有规则地布置的,不可任意变更。所以,上述这种不规则的布局虽有利于激发人们的好奇心,但毕竟代价太大,有时亦难以适应功能要求。一般情况下,我们只能用对结构没有影响的物体(如柜台、绿化、家具、织物……)来进行不规则的布置,以打破结构构件的规则布局,造成活泼感。如国外某珠宝店,就是在矩形室内空间中,通过悬吊在半空中的"S"形珠宝陈列台和相应的"S"形装饰构件,打破了室内的规则感,使室内空间舒展而有新意,吸引了大量顾客前来观赏和选购,提高了营业额,如果该店也采用普通的矩形柜台布置,恐怕就难以吸引如此多的顾客了(图 2-21)。

(二)重复性

重复性并不仅指建筑材料或装饰材料数目的增多,而且也指事物本身重复出现的次数。当事物的数目不多或出现的次数不多时,往往不会引起人们的注意,容易一晃而过,正如古人所云"高树靡阴,独木不林"。只有事物的数量反复出现,才容易被人注意和引起好奇。室内设计师常常利用大量相同的构件(如柜台、货架、坐椅桌凳、照明灯具、地面铺地……)来加强对人的吸引力。如图 2-22 所示为服装商店,经营者采用了形式特殊的货架,并多次重复以此唤起顾客的好奇心理,吸引顾客。

图 2-22　设有重复货架的服装商店

(三)多样性

多样性指形状或形体的多样性,另外亦指处理的方式多种多样。加拿大多伦多伊顿中心就是利用多样性的佳例(图 2-23)。伊顿中心将纵横交错的步廊、透明垂直的升降梯和倾斜的自动扶梯统一布置在巨大的拱形玻璃天棚下,两侧有立面各异的商店和色彩各异的广告,加上在高大中庭空中悬挂的飞鸟雕塑,构成了丰富多彩、多种多样的室内形象,充分诱发了人们的好奇心理和浓厚的观光兴趣。

(四)复杂性

运用事物的复杂性来增加人们的好奇心理是一种屡见不鲜的手法。特别是进入后工业社会以后,人们对于千篇一律、缺乏变化、缺少人情味的大量机器产品日益感到厌倦和不满,人们希望设计师们能创造出变化多端、丰富多彩的空间来满足人们不断变化的需要。复杂性一般具体表现为以下四种情况。

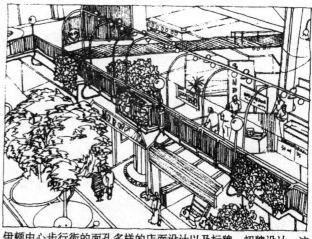

伊顿中心步行街的面孔多样的店面设计以及标牌、招牌设计。这些细部手法丰富和完善了室内形象,在考虑人们购物的同时,也考虑了人在其中的休息交往。

图 2-23　加拿大多伦多伊顿中心内景

　　首先是设计者通过复杂的平面和空间形式来达到复杂性的效果,西班牙巴塞罗那的米拉公寓就是这种情形(图 2-24)。公寓由不规则的几何图形所构成,十分复杂,加上内部空间的曲折蜿蜒,其室内就如深沉涌动的海洋,而顶棚犹如退潮后的沙滩,令人感到激动好奇。

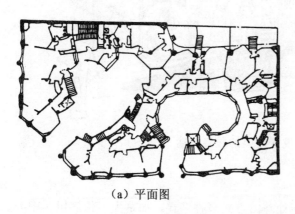

（a）平面图　　　　　　　　　　　　　（b）门厅内景

图 2-24　西班牙巴塞罗那米拉公寓

　　其次是设计者在一个比较简单的室内空间中,通过运用隔断、家具等对空间进行再次限定,形成一种复杂的空间效果。这种办法对结构和施工都无很大影响,但却可以造成富有变化的空间,而且又便于经常更新,因此常常受到设计师的青睐,使用十分广泛。如某商场的平面本身十分简洁,由简单的正方形柱网所构成。然而设计师运用隔断与柜台的巧妙组合而达到了复杂的效果,使空间既丰富又实用(图 2-25)。

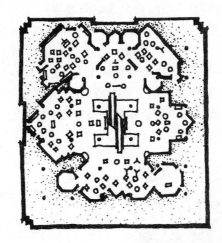

图 2-25　运用隔断和柜台组合的空间

再次是设计者通过某一母题在平面和立体上的巧妙运用,再配以绿化、家具等的布置而产生相当复杂的空间效果。例如赖特的圆形别墅,该别墅以圆形为母题,在设计布局中不断加以重复——弧形墙、半圆形窗、圆形壁炉以及带圆角的家具,连满铺的地毯亦绘有赖特设计的以圆形为组成元素的图案。这些大大小小的圆形和谐地组合在一起,充满幻想和变化,让人好奇,激励人们去领略它的奥妙(图 2-26)。

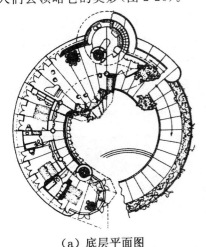

（a）底层平面图

（b）起居室内部透视

图 2-26　赖特的圆形别墅

最后,设计者还可以把不同时期、不同风格的东西罗列在一起,造成视觉上的复杂,以引起人们的好奇。例如在有的室内环境中,一方面保留着大壁炉;另一方面又显露出正在使用的先进的空调设备;一方面采用不锈钢柱子;另一方面又保留着古典柱式……这类设计手法,在激起人们好奇心理和诱发兴趣上都起了积极作用,其中维也纳奥地利旅行社就是著名的实例,设计师的大胆创新和对历史的深刻理解已成为后现代主义室内设计的典范作品。

（五）新奇性

在室内设计中,为了达到新奇性的效果,常常运用三种表现手法:

第一种手法是使室内环境的整个空间造型或空间效果与众不同,有些设计师常常故意模仿自然界的某种事物,有的餐厅就常常故意布置成山洞和海底世界的模样,以引起我们的好奇和兴趣。如图 2-27 所示的空间就是一种变幻莫测的曲线和曲面,整个室内环境给人一种充满神秘、幽深、新奇、动荡的气氛。当然,这种手法一般造价太大,施工又不方便,只可偶尔采用。

第二种手法则是把一些平常东西的尺寸放大或缩小,给人一种变形、奇怪的感受,使人觉得新鲜好奇,鼓励人们去探寻究竟。例如某个青少年服饰店,就是运用了一副夸大了的垒球手套,其变形的尺度给人一种刺激,使人觉得好奇,从而增加了吸引力(图 2-28)。

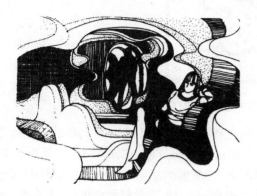

图 2-27　古怪迷幻新奇的室内空间　　　　图 2-28　夸大了尺度的垒球手套

第三种手法是运用一些形状比较奇特新颖的雕塑、装饰品、图像和景物来诱发人们的好奇。如图 2-29 在墙上挂置了一幅装饰画,画面为一人向外窥视的姿态,很具戏剧性,且能激发起人们的好奇心理,有一种必欲一睹为快的心理。又如日本某商业中心内部就设置了若干个不同步势的黑豹雕塑,顺方向地前后排列,使人颇觉奇怪,想看个究竟,于是便随之进入商业中心内部(图 2-30)。

图 2-29　有趣的装饰画激起　　　　图 2-30　日本某商业中心内很具
　　　　人们的好奇心理　　　　　　　　　　吸引力的黑豹雕塑布置

除了这五个方面的因素外,另外诸如光线、照明、镜面、装饰材料,甚至特有的声音和气味等,亦都常常被用来激发人们的好奇。总之,好奇动机既是人类的原始动机之一,又是一种较高层次的精神需求,如果在室内设计中能够充分考虑到好奇心理的作用,就不但能有助于吸引人流,而且也可满足人们的心理需要,使之产生一种满足感,这对于创造一个令人满意的室内环境来讲,有着相当重要和普遍的意义。

第三节　室内设计与装修施工

室内装修施工是有计划、有目标地达到某种特定效果的工艺过程,它的主要任务是完成室内设计图纸中的各项内容,实现设计师在图纸上反映出来的意图。因此对于学习室内设计的专业人员而言,除了掌握室内设计的专业知识之外,还应该了解室内装修施工的特点,以确保所设计的内容最后能获得理想的效果。

一、室内装修施工的特点

从某种意义上说,室内装修施工的过程是一个再创作的过程,是一个施工与设计互动的过程,这是室内装修施工的重要特点。对于室内设计人员来说,应该注意以下两点:

其一,设计人员应对室内装修的工艺、构造及实际可选用的材料有充分的了解,只有这样才能创作出优秀的作品。在一些重大工程中,为了检验设计的效果和确保施工质量,往往采用试做样板间或标准间的方法。通过做实物样板间,一来可以检验设计的效果,从中发现设计中的问题,进而对原设计进行补充、修改和完善。二来可以根据材料、工具等具体情况,通过试做来确定各部位的节点大样和具体构造,为大面积施工提供指导和标准。这种设计与施工的互动是室内装修工程的一大特点。

与传统的装修工艺相比,当代室内装修工艺的机械化、装配化程度大大提高。这是因为目前大量使用成品或半成品的装饰材料,导致施工中使用装配或半装配式的安装施工方法;同时由于各种电动或气动装饰机具的普遍使用,导致机械化程度增高。伴随着机械化程度和装配化程度的提高,又使装修施工中的干法作业工作量逐年增高。这些特点,使立体交叉施工和逐层施工、逐层交付使用等成为可能,因此对于设计师而言,有必要了解这种发展趋势,以便在设计中采用正确的构造与施工工艺。

其二,室内设计师应该充分注意与施工人员的沟通和配合。事实上,每一个成功的室内设计作品,不但显示了设计者的才华,同时也凝聚了室内装修施工人员的智慧和劳动。离开了施工人员的积极参与,就难以产生优秀的室内设计作品。例如室内设计中的大理石墙面,图纸上常常标注得比较简单。但是天然大理石板材往往具有无规律的自然纹理和有差异的色彩,如何处理好这个问题,将直接影响到装修效果。因此必须根据进场的板材情况,对大理石墙面进行细化处理。这种细化处理不可能事先做好,需要依靠现场施工人员的智慧和经验,在经过仔细的拼板、选板之后,使镶贴完毕的大理石墙面的色彩和纹理获得自然、和谐的效果,使之充分表现大理石的装饰特征;反之,则会杂乱无章,毫无效果可言。

当然，对于施工人员而言，他们也应对室内设计的一般知识有所了解，并对设计中所要求的材料的性质、来源、施工配方、施工方法等有清楚的认识。只有这样，才有可能使设计师的意图得到完善的反映。室内装修施工的过程是对设计质量的检验、完善过程，它的每一步进程都检验着设计的合理性，因此，室内装修施工人员不应简单地满足于照图施工，遇到问题应该及时与设计人员联系，以期取得理想的效果。

二、室内装修施工的过程

室内装修工程施工是一个复杂的系统工程，为了保证工程质量，室内装修工程有严格的施工顺序。室内装修工程的施工顺序一般是：先里后外（如先基层处理，后做装饰构造，最后饰面）、先上后下（如先做顶部、再做墙面、最后装修地面）。从工种安排而言：先由瓦工对基层进行处理，清理顶、墙、地面，达到施工技术要求，同时进行电、水线路改造。基层处理达标后，木工进行吊顶作业，吊顶构造完工后，先不做饰面处理，而开始进行细木工作业，如制作木制暖气罩、门窗框套、木护墙等。当细木工装饰构造完成，并已涂刷一遍面漆进行保护后，才进行墙、顶饰面的装修（如墙面、顶面涂刷、裱糊等）。在墙面装饰时，应预留空调等电器安装孔洞及线路。地面装修应在墙面施工完成后进行，如铺装地板、石材、地砖等，并安装踢脚板，铺装后应进行地面装修的养护。地面经养护期后，才开始进行细木工装饰的油漆饰面作业，饰面工程结束后，还要进一步安装、放置配套电器、设施、家具等，这时装修工程才算最后结束。

对于室内装修的这些施工顺序，室内设计时应该予以充分考虑，尽量做到施工与设计的完美结合，确保取得最佳的设计效果。

室内设计与人体工程学、心理学、室内装修施工等有着密切的关系。就人体工程学而言，人体尺寸就与空间大小和空间布局有着十分紧密的关系，家具设计、室内物理环境等也与人体工程学具有直接的关系；就心理学而言，心理需要层次论、气泡理论、好奇心理等都对室内设计产生了很大的影响，形状、色彩、质感等造型元素对于人的心理状态也有重要影响。

室内装修施工是与设计互动的过程，是一个再创作的过程，设计师应该对施工工艺、构造和材料有充分的了解，同时要与施工人员充分配合和沟通，只有这样才能创造出优秀的室内设计作品。

第三章　室内设计风格样式及演化

第一节　室内设计的风格样式

一、室内设计风格的形成

室内设计风格，是不同的时代思潮和地区特点，通过创作构思和发现，逐渐发展成为具有代表性的室内设计形式。风格虽然表现于形式，但风格具有艺术、文化、社会发展等深刻的内涵，从这一深层含义来说，风格又不停留或等同于形式。而且一种风格或流派一旦形成，它又能积极或消极地转而影响文化、艺术以及诸多的社会因素，风格并不仅仅局限于作为一种形式表现和视觉上的感受。

一般室内设计的风格和流派往往是和建筑以至家具的风格和流派紧密结合的，有时也以相应时期的绘画，甚至文学、音乐等流派紧密结合并相互影响的。而当今对室内设计风格和流派的分类，还在进一步研究和探讨过程中，本章后述的风格与流派的名称也不作为定论，仅仅作为学习的借鉴和参考，或许会对我们的设计分析和创作有所启迪。

二、学习设计风格的意义

每个室内空间都有各自的风格，只不过有些看起来很明显，有些是含糊的。不能说明确的风格就好，含糊的风格就不好。每个设计人员多多少少都有自己的设计品味与风格取向，有些喜欢时尚风格的设计，有些喜欢古典的情结；有些小巧别致，有些粗犷豪放；有些是设计人员本人的设计习惯或喜好，也有些是出于业主对设计人员的要求。应该说一个好的设计人员应能根据业主需要，根据环境界面进行设计，并且应能掌握各种不同的风格样式设计，因为设计的对象不同、投资不同、建筑条件不同，设计的定位也将是不同的，儿童的喜好当然和成人会有很大的不同，在相同面积下投资两万元的设计和 20 万元的设计所涉及的材料、设计复杂程度也会不同，建筑本身的风格，是现代的还是传统的，中式的还是西式的，也会影响到内部风格的确立。所以，在设计之前要根据实际情况选定设计风格，力求通过整个设计过程把所预想的感觉表现出来。而如果不在动手之前确立目标则可能会很盲目，也不容易达到整体的设计效果。

为了更好地设计你所预想的室内环境，学习当代大师的设计风格与学习传统的设计风格、样式,会帮助我们设计出更加多姿多彩的室内环境。当然,我们应该根据社会发展和新材料、新技术的不断出现,继承和发扬传统中的精华,再加以融会,提炼、创造出新的室内设计风格来。

在古今中外众多对立的设计流派中,就其作品而言,有精品也有一般作品。研究分析各流派精品的目的,重在借鉴,要分析其产生的历史与文化背景,既不迷信,也不求全责备,不因其有片面性而不学,这样有利于开阔自己的视野和思路,增添艺术积累。

第二节　室内设计古典风格

一、西洋古典风格

(一)室内特征

西洋古典风格是近年来室内设计中最流行的风格之一,与其他风格相比,西洋古典风格最显豪华气派,装修上最容易出效果,因而受到广泛的欢迎。西洋古典风格实际上继承了古典风格中的精华部分并予以提炼,其特点是强调古典风格的比例、尺度及构图原理,对复杂的装饰予以简单化或抽象化(图3-1)。

图3-1　西洋古典风格

（二）风格特征

1. 柱式

西洋柱式以它各部分的比例，尽善尽美地体现了优美与和谐。

（1）多利克式。此为古希腊柱式形式，是古希腊建筑创始时期的典型风格。其柱身上细下粗，上端直径为下端直径的 4/5，柱面刻有 16～20 条槽纹，槽间形成锐角，柱底无柱脚，直接立于台座之上，柱顶有柱头（图 3-2）。

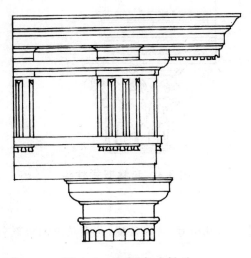

图 3-2　多利克式柱头

（2）艾奥尼式。艾奥尼式为希腊建筑全盛时期的代表柱式。柱身比例与多利克式相同，但其高度增加至下端直径的九倍，呈细长形状。柱头上端接以螺纹装饰，中间嵌珠串装饰，柱底置于柱脚之上，整个柱型在庄重之中具有一种玲珑华美的感觉（图 3-3）。

图 3-3　艾奥尼式柱头

（3）科林斯式。为希腊建筑颓废时期的产物。其柱身造型大致与艾奥尼式相同，但柱头装饰繁复，由三层琐碎的茛苕组成（图3-4）。

图 3-4　科林斯式柱头

2. 家具要素

室内家具要素，如床、桌、椅、几柜等，常以兽腿、花束及螺钿雕刻来装饰（图3-5）。

图 3-5　西洋古典家具

3. 装饰要素

室内装饰要素,如墙纸、窗帘、地毯、灯具、壁画、油画等。

（三）风格的应用

主要借用欧式古典建筑的装饰语汇和经典的欧式建筑线角、柱式,通过提炼建立一种欧式感觉,但不失豪华与气派,很受喜爱西洋古典风格人们的青睐,目前最受设计人员崇尚的多为融入了现代精神的新的西洋古典风格(图3-6至图3-8)。

图 3-6 西洋风格

图 3-7 经简化的西洋风格

图 3-8　西洋风格

二、日式古典风格

（一）室内特征

日式也是目前较流行的一种风格样式，由于生活方式与中式不同，所以有它自己独特的空间性格，至今还保留着"席地而坐"的习惯，其干净、整洁、较少家具和大面积贮藏、一进屋就脱鞋、光着脚走来走去等特点，的确会给人一种完全放松的感觉（图 3-9）。

图 3-9　日式风格

（二）风格特征

1. 榻榻米地席

日式房间一般按榻榻米地席数量的不同,组合成大大小小的空间,房间的尺寸按地席的数量来设计,地席原先是按坐两人或者躺一人的面积而设计的,地席的模数为 1：2,传统的日本度量单位是尺,是从中国传入的,一块地席的尺寸为(3.15 尺×6.30 尺),它可以在任何一个房间使用,并可采用多种排列方法(图 3-10)。

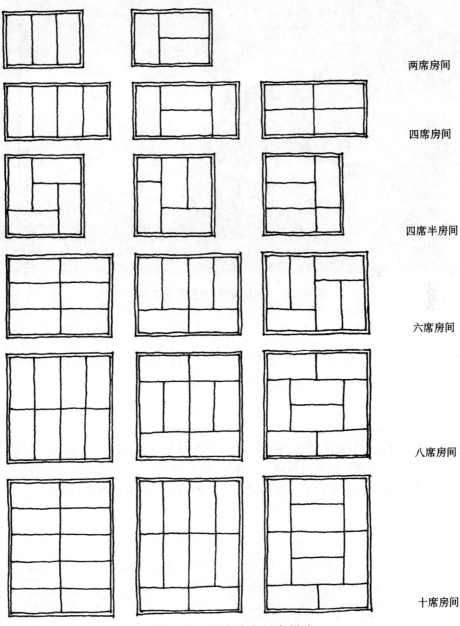

两席房间

四席房间

四席半房间

六席房间

八席房间

十席房间

图 3-10　日式地席组合样式

2. 枯山水庭院

日式最重要的装饰品不在室内却在室外,拉门推开,院子里的庭院景观便浑然地和室内连成一气,不可分割,庭院中常放些形态各异的石头、雕塑进行点缀,而大量利用白沙、小石子作基础,用耙子在上边勾画成形状不同的水纹,其装饰效果极强(图 3-11)。

图 3-11　枯山水庭院应用于室内

3. 入口石台

经常可以看到日式房间的入口处有一个石台,这个石台有两个作用:一是在落差大的情况下它起到台阶的作用;二是起到很好的装饰作用和划分内外分区的作用。

4. 日式陈设

宁静是日式室内设计追求的目标,室内以淡薄为重,较少家具陈设,陈设布置以较矮的茶几形成中心,在茶几周围放置椅凳或索性放置日本式蒲团(坐垫)。还可陈设日本茶道陶瓷或漆器,用日本"花道"插花、日本式挂轴以及悬挂细竹帘子来增加室内淡雅的气氛(图 3-12)。

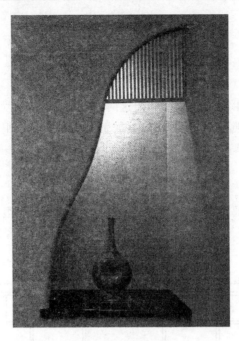

图 3-12 日式陈设

三、中国传统风格

（一）室内特征

中国传统风格的室内设计自古至今多左右对称，以祖堂居中，大的家庭则用几重四合院拼成前堂后寝的布置，即前半部居中为厅堂，是对外接应宾客的部分，后半部是内宅，为家人居住部分。内宅以正房为上，是主人住的，室内多采用对称式的布局方式，一般进门后是堂屋，正中摆放佛像或家祖像，并放些供品，两侧贴有对联，八仙桌旁有太师椅，桌椅上雕有花纹图案栩栩如生，风格古朴、浑厚（图 3-13、图 3-14）。

图 3-13 中国传统室内一

图 3-14 中国传统室内二

（二）风格特征

1. 罩

它是房内两种不同空间之间的间隔物，而这两种不同空间又无太大的不同，所以又不必由隔断隔开，它同时还能加重视觉刺激，使入口处更加引人注意。罩有很多种，如落地罩、几腿罩、栏杆罩、炕罩、花罩等。

2. 博古架

博古架也叫"多宝格"，是既风雅又阔绰的装饰品，博古架是用很好的木料做成拐子纹样，有时还在边缘处加些精巧的花牙子，在架上则摆着各种稀世的珍宝、古物，可谓琳琅满目，美不胜收（图 3-15）。

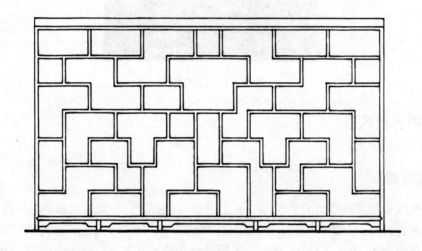

图 3-15　博古架

3. 屏门

在大厅的中间常用屏门，这种屏门平时不开，只有婚丧事才开，平时家人由屏门两侧出入。屏门常是六扇，看上去如同一道无缝整板。屏门前时常放一雕制精美的条案，案前左右排列着许多茶几、太师椅等（图 3-16）。

4. 屏风

屏风是介于隔断及家具之间的一种活动自如的屏障，是很艺术化的一种装饰，屏风有的是用木雕成，而且可以镶嵌珍宝珠饰，有的先做木骨，然后糊纸或绢等。

5. 陈设

中国传统的室内陈设善用多种艺术品，追求一种诗情画意的气氛，厅堂正面多悬横匾和堂幅，两侧有对联。堂中条案上以大量的工艺品作装饰，如盆景、瓷器、古玩等。中国传统的装饰艺术陈设是几千年中华民族传统智慧的结晶，其特点是总体布局对称均衡，在装饰细节上崇尚自然情趣、花鸟、鱼虫等精雕细琢，富于变化，充分体现传统美学文化。

图 3-16　屏门的样式

（三）中国古典风格的继承

就目前所说的中国古典风格其特点并非完全意义上的复古，而是通过中国古典室内风格的特征，表达对清雅、含蓄、端庄的东方式精神境界的追求。由于现代建筑的空间不太可能提供古典室内构件的装饰背景，因而中国古典风格的构成主要体现在传统家具及装饰品上，也就是说室内装饰方式、陈设方式常常是现代的，但装饰品、家具、陈设艺术品却是传统的，如多以中国传统壁画、历史人物画或以屏风、灯笼等作为室内视觉中心，安放几件深色的中国明式花梨木家具、清式红木家具、中国青花瓷器或其他中国传统工艺品，装饰织物多采用东方丝绸缎、织锦等（图 3-17、图 3-18）。

图 3-17　中国传统现代设计风格

图 3-18　以中国传统家具与绘画作品为主的室内

（四）中国古典风格的发展

对于中国古代室内空间环境，如果仅仅去把握那些表层形态，认为这就是中国古代的室内空间特征，那就有失偏颇了。其实，更精华、更值得研究并借鉴的还有许多属于文化深层的、哲理性的内容，如多讲究虚与实，而这种空间形态有许多深层的内涵，它对人起着潜移默化的作用。

中国传统的室内风格，是千百年来在一种与外部世界较少交流的环境里，通过世代相传、逐步完善而流传下来的。这种相对孤立的状态形成了具有浓重本民族特征的艺术风格，反映出鲜明的民族个性，十分完整，十分成熟，达到了自身尽善尽美的境地，但在当今社会，要想按新的需要去改变它、发展它时，又变得十分困难。正确地对待传统的风格，创新中国室内风格，是一个不断探求与积累的过程。作为一个未来的室内设计人员，应努力使自己的设计不仅具有现代美感，同时也要具有本民族的特征（图 3-19 至图 3-23）。

图 3-19　传统与现代结合的室内一

图 3-20　传统与现代结合的室内二

图 3-21　传统与现代材料结合的设计

图 3-22　具有传统意味的灯具

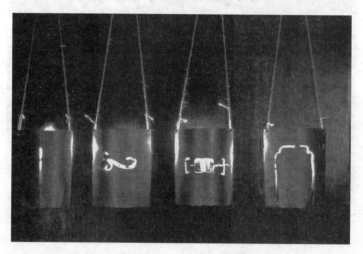

图 3-23　传统与现代结合的灯具

第三节　西方近现代室内风格的演变

一、新艺术运动

新艺术运动是 19 世纪末至 20 世纪初在欧洲和美国产生和发展的一次影响面相当大的艺术运动。它并不注意引经据典，却对铸铁等新材料所能表现出的新形式寄予极大厚望，它适合知识界和中产阶级的趣味。比如，不对称的动态曲线、模仿植物的藤蔓、牵强的比例等，这些都淋漓尽致地运用在家具、壁纸、彩窗、铁件及梁柱之上。这个风格的创始人是比利时的艺术家维克托·霍塔,他设计的特色还不局限于这些活泼有力的线型,他设计的室内空间通敞、开放,与传统的封闭式空间截然不同,如霍塔住宅(图 3-24)。

图 3-24　霍塔住宅

新艺术运动在西班牙有着浓郁的民族主义色彩,高迪的作品就是这种思想的代表。他把对宗教的热忱和强烈的民族主义情绪固化在怪异、起伏的建筑中,他的室内设计是以有机体为主题,用扭曲的墙面、天花板和门窗表现出强劲有力的美感。高迪在处理材料时不像其他艺术家那样,把表面处理得光滑平整,而是裸露出石块加工的痕迹。砖的砌缝、碎玻璃马塞克的拼缝,这些纹理又顺着动态的墙面蔓延,仿佛是长时间被侵蚀后的痕迹。高迪的作品表现出把技术运用到无以伦比的境地,又把这种技术无以伦比地加以艺术化(图 3-25)。

在英国与新艺术运动相对应的是"格拉斯哥学派",它与欧洲大陆的新艺术风格有一定的区别,装饰上偏重垂直的线型。该学派的代表人物是查尔斯·麦金托什,他的设计开始摆脱了为艺术而艺术的束缚。麦金托什在风格上隐含了一些与现代建筑相近的内容,家具上以淡化节点来追求雕塑感。在装饰风格上,将早期的植物图案转换成晚期的三角形、方形等几何图形,家具上用方格栅,窗棂也用纤细的方格,这一切也预示着新的审美趣味的悄然形成(图 3-26)。

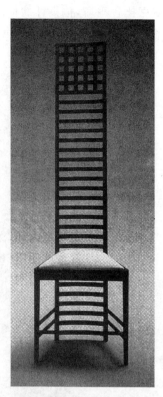

图 3-25　高迪室内作品　　　　　　图 3-26　麦金托什设计
的椅子

二、装饰艺术运动

装饰艺术运动是法国室内设计的主导流派,装饰艺术有悠久的古典渊源。

18 至 19 世纪,法国的一些优秀的作品成为它的榜样,装饰艺术喜欢光滑的表面、异域的情调、奢侈的材料和重复几何母题。装饰艺术运动的领袖是鲁尔曼,他喜欢设计收分的、带凹槽的椅子腿和鼓形的桌子。然而像鲨鱼皮、蜥蜴皮、象牙、海龟壳、外国硬木等材料昂贵得令人咂舌,这使他的业主局限于极少数的富豪,以至到了 1928 年后,他的作品像名画一样,都标上了号码和签名。

装饰艺术风格的灵感也不完全来自法国的古典作品,埃及艺术、古老的波斯和阿拉伯文化也成为流行样式所追逐的目标。装饰艺术运动和当时较前卫的艺术派别(如立体派)也有瓜葛,其常用的几何母题也受立体派的影响。装饰艺术运动还借鉴了野兽派作品中强烈的色彩对比效果。

装饰艺术风格因本身已有丰富的装饰,所以室内除了壁画之外,一般不挂画框,而壁画主题也有浓郁的东方色彩。在家具和配件设计中,往往会采用怪异的动、植物形象,尤其是在金属部件设计中。

三、现代主义运动

现代风格起源于1919年成立的包豪斯学派。该学派处于当时的历史背景下,强调突破旧传统,创造新的空间形式,设计为大众服务,重视功能和空间,发展了非传统的以功能布局为依据的不对称的构图手法,注意发挥结构构成本身的形式美,反对多余的装饰,用钢铁,水泥和平板玻璃逐步取代传统的木料、石料和砖瓦,重视实际的工艺制作操作,强调设计与工业生产的联系。广义的现代风格也可泛指造型简洁新颖,具有当今时代感的室内环境。

四、后现代风格

后现代风格是对现代风格中纯理性主义倾向的批判,它强调室内设计应具有历史的延续性,但不拘泥于传统的逻辑思维方式,而是探索创新造型的手法,讲究人情味,常在室内设置夸张、变形的柱式和断裂的拱券,或把古典构件的抽象形式以新的手法组合在一起,即采用夸张、变形、断裂、折射、错位、扭曲、矛盾、共处等手法,以期创造一种融感性与理性、集传统与现代、建筑形象与室内环境于一体的室内环境。无论后现代主义设计如何忽视产品的功能和蓄意地使用材料和色彩,后现代主义设计都极大地丰富了当代设计的语汇,许多在它们刚出现时让人不可思议的表现手法,现在已经被一些设计人员使用在他们的设计之中,而且受到了消费者的欢迎。但在设计恶作剧的外表下,还是隐藏着市场潜能的,它为设计人员开启了新的设计思路,在后现代主义设计思潮的干预下,设计已成为与传统、历史、文化和自然及意识形态相联系的复杂文化现象(图 3-27、图 3-28)。

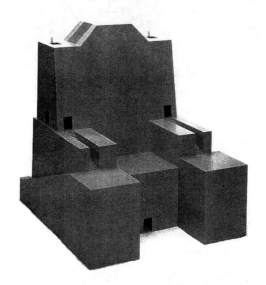

图 3-27　后现代风格的家具

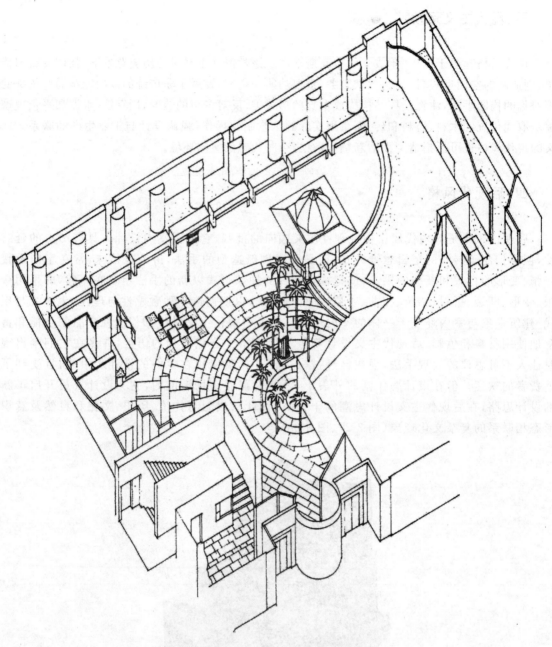

图 3-28 后现代风格的室内

1978 年汉斯·霍莱因设计的维也纳奥地利旅游局营业厅,长方形的大厅覆盖着玻璃光棚,售票处柜台的背景是木刻的瑟里奥的名画《喜剧空间》的局部,而柜台上方悬挂着金属帘,休息厅使用了印度的母题,墙的转角处有一片三角形的斜面墙体,象征金字塔,古典的柱式只是一个废墟,露出不锈钢的柱身,是通俗化和高雅艺术的混合体。

第四节　当今室内设计时尚风格

一、简约风格

简约是当今室内设计的主流风格之一,它主张设计中突出功能,废除不必要的装饰,强调形式简单。简约的设计不断采用最先进的技术,并保持自然材料的原始形态,从感觉上尽可能接近材料的本质。简约风格反映了当今时代人们共识的特点,给予人与时代同步的感觉。

二、自然风格

自然风格倡导"回归自然",在室内环境中力求表现悠闲、舒畅、自然的田园生活,常运用天然木、石、藤、竹等材质质朴的纹理,创造自然、简朴、高雅的氛围。

自然风格是一种强调地方特色或民俗风格的设计创作倾向,它强调乡土味和民族化,在北欧、日本和第三世界国家比较流行。设计中尽量使用地方材料、做法,表现出因地制宜的设计特色。注意室内与当地风土环境的融合,使其具有浓郁的田园风味,室内设备是现代化的,但室内陈设艺术品则强调地方特色和民俗特色。由于强调了因地制宜的设计原则,所以造价不高,室内艺术效果却别具一格,因此受到人们的欢迎(图 3-29 至图 3-33)。

图 3-29　自然风格一　　　　　　　　　图 3-30　自然风格二

图 3-31　自然风格三

图 3-32　自然风格四

图 3-33　自然风格五

三、平面涂饰风格

平面涂饰风格的室内设计,由于色彩丰富、色块图形变化自由,使室内具有通透变化的空间效果。这种简便的平面涂饰,在保留原有空间比例的前提下,处理了空间,展示出某些场所的特点,丰富了室内空间形象,创造出了特殊的环境气氛,这或许受到了中国古建筑彩画做法的影响。因为不受构件限制的涂饰易于更新变换,涂饰平面风格在室内的应用也就越来越普及。涂饰平面的设计手法具有简便、快速改变场所面貌的特点,比如,很少的投资便可以使其功能恢复,通过改换用途便可使旧的建筑和室内具有新的价值(图 3-34 至图 3-37)。

图 3-34　平面涂饰风格一

图 3-35　平面涂饰风格二

图 3-36　平面涂饰风格三　　　　　　图 3-37　平面涂饰风格四

第四章　室内设计思维与方法

第一节　室内设计的思维方法

一、思维与创造

我们在评价一个人是否具备艺术设计的创造能力时经常要提到"悟性"的问题,所谓悟性实际上就是观察客观世界的思维方式,也就是能否从表象到想象的认知成功转换到新形象的创造。这种创作思维的形象转换方法是一个艺术设计创造者必须具备的专业素质。

(一)思维

思维"指理性认识或指理性认识的过程。是人脑对客观事物能动的、间接的和概括的反映。包括逻辑思维与形象思维,通常指逻辑思维。它是在社会实践的基础上进行的。认识的真正任务在于经过感觉而到达于思维"。由于我们的教育体系,无论学校、家庭还是社会,在培育人的思维认识进程中都偏重于逻辑思维而忽视形象思维。然而在艺术设计中,创造者的形象思维能力又显得格外重要。因此,我们在思维与创造的问题上将着重于形象思维模式的探讨。

人的所有活动都要借助于工具,使用工具是人脱离一般动物成为高级动物的显著特征。作为人脑的思维显然也要借助于工具,这个思维的工具就是语言。人之所以能够成为有智慧的生物,语言的发育具有决定的意义。语言成为人区别于其他动物的本质特征之一。就其本身的机制而言,语言是约定俗成的、音义结合的符号系统,与思维有着密切的联系,是人类形成思想和表达思想的重要手段。通过语言交流,人类得以保存和传递文明的成果,从而成为人类社会最基本的信息载体。

语言表达的基本形式是由人的声带震动发出不同音调的字词,通过不同民族特有的语法形式来表达某种同类事物。这种用声音表达的语言方式需要一定的语境来保证,"语言环境就是说话的现实情境,即运用语言进行交际的具体场合,一般包括社会环境、自然环境、时间地点、作(说)者心境、词句的上下文等项因素。广义的语境还包括文化背景。因此语言环境成为人们理解和解释话语意义的依据"。由于语境的限制通过声音的方式传递语言在很多场合受到限制,于是在人类文化发展的过程中就形成了各种不同的语言表达形式。

由声音转换为文字表达,成为人类自身语言最基本的外在表达形式。文字成为记录和传达语言的书写符号,从而扩大了语言表达的时空。作为人类交际功用的文化工具,文字对人类的文明起了很大的促进作用。正因为此,文字也就成为人类思维表达最重要的语言工具。

艺术表达的语言来自于生活又高于生活。文学语言使用符号的文字表达,抽象的文字符号使一部文学作品预留的想象空间十分广阔。所有的事物描述必须经过大脑的记忆联想,才能产生具体的形象。由于每人的社会经历不同,同一文学作品的内容可能会产生无数种人与物的空间形象。形象的不确定性使文学极具艺术的魅力。所以越是名著越不容易用影视的手段表现。舞蹈语言是人类最原始的语言类型。舞蹈语言使用身体的动作表意,通过动作的姿态、节奏和表情传达,经过提炼、组织和艺术加工产生特定的形体语言。音乐语言使用一定形式的音响组合表达思想和情态,通过旋律、节奏、和声、复调、音色、力度、速度,以声乐和器乐的形式传递抽象的语言。绘画语言使用一定的工具在特定物质的平面上进行空间形态的塑造。通过构图、造型和设色等表现手段,创制可视形象。绘画语言既可表现具象又可表现抽象,属于典型的空间视觉表述语言。

艺术设计从物象的概念来讲,基本上属于不同类型空间的形态表述。从设计的角度出发必须选取适合于自身的语言表达方式。由于绘画语言的条件与之最为相近,所以在技术上采用的最为广泛。可以说,艺术设计主要采用视觉的图形语言工具进行思维。

思维的形式是概念、判断、推理等,思维的方法是抽象、归纳、演绎、分析与综合等。

(二)概念

概念是"反映对象特有属性的思维形式。人们通过实践,从对象的许多属性中,抽出其特有属性概括而成。概念的形成,标志人的认识已从感性认识上升到理性认识。科学认识的成果,都是通过形成各种概念来总结和概括的"。在艺术设计中最初的概念应该具有极其强烈的个性,往往成为控制整个设计发展方向的总纲。设计概念的生成反映了设计者本身的设计素质以及社会实践经验的积累。"社会实践的继续,使人们在实践中引起感觉和影响的东西反复了多次,于是在人们的脑子里生起了一个认识过程中的突变(即飞跃),产生了概念"。

从理论上讲,表达概念的语言形式是词或词组。在设计中这种形式表现于空间形象的基本要素,或是一种风格的类型。概念都有内涵和外延。在设计中,概念的内涵表现为主观的功能与审美意识,外延表现为这种意识决定的客观物象。内涵和外延是互相联系和互相制约的。概念不是永恒不变的,而是随着社会历史和人类认识的发展而变化的。在设计中概念自然也不会一成不变,同一个设计项目会同时有不同的设计概念,哪一种最好也是要根据当时当地人的特定需求综合判定。

(三)判断

判断是"对事物的情况有所断定的思维形式。任何一个判断,都或者是真的或者是假的。如果一个判断所肯定或否定的内容与客观现实相符合,它就是真的;否则,它就是假的。检验判断真假的唯一标准是实践"。这种概念是以逻辑思维的状态来界定的,然而在形象思维中情况有所不同,尤其是当艺术的成分作为设计内容的主要方面时,物象的判断就很难确定对与错。而只能是相对而言。判断都是用句子来表达。同一个判断可以用不同的句子来表达,同一个句子也可表达不同的判断。在设计中,正确的判断也只能是以相对完整的图形、图纸或部件。判断可按不同标准进行分类,如简单判断和符合判断,模态判断与非模态判断等。

（四）推理

推理"亦称'推论'。由一个或几个已知判断（前提）推出另一未知判断（结论）的思维形式。例如：'所有的液体都是有弹性的，水是液体，所以水是有弹性的'。推理是客观事物的一定联系在人们意识中的反映。由推理得到的知识是间接的、推出的知识。要使推理的结论真实，必须遵守两个条件：①前提真实；②推理的形式正确。推理有演绎推理、归纳推理、类比推理等"。推理的概念更是以严密的逻辑为基础的。在设计中，推理的应用往往以人的行为心理在空间功能的体现上为主。而形象的设计则很难以这样的思维形式进行。

（五）抽象

思维方法中的抽象"同'具体'相对，是事物某一方面的本质规定在思维中的反映"。在设计中抽象作为一种形象思维的意识，具体表现为抽象美概念的应用。这种抽象美是"排除了客观事物的具体形象，仅凭点、线、面、块和色彩等抽象形式组合而成的美。如工艺美术中的几何图案、建筑艺术、书法、抽象派绘画与雕塑等。抽象美有助于扩展艺术表现领域和手段的多样化，使人得到广阔、深远、朦胧的印象，产生联想、体味和补充，从而获得美感"。在设计的审美意识中具有典型意义。

（六）归纳

归纳作为思维方法的一种，在设计中同样也具有广泛的意义。归纳是"从个别或特殊的经验事实出发推出一般性原则的推理形式、思维进程和思维方法。同由一般性知识的前提出发得出个别性或特殊性知识的结论的推理形式、思维进程和思维方法的'演绎'相对。一般说来，两者之间的区别是：归纳是由特殊推到一般，演绎是由一般推到特殊。在认识过程中两者是相互联系、相互补充的。演绎所依据的理由，来自对特殊事物的归纳，演绎离不开归纳；而归纳对特殊现象的研究，又必须以一般原理为指导，归纳也离不开演绎"。

（七）分析

分析"与'综合'相对。分析是把事物分解为各个部分加以考察的方法，综合是把事物的各个部分联结成整体加以考察的方法。二者是辩证的统一，互相依存、互相渗透与转化。西方哲学史上，有的经验论者片面强调分析，有的唯理论者片面强调综合，分析与综合的统一，是辩证逻辑的基本方法之一"。

（八）创造与表达

创造是做出前所未有的事情，如发明创造。艺术设计本身就是一种创造。创造是人的创造力的体现。创造力"是对已积累的知识和经验进行科学的加工和创造，产生新概念、新知识、新思想的能力。大体上由感知力，记忆力、思考力、想象力四种能力构成"，艺术设计创作是一种具有显著个性特点的复杂精神劳动，需极大地发挥创作主体的创造力以及相应的艺术表现技巧。

艺术传达是艺术设计创作过程的重要阶段之一。作者用一定的物质材料及形态构成，来实现构思成熟的形象体系，将其从内心世界投射到现实世界，化为可供人欣赏的外在审美对象，是作者实践性的艺术能力的表现。这种表现必须依靠大量信息的积累，包括各型各类的物质形象在头脑中的积淀。在设计者的设计生涯中始终需要不断补充这种积淀,这是一种类似充电的过程。人类创造力中的感知与记忆正是在外界不断的信息刺激中生成与积累的。

既然感知与记忆在创作的艺术感觉中如此重要,那么我们就有必要加强感知力与记忆力的训练与培育。记忆的最初阶段是一种瞬时记忆:"亦称'感觉记忆'或'感觉登记'。属于记忆的一种类型。其特点是:(1)信息在此阶段上以感觉的形式被保持,基本上是外界刺激的复制品;(2)信息停留的时间短暂,大约只能保留1至2秒钟,时间稍微延长,就会变弱消失。有图像记忆和声像记忆两种主要形式"。我们注意到一种现象,在外出参观或考察时经常会使用照相机拍摄景物,如果摄影者只能按动快门匆匆拍摄,而没有时间仔细观摩对象,那么即使拍摄了成百上千的照片,仍然很难有一个全面的形象记忆。空间形象的记忆只有在连续瞬时记忆的时空积累中,加以四度时空的尺度、比例、图案分析,并用速写图形的方式记存,才能够记忆长久。

同时在设计创作中充分利用对比效应,也是增强思考与想象能力的有效方法。"对比效应:亦称'感觉对比'。同一刺激因背景的不同而产生的感觉差异。对比有两种:一是同时对比,如同一物体在大物体当中显得小,在小物体中显得大;一块灰布在白布上显得暗,而在黑布上显得亮。二是相继对比,如在吃糖以后吃橘子,感到更酸"。在设计中,设计者实际上始终处于对比效应的控制之中。空间、尺度、比例、色彩、材质几乎都是在不同的对比中产生应用效果的。创造力的培育是一个长期的过程,说到底它就是艺术感觉能力培养的最终目的。

艺术的感觉在常人看来似乎玄而又玄,实际上,从本质来讲这是一个哲学的认识论问题。在哲学上,感觉论"或称'感觉主义'。认为感觉是知识的唯一泉源的认识论学说。由于对感觉的解释不同,有唯物主义的感觉论和唯心主义的感觉论。前者(如伊壁鸠鲁、洛克、狄德罗)承认感觉来自客观物质世界,是客观物质世界作用于人的感官的结果。后者(如贝克莱、休谟、马赫)认为,感觉是主观自生的;或把感觉和存在等同起来,否认感觉来自客观物质世界(贝克莱);或对客观物质世界的存在表示怀疑(休谟)"。我们显然是辩证唯物论者,既重视客观感觉的作用,同时也重视主观能动性的反作用。

二、创造性思维

创造性思维不同于一般的理性思维或逻辑思维方式,而较多地借助于形象思维的形式。但形象思维并不是绝对否定抽象或逻辑思维,而是以"形象"为主要思维工具的同时,通过理性、逻辑为指导而进行的,是从感性形象向观念形象或理性形象升华的过程。就创造性思维的方式和结果而言,只要思维对象、采用的方式、材料是新颖的,我们都称之为创造性思维。

创造性思维不同于一般性思维的基本特性,它具有独立性、流畅性、多向性、跨越性、创造性。思维是设计方法的核心,贯穿于设计的始终,可分为形象思维与概念(抽象)思维、直觉思维与分析思维、发散思维与聚合思维、正向思维与逆向思维等多种不同的方式。

(一)抽象思维

抽象思维是运用抽象概念进行设计思维的方法,较偏重于抽象概念,是以表象的一定条件为基础构成的,并可脱离于表象,是一般包括个别。抽象思维的概念,偏重于普遍化,概括的普遍化结果,是形成理论的范畴。设计中的归纳演绎、分析和综合、抽象和具体等形式,都是抽象思维的常用方法。当形象思维能力达到一定阈限,而抽象思维能力突出时,才能产生创造性思维;抽象思维和形象思维能力都不突出时,不可能产生创造性思维。

(二)形象思维

形象思维就是以感觉形象作为媒介的思维方法,即运用形象来进行合乎逻辑的思维。其特征,一是形象性;二是逻辑性;三是情感性;四是想象性。想象性是其根本性特征。因此形象思维是一种典型的创造性思维,称设计思维,是一种对生活的审美认识,审美认识的感性阶段,是对生活的深入观察体验发现美,得到关于现实中美的事物的表象;审美认识理性阶段,则是审美意识充分发挥主观能动作用,将表象加工成内心视象,最后设计出审美意象。当抽象思维能力达到一定阈限,而形象思维能力突出时,才能产生创造性思维。当形象思维和抽象思维能力都达到一定高度时,是创造性思维最理想的境地,也是最突出的设计思维。

(三)灵感思维

灵感思维是借助于某种因素的直觉启示,而诱发突如其来的创造灵感的设计思维方式,及时捕捉灵感火花,得到新的设计和发明创造的线索、途径、产生新的结果。灵感思维还可细分为寻求诱因灵感法、追捕热线灵感法、暗示右脑灵感法、梦境灵感法等。灵感思维是一种把隐藏的潜意识信息以适当形式突然表现出来的创造性思维的重要形式。

(四)发散思维

发散思维是从一个思维起点,向许多方向扩展的设计思维方式,也称求异思维或辐射思维。如一题多解:小小的一把美工刀,看起来只能用于切割、裁削,但从发散思维的角度看这把美工刀,就可举出其应用于生活、学习、游戏、工作、运输、施工等各个方面的无数用途。发散思维具有流畅、变通、独特三个不同层次的特性。积极开发发散思维的能力,需克服若干心理误区:一是思路固定单一模式的误区;二是明显陷入错误的歧途而不可自拔。这就是要抛弃错误结论,迅速进入新的思考。要准确把握与判断发散思维可能成功与否,需要广博的学识和善于吸收多种学科的知识,厚积薄发,广开思路,有意识地促进发散思维突破的契机。

(五)再造想象与创造想象

想象是对记忆中的表象进行加工改造形成新形象的过程。通过想象,把概念与形象、具体与抽象、现在与未来、科学与幻想巧妙地结合起来。再造想象是根据别人对某一事物的描述而产生新形象的过程。在创造活动中,人脑创造新形象的过程称为创造想象。创造想象比再造想象具有更多的创造成分,是创造性思维活动中最主动、最积极的因素。通过创造想象可弥补事实链条上的不足和尚未发现的环节,甚至可以概括世界的一切。设计师的每一种理论假设和设计方案都是想象力得以充分发挥的产物。

(六)逆向思维

逆向思维称"反向思维法",即把思维方向逆转,用和常人或自己原来想法对立的,或与约定俗成的观念截然相反的设计思维方法。比如火,通常观念用的灶具只能是金属与陶瓷的容器,能耐火烧烤;纸,是易燃的,设计史上没有人用纸作灶具的。"纸"不容于"火"是约定俗成的概念。万万没想到日本一位设计师利用纸的优势,采用新技术通过加工使之达到普通火焰温度不易燃烧的程度,制成器具,用于烧烤。这便是逆向思维设计方法的典范。

(七)集合创造性思维

为了创造发明和开发设计新产品,在两个人以上的集体讨论中,激发每一个人的创造性思维活动的方法。通常是在限定的时间里,集中一定数量的人针对一个问题利用智力互激、结合,从而产生高质量的创意。如美国人奥斯本提出的"大脑风暴法",还有"高顿思考法""653 法""MBS 法""GNP 法""CBS 法"等。原则上都是让与会者集体发挥智慧的设计创作方法。

(八)辐合思维

辐合思维是遵循单一的求同思维或定向思维模式求取答案的设计思维方法,即以某一思考对象为中心,从不同角度、不同方面将思路集中指向该对象,寻求解决问题的最佳答案的思维形式。例如,把市场调查收集到的多种现成的材料归纳出一种结论或方案。在设想或设计的实现阶段,这种思维形式占主导地位。

在创造性思维开发的具体进程中,方法是多种多样的,目前世界上已总结出来的就有 300 多种。如异同自辨的异同方法,纵串横联、交叉渗透的立体思考法,寻根究底、由果推因的逆向思维法,宏微相连的系统想象法,打破常规、以变思变的标新立异法……其中最著名的有智力激励法和检核表法等。

三、室内设计思维方法的特征

设计的过程与结果都是通过大脑对空间环境进行理性和感性的思维结合实现的。从各高校的教育体系来看,理工技术类学科偏重于抽象的思维训练,文学艺术类学科偏重于形象思维的训练,从而达到"因材施教"的目的。就设计思维而言,室内设计学科处于工科与艺术类学科的边缘处,单一的思维模型很难满足复杂功能与审美的需求,从而导致了学生在进入室内设计专业时,普遍存在形象思维能力较弱的情况,因此,在进入室内设计创作之前,系统地分析构成室内设计思维方法的特征是十分有必要的。

(一)综合多元的思维渠道

抽象思维着重于表现理性的逻辑推理,称为理性思维;形象思维着重于表现感性的形象推敲,称为感性思维。理性思维是一种呈线形的思维模式,是一环扣一环的推导过程。当大脑中出现一个概念,且有充足的理论以证明它是成立的,此时就要收集不同的信息来证明,通过客观的外部研究过程得出一个阶段的结论,然后按照一定的方向进入下一步的论证,以此类推,循序渐进,直到最后的结果。而感性思维则是一种呈树形的思维模式,当面前面对一个题目时,大脑中立刻产生出三个甚至更多的概念,这些概念可能是完全不同形态,并且每种概念都有发展的希望,此时,我们就要从中选出一种符合需要的再发展出三个以上的新的概念,如此举一反三地渐渐深化,直到出现满意的结果。经过对比,我们可以分析出,理性思维与感性思维的区别,理性思维是从点到点的空间模型,方向性极其明确,目标也十分明显,由此得出的结论往往具有真理性。使用理性思维进行的科学研究项目最后的正确答案只有一个。而感性思维是从一点到多点的空间模型,方向性不明确,目标具有多样性,而且每一个目标都有成立的可能,结果十分含混。使用感性思维进行的艺术创作,其优秀的标准是多元化的。

室内设计属于边缘性的学科,就空间艺术本身而言,感性的形象思维占主导地位。但相关的功能技术性的知识,则需要逻辑性强的理性抽象思维。因此进行一项室内设计,丰富的形象思维和缜密的抽象逻辑思维必须兼而有之、相互融合,才能达到"山重水复疑无路,柳暗花明又一村"的艺术效果。

(二)图形分析的思维方式

对形象敏锐的观察和感受是每一个设计师进行设计思维必须具备的基本素质。这种素质的培养主要依靠设计师对科学的图形所进行的空间想象,最终达到的舒适的视觉效果。所谓图形分析思维方式,主要是指借助于各种工具绘制不同类型的形象图形,并对其进行设计分析的思维过程。就室内设计的整个过程来讲,每个阶段几乎都离不开绘图。设计阶段构思草图包括室内空间的透视与立面图、功能分析图;方案设计阶段的图纸包括室内平面与立面图、空间透视与轴测图;施工图设计阶段的图纸包括装修的剖立面图、表现构造的节点详图等。在室内设计表达的类型中,图形以其直观的视觉物质表象传递功能,排在所有信息传递工具的首位。

无论在设计的什么阶段,设计师都要习惯于用笔将自己一闪即逝的想法落实于纸面上,而在不断的图形绘制过程当中,又会产生新的灵感。毕加索曾经说过"艺术家是一种容器,吸纳这个地方、这片天空、这篇土壤的各种感情,来自一张废纸,一个掠过的影子,一处织网的情感"。记录自己的设计灵感,是一种大脑思维外延化的外在延伸,是一种辅助思维形式,收获的整片天空(优秀的设计)往往就诞生在看似纷乱的草图当中。在北京,第29届奥运会的主会场鸟巢的雏形就是著名设计师安德鲁在草纸上不断地勾画,创作而成的。在设计领域,图形是专业沟通的最佳方式。图形分析思维方式主要通过三种绘图形式实现:徒手画(速写、拷贝描图)空间草图;正投影制图(平面图、立面图、剖面图、细部节点详图);三维空间透视图(一点透视图、两点透视图、三点透视图、轴测透视图)等。

对于室内设计来讲,图形思维是一个由大到小、由整到分、由粗到细的过程,在完成了空间整体功能与形象的图形评价比较之后,接着进行空间界面、构造细部、材料做法的粗细推敲。同样要多做方案,以期达到最佳效果。

(三)对比优选的思维方式

设计的过程中,每个人对同一个项目会蹦出多个设计方案,有时它们会大相径庭,有时它们还会出现一定的交叉点,这时你会苦恼自己到底该选哪一种方案,该在哪种方案的基础上加以改进。因此,学会在多个方案中对比、提炼、优化就显得至关重要。

选择是对纷杂事物的提炼优化,合理的选择是创意成功的关键。就室内设计而言,选择的思维过程体现于对多元图形的对比、优选,可以说对比优选的思维过程是建立在综合多元的思维渠道以及图形分析的思维之上的。没有前者作为对比的基础,后者选择的结果也不可能达到最优。在概念设计阶段,通过对多个具象图形空间形象的对比优化来决定设计发展的方向,通过抽象几何线平面图形的对比,优化决定设计的使用功能。在方案设计阶段,通过绘制不同的平面图对比优化决定最佳的功能分区。通过不同的空间透视构图对比优化决定最终的空间形象。在施工图设计阶段,通过对不同材料构造的对比优选,决定合适的搭配比例与结构,通过对比不同的比例节点详图,决定适宜的材料、截面尺度。

对比优选的思维过程依赖于图形绘制信息的反馈，一个概念或是一个方案，必须要反复推敲、反复地对比优化。因此，作为设计者在构思阶段不要在一张图纸上反复涂改，而要学会使用半透明的拷贝纸，不停地拷贝修改自己的想法，做到每一个想法都切实地落实到纸上，不要扔掉任何一张看似凌乱的草图。积累、对比、优选，好的方案就可能产生了。

第二节　创作概念与设计构思

室内设计空间形象的表达来自于设计者头脑中的概念与构思，这种概念与构思体现于视觉形象的创造。"视觉形象永远不是对于感性材料的机械复制，而是对现实的一种创造性把握，它把握到的形象是含有丰富的想象性、创造性、敏锐性的美的形象"。[①] 作为四维空间设计的室内，美的形象创造又体现于空间的整体氛围，需要从时空运动的状态去把握。

一、空间形态的启示

(一)空间形态理论

室内是惟一可以让人自由出入的空间，同时也是能够被人真实感受的空间。要创造美的空间形象，从空间形态入手来启发创作概念与设计构思显然是符合其客观规律的。

"众所周知，现实世界中的空间是没有形状的。即使在科学上，空间也只是'逻辑形式'而没有实际形状；只存在着空间的关系，不存在具体的空间整体。空间本身在我们现实生活中是无形的东西，它完全是科学思维的抽象"。[②] 我们在这里所讲的室内空间形态，是由空间限定要素组成的界面围合而成。如同杯与水的关系，杯体是圆柱形水自然会被限定成圆柱体。不同尺度形状的界面所组成的空间，由于形态上的变化，会给人带来不同的心理感受。空间形态的确定，需要根据人的活动尺度，空间的使用类型，材料结构的选用等功能因素，以及设计的审美，人的行为心理等精神因素综合权衡。从本质上讲，室内空间的设计就是空间形态的设计。由于空间形态是由界面围合产生的形状，在物化存在的概念上，这个空间形态是由实体与虚空两个部分组成。除了地板、顶棚、墙面相对静止不动外，家具、灯具以及各类陈设物包括人本身都处于相对运动的状态。因此室内的空间形态总是处于时空的流动之中。基于这样的空间概念，室内空间的形态设计，恰似孩子们玩的积木。这种积木既有"实体"的也有"虚拟"的。空间形态的构成如同虚与实的积木搭造的一场空间游戏。

空间形体是由点、线、面运动所产生的结果。典型的空间线型表现为直线与曲线两种形态，产品造型设计总是在这两种线型之间寻求变化。直线与曲线的有规律运动就产生了矩形体、棱锥体、圆柱体、球形体……不规律运动则产生异形体。空间中点的坐标连接方式变化无穷，从理

① ［美］鲁道夫·阿恩海姆.艺术与视知觉.北京：中国社会科学出版社，1984
② ［美］苏珊·朗格.情感与形式.北京：中国社会科学出版社，1986

论上讲,空间形态的变化也就永无止境。因此室内设计的概念与构思,首先要从空间形态上寻求启示。

作为空间造型艺术的雕塑:雕——作的是减法,塑——作的是加法,但都是由简单形体到复杂形体的创造。室内空间形态的创造在做法上很像是雕塑,可是却不一定都是由简单形体到复杂形体,在很多情况下是反其道而行之,从复杂形体到简单形体。当一座建筑的结构完工后,留给室内设计师的往往是构造裸露、设备横陈的复杂形体,运用何种空间形态与之相配,以最大限度发挥空间的效能就成为设计者首先要考虑的问题。

界面围合实体是室内空间造型的主体,在技术上表现为装修的概念;界面围合虚空中的物品是室内空间造型的次体,在技术上表现为陈设的概念。然而在人的主观视觉印象中次体却处于主要的位置,无论是与人的距离,还是形色质的感受,都要比主体来得强烈。在这一点上如同舞台与演员的关系,从空间形态的概念出发,舞台布景与灯光绝对是主体;但是从表演的视觉效果出发,演员则处于主要的中心位置。因此在空间形态设计的一般理念上:界面围合实体的设计应遵循整体统一、简练素洁的原则;界面围合虚空中的物品设计则因遵循变化多样、醒目突出的原则。

就空间形态的造型手法而言,经常运用的是:直线与矩形、斜线与三角形、弧线与圆形三种空间类型以及由此引发的各种综合形态。

(二)空间形态造型手法

1. 直线与矩形

直线与矩形是各类空间形态中应用最广的样式。这是由于建筑构造本身的特点所造成的。同时在人们传统的习惯认识中房间也总是以方盒子的空间形象出现。这与直线矩形的形态特征有很大关系。直线与矩形的方向感、稳定感、造型变化的适应性都较强,而且在材料与构造的选用方面也较为经济。中国传统的建筑正是运用直线与矩形创造出了空间变化极为丰富的平面样式。当然较多的优点也会转化为缺点,选用较多而设计的深度不够特别容易使直线与矩形的空间造型设计流于平庸。

2. 斜线与三角形

斜线与三角形是点在空间坐标 X、Y、Z 轴斜向运动的结果,实际上是直线与矩形在方向表现上的异化。从平面使用的功能意义上讲,斜线与三角形的空间形态是最不符合规律的样式,因而也最不容易做好,往往只适应于特定的空间场所。尤其是小于 90°的斜线夹角在具体的室内空间中特别容易造成死角,既浪费空间,又影响使用。正因为斜线与三角形在空间形态中的这种不利因素,反而成为造型设计出奇制胜的法宝,如果处理得当,构思巧妙,则能够产生非常好的空间效果。贝聿铭设计的美国国家美术馆东馆,正是受限于三角形场地而因势利导,巧妙地化解了斜线与三角形带来的矛盾,创造出了优秀的斜线与三角形的空间形态,如图 4-1 至图 4-3 所示。

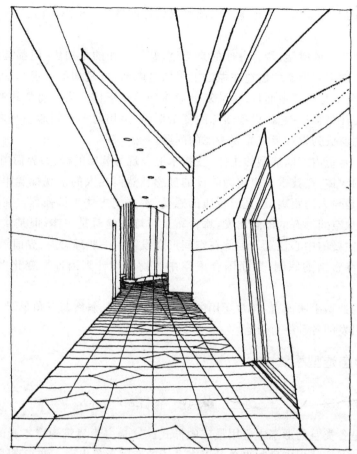

图 4-1　斜线与三角形的空间构图即使表现于界面，
也呈现出动感十足的引导性空间线型（日本某博物馆）

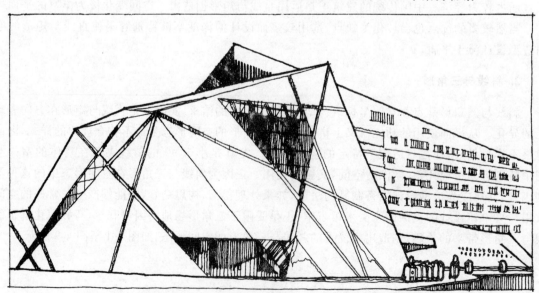

图 4-2　采用斜线与三角形作为建筑创作的母题（美国明尼苏达、
明尼阿珀利斯，明尼苏达大学 Gateway 中心）一

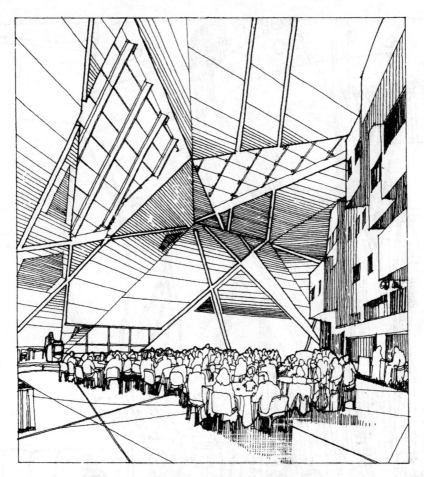

图 4-3　采用斜线与三角形作为建筑创作的母题（美国明尼苏达、明尼阿珀利斯,明尼苏达大学 Gateway 中心）二

3. 弧线与圆形

弧线与圆形是个性化强、变化丰富的空间线形。弧线的正圆曲线与自由曲线具有强烈的空间导引倾向,"圆具有更高的对称性"[①]和相对的可变性。弧线与圆形在室内设计中能够营造特殊的空间形态,满足淡化方向或强化方向的室内空间功能。同是一个圆形平面,处于内弧位置方向感弱,处于外弧位置方向感强。在同样面积的空间中,圆形的容积率最大,同时圆形的向心感最强。在需要上述两种特点的功能空间采用圆形平面无疑是最理想的选择。赖特的古根海姆博物馆正是采用了弧线与圆形的空间形态,并最大限度地发挥了弧线与圆形的形态特征,从而达到了功能与形式的高度统一,如图 4-4 所示。

---

① ［美］A. 热著;熊昆译. 可怕的对称. 长沙:湖南科学技术出版社,1992

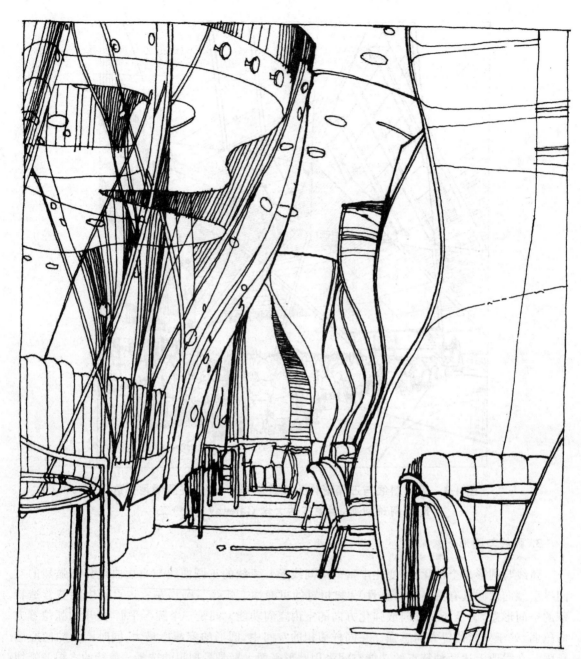

图 4-4　以弧线和圆形要素塑造的空间具有柔性、亲和、
舒展的氛围（美国纽约康德·奈斯特自助餐厅）

二、主导概念的引入

　　面对一项设计任务应该如何切入？这是初学者接触专业设计时频度最高的提问。毋庸置
疑，主导概念的引入是关键的一环。所谓专业设计的主导概念无非是室内空间形象的构思。也
可以说就是确立设计构思主题。室内的空间形象构思是体现审美意识表达空间艺术创造的主要

内容,是概念设计阶段与平面功能布局设计相辅相承的另一翼。由于室内是一个由界面围合而成相对封闭的空间虚拟形体,空间形象构思的着眼点应主要放在空间虚拟形体的塑造上,同时注意协调由建筑构件、界面装修、陈设装饰、采光照明所构成的空间总体艺术气氛。项目分析与调查研究主导概念的引入就像是确立一篇文章的主题。文学家写一部小说必须有生活的积累,在掌握大量的素材之后才能开始动笔。室内设计的项目在确立主导概念之前当然也需要作深入的项目分析与调查研究。调查研究不细,分析也就不可能深入。正确的主导概念是建立在慎密的项目分析与细致的调查研究之上的。

每一项室内设计,根据其空间类型和使用功能,可以从不同的构思概念进入设计。虽然条条道路都可能到达目的地,但如何选取最佳方案,则是颇费脑筋的。因此在正式进入设计角色之前,一定首先要明确设计任务的要求。对设计项目深入认真的分析,往往不仅会使设计取得成功而且达到事半功倍的效果。

设计项目的任务分析,主要从以下方面进行:

用户的功能需求分析:各部门的功能关系;各房间所占面积;使用人数及人流出入情况;喜欢何种风格;希望达到的艺术效果等。

预算情况分析:用拟投入的资金情况,标准定位等。

环境系统情况分析:建筑所处的位置及环境特点,会对室内产生何种影响;拟采用的人工环境系统及设备情况。

可能采用的设计语汇分析:室内功能所体现的性格,庄严、雄伟还是轻巧、活泼;采用何种空间形态;采用何种立面构图等等。

材料市场情况分析:当时当地的材料种类与价格;材料的市场流通与流行;拟选用的色彩、质地、图案与相应材料的可行程度。

设计项目的分析与调查研究的关系密不可分。调查研究主要从以下几方面进行:

查阅收集相关项目的文献资料,了解有关的设计原则,掌握同类型空间的尺度比例关系、功能分区等。

调查同类室内空间的使用情况,找出功能上存在的主要问题。

广泛浏览古今中外优秀的室内设计作品实录,如有条件应尽可能实地参观,从而分析他人的成败得失。

测绘关键性部件的尺寸,细心揣摩相关的细节处理手法,积累设计创作的词汇。

尽管如此,任何一个经验丰富的室内设计师,都不可能对所有室内类型中出现的问题了如指掌,因为空间环境的影响因素是很多的。同一类型的室内,也会因各种具体条件的变化而有所不同。所以任何设计项目,任何设计阶段,调查研究都是必不可少的重要环节。概念设计进行美术创作的时候,常常强调"意在笔先"。对室内设计来讲又何尝不是如此,面对一个具体的设计项目,头脑中总是先有一个基本的构思。经过酝酿,产生方案发展总的方向,这就是正式动笔前的概念设计。确立什么样的概念,对整个设计的成败,有着极大的影响。尤其是一些大型项目,面临的影响因素和矛盾就会更多。如果一开始就没有正确的设计概念指导,意图不明,在后来的设计上出现问题就很难补救。

主导概念的引入体现在技术上就是概念设计。实际上就是运用图形思维的方式,对设计项目的环境、功能、材料、风格,进行综合分析之后,所做的空间总体艺术形象构思设计。

作为表达室内空间形象构思的概念设计草图作业,自然是以徒手画的空间透视速写为主。

这种速写应主要表现空间大的形体结构,也可以配合立面构图的速写,帮助设计者尽快确立完整的空间形象概念。空间形象构思的草图作业应尽可能从多方面入手,不可能指望在一张速写上解决全部问题,把海阔天空跳跃式的设想迅速地落实于纸面,才能从众多的图象对比中得出符合需要的构思。

不妨从以下方面打开思维的阀门进行空间形象构思的草图作业:空间形式;构图法则;意境联想;流行趋势;艺术风格;建筑构件;材料构成;装饰手法。

空间形象的构思是不受任何限制的,打开思路的方法莫过于空间形象构思的草图作业,当每一张草图呈现在面前的时候都可能触发新的灵感,抓住可能发展的每一个细节,变化发展绘制出下一张草图,如此往复直至达到满意的结果。

三、限定概念的创意

主导概念的引入作为室内空间的形象设计而言就是限定概念的创意。所谓限定在这里有两层含义:其一为空间构造与使用功能的限定;其二为主导概念自身的限定。第一层含义比较容易理解,第二层含义则往往不被理解。空间构造与使用功能的限定是客观物质的限定,而主导概念自身的限定则是设计者主观意识的自我限定。也就是说,设计者往往很难跳出自己为自己设置的陷阱,一旦产生某种所谓好的构思,容易钻到牛角尖里出不来。第一种限定是普遍性的不可回避的,不依设计者的意志所转移和改变;第二种限定则是个别的可以回避的,设计者可以经过改变思想方法摆脱限定。

从理论上讲,设计概念构思的产生应该不受任何限制,受限制的设计构思往往达不到最佳的艺术效果。然而我们又不得不面对室内被建筑构造和使用功能限定的现实。一方面需要思想像马一样在广阔的草原自由驰骋,另一方面又要受到缰绳和沟坎的羁绊,这就是一对矛盾。当然"矛盾着的两方面中,必有一方面是主要的,其他方面是次要的。其主要的方面,即所谓矛盾起主导作用的方面。事务的性质,主要的是由取得支配地位的矛盾的主要方面所规定的"。"因此,研究任何过程,如果是存在着两个以上矛盾的复杂过程的话,就要用全力找出它的主要矛盾。捉住了这个主要矛盾,一切问题就迎刃而解了"。所以限定概念的创意中,创意是主要矛盾,限定是次要矛盾。

在设计过程的这个阶段,首先应该考虑的主要是概念的发展。在概念确立的前提下,再来看限定的制约条件。如果条件允许自然不会有问题,如果条件不允许,回过头来再从别的方面寻找新的设计概念。一直到概念的创意符合限定的制约条件。这样的思维过程比较符合室内空间限定的规律。假定不按照这样的方式去构思,一开始就拘泥于限定的条件,可能永远也创造不出有新意的作品。在做学生的阶段,由于对实际工程项目缺乏了解,在设计中思想没有任何框框的制约,往往会产生很多新奇的想法。不少成熟的设计者之所以愿意再回到学校中去寻求创作的灵感,也是看中了年轻学生初创构思的特点。"然而这种情形不是固定的,矛盾的主要和非主要的方面互相转化着,事物的性质也就随着起变化"。

当进入方案设计的阶段,限定就会转化为主要矛盾。这个时候就需要在限定条件下来调整已经符合制约要求的创意。通过调整限定概念的创意,设计才能最终达到较为理想的境界。一般来讲,要作为室内设计者往往注意空间的概念,而忽略时间对于设计的限定。在这里,时间的限定不是以空间量向的第四维出现,而是以设计过程中所耗费时间的长短作为限定,在建筑结构实用功能与空间形象概念创意两个方面,达到十全十美的配合是非常困难的一件事。设计者只能在有限的时间中,最大限度地发掘两者之间的最佳契合点,来限定概念。似乎这是一个不值一提的常识性问题,但恰恰是这一点成为在限定概念的创意阶段制约设计构思确立的关键。因为在主导概念确立后,需要有一个合理的时间段来调整创意与功能之间的关系。所有这一切都需要时间的磨合。当然也不是说时间越长越好。要是那样的话,也许永远也不能完成一项设计。之所以提出这个问题,是因为在现阶段相当一部分业主不了解设计程序的周期。给予设计者的时间根本没有包括限定概念创意阶段所需的最低限度。因此需要把一个社会问题,在这样一本专业性的书籍中,作为重要的设计程序问题提出,以期提醒设计者的注意,为自己争取到合理的设计时间。

第三节　设计语言与设计方法

一、设计的语言

按照《现代汉语词典》的解释:"语言是人类所特有的用来表达意思、交流思想的工具,是一种特殊的社会现象,由语音、词汇和语法构成一定的系统。'语言'一般包括它的书面形式,但在与'文字'并举时只指口语"。室内设计的时空多样性决定了设计语言选取的复杂性。这不是一个简单的语言概念,而是一个综合多元的语言系统。它包括口语、文字、图形、三维实体模型……需要全面的设计表达方式。

(一)设计的表达

设计的表达属于信息传递的概念,信息"通常需通过处理和分析来提取。信息的量值与其随机性有关,如在接收端无法预估消息或信号中所蕴含的内容或意义,即预估的可能性越小,信息量就越大"。(《辞海》)而这种预估在室内设计中恰恰是较大的,几乎所有的人都会对自己将要生活的空间有着某种特定的形式期待,设计所表达的理念如果与之相左,往往很难获得通过。在所有的艺术设计门类当中,室内设计信息的获取是最为困难的类型之一,其原因也就在于信息量很难做到最大。由于设计的最终成品不是单件的物质实体,而是由空间实体与虚空组构的环境氛围所带来的综合感受。即使选用视觉最容易接受的图形表达方式,也很难将所包含的信息全部传递出来。"新制人所未见,即缕缕言之,亦难尽晓,势必绘图作样;然有图所能绘,有不能绘者。不能绘者十之九,能绘者不过十分之一。因其有而会其无,是在解人善悟耳"。([清]李渔《闲情偶寄·居室部》)在相当多的情况下,同一种表达方式,面对不同的受众,会得出完全不同的理解。因此室内设计的表达,必须调动起所有的信息传递工具才有可能实现受众的真正理解。

1. 图形表达

在室内设计表达的类型中,图形以其直观的视觉物质表象传递功能,排在所有信息传递工具的首位。室内设计的最终结果是包括了时间要素在内的四维空间实体,而室内设计则是在二维平面作图的过程中完成的。在二维平面作图中完成具有四维要素的空间表现,显然是一个非常困难的任务。因此调动起所有可能的视觉图形传递工具,就成为室内设计图面作业的必需。图面作业采用的表现技法包括:徒手画(速写、拷贝描图)、正投影制图(平面图、立面图、剖面图、细部节点详图)、透视图(一点透视、两点透视、三点透视、轴测透视)。徒手画主要用于平面功能布局和空间形象构思的草图作业;正投影制图主要用于方案与施工图的正图作业,透视图则是室内空间视觉形象设计方案的最佳表现形式。虽然这部分工作目前在很大程度上被计算机所替代。但作为设计者的基础训练和最初的设计概念表达仍然是不可或缺的环节。

室内设计的图面作业程序基本上是按照设计思维的过程来设置的。室内设计的思维一般经过概念设计、方案设计、施工图设计三个阶段。平面功能布局和空间形象构思草图是概念设计阶段图形表达的主体,透视图和平立面图是方案设计阶段图形表达的主体,剖面图和细部节点详图则是施工图设计阶段图形表达的主体。设计每一阶段的图形表达,在具体的实施过程中并没有严格的控制,为了设计思维的需要,不同图解语言的融会穿插是室内设计图形表达经常采用的一种方式。

2. 文字与口语表达

书面的文字同样是室内设计重要的表达工具。图形只有通过文字的解释与串接才能最大限度地发挥出应有的效能。同时文字的表述能够深入到理论的深度,在设计项目的策划阶段,在设计概念的确立阶段,在设计方案的审批阶段均能够胜任于信息传达的深化要求。

口语表达是图形与文字表达的进一步深化。由于室内设计的最终实施必须经由使用方的最终认可,图形与文字的表达方式尽管具有信息传递的全部功能,但并不能替代人与人之间直接的情感交流。尽管现在的信息传递工具已经十分先进:移动电话、计算机网络、远程视频课程……然而单向的信息传递即使是爆炸性的,也不一定会被接受方理解。信息发送与信息接受,并促使双方沟通的最佳方式,仍然是人与人面对面的直接表述,由于交往中的口语伴随着讲述者的表情与肢体语言的辅助,能够产生一种特殊的人格魅力,从而获得对方的信任与理解。因此在室内设计的各个环节,确立概念、设计投标、方案论证、施工指导都少不了口语的表达。

3. 空间模型表达

由于室内设计的四度空间特征,空间模型的表达方式,无论是学习阶段还是设计实施阶段,都是理想的专业表达方式。只是由于尺度、材料、时间、财政的关系我们不可能个个方案都做实体1:1模型,而小尺度模型观看的角度与位置,很难达到身临其境的效果。所以在计算机模拟技术出现之前,模型的信息传递功能在某些方面还赶不上透视效果图。当然随着计算机技术的发展和这种先进工具的普及应用,空间模型完全可以用虚拟的方式实时展现。因此今后空间模型的表达会逐渐转移为虚拟的方式。同时随着计算机运算速度的进一步加快,我们将不仅运用它来绘制图纸,而是真正进入计算机辅助设计与表达的阶段。

（二）设计任务书

由于室内设计是一项复杂的系统工程，一个具体的室内设计项目，其项目实施程序对于不同的部门具有不同的内容，物业使用方、委托管理方、装修施工方、工程监理方、建筑设计方、室内设计方虽然最后的目标一致，但实施过程中涉及的内容确有着各自的特点。本书的对象主要是针对设计者，因此项目实施程序的内容自然是以室内设计方为主。

以室内设计方为主的项目实施程序涉及到社会的政治、经济，人的道德伦理、心理、生理，技术的功能、材料，审美的空间、装饰等等。室内设计方必须具备广博的社会科学、自然科学知识，还必须具有深厚的艺术修养与专业的表达能力，才能在复杂的项目实施程序中胜任犹如"导演"角色的项目实施设计工作。

1. 制约项目实施的因素

室内设计项目实施程序是一项严密的控制系统工程，从项目实施的开始到完成都受到以下几点的制约与影响。

（1）社会的政治经济背景：每一项室内设计项目的确立，都是根据主持建设的国家或地方政府、企事业单位或个人的物质与精神需求，依据其经济条件、社会的一般生活方式、社会各阶层的人际关系与风俗习惯来决定。

（2）设计者与委托者的文化素养：文化素养包括设计者与委托者心目中的理想空间世界，他们在社会生活中所受到的教育程度，欣赏趣味及爱好，个人抱负与宗教信仰等。

（3）技术的前提条件：包括科学技术成果在手工艺及工业生产中的应用，材料、结构与施工技术等。

（4）形式与审美的理想：指设计者的艺术观与艺术表现方式以及造型与环境艺术语汇的使用等。项目实施的功能分析在室内设计项目的实施过程中，室内设计者在受到物质与精神、心理上主观意识的影响下，要想以系统工程的概念和环境艺术的意识正确决策就必须依照下列顺序进行严格的功能分析：

①社会环境功能分析。

②建筑环境功能分析。

③室内环境功能分析。

④技术装备功能分析。

⑤装修尺度功能分析。

⑥装饰陈设功能分析。

室内设计的复杂性决定了项目实施程序制定的难度。这个难度的关键在于设计最终目标的界定，通俗地说，就是房间怎样使用，怎样装扮，这个最基本问题的决定是否正确，直接关系到项目实施的最后结果。就设计者来讲总是希望自己的设计概念与构思能够完整体现。但在现实生活中房间的使用功能还是占据主导地位，空间的艺术样式毕竟要从属于功能。这就决定设计师不能单凭自己的喜好去完成一个项目。设计师与艺术家的区别就在于：前者必须以客观世界的一般标准作为自己设计的依据；后者则可以完全用主观的感受去表现世界。

2. 设计任务书的制定方式

所谓设计任务书,就是在项目实施之初决定设计的方向。这个方向自然要包括空间设计中物质的功能与精神的审美两个方面。设计任务书在表现形式上会有不同的类型,如意向协议、招标文件、正式合同等等。不管表面形式如何多变其实质内容都是相同的。应该说设计任务书是制约委托方(甲方)和设计方(乙方)的具有法律效应的文件。只有共同遵守设计任务书规定的条款才能保证工程项目的顺利实施。

在现阶段,设计任务书的制定应该以委托方(甲方)为主。设计方(乙方)应以对项目负责的精神提出建设性意见供甲方参考。一般来讲,设计任务书的制定在形式上表现为以下四种:

一是按照委托方(甲方)的要求制定。这种形式建立在甲方成熟的设计概念上,希望设计者忠实体现委托设计者自己的想法构思。加强与甲方的交流,通过沟通思想充分体现甲方的意向,才能在满足甲方要求的基础上,制定完美的设计任务书。

二是按照等级档次的要求制定。这种形式根据甲方的经济实力以及建筑本身的条件和地理环境位置所制定。可以按照高、中、低的档次来要求,也可以按照星级饭店的标准来要求。

三是按照工程投资额的限定要求制定。这种形式是建立在甲方的投资额业已确定,工程总造价不能突破的前提下来制定的,所以要求设计任务书确定的设计内容在不超支的情况下,设计出能够达到要求的工程效果。

四是按照空间使用要求制定。这种形式一般针对专业性强的空间,因此设计者具有相当的发言权。在设计任务书的制定中,甲方往往会在材料和做工上提出具体意见。

现阶段的设计任务书往往是以合同文本的附件形式出现。应当包括以下主要内容:

(1)工程项目的地点。

(2)工程项目在建筑中的位置。

(3)工程项目的设计范围与内容。

(4)不同功能空间的平面区域划分。

(5)艺术风格的发展方向。

(6)设计进度与图纸类型。

(三)平面的意义

我们在这里所讲的平面包含着两层含义:首先作为室内设计技术语言表达的图形——平、立、剖面图,都是以正投影的二维画面展现,即图形表象的平面。其次是室内人的活动与使用功能表达的唯一界面——平面图,在室内设计的所有图形语言中具有举足轻重的地位。由于二维画面的图形表达,设计者必须实现自身从平面图形到立体空间的完整空间概念转换。由于平面图所表达的空间包含视觉形象多极发展的概念,设计者既要具备平面功能分析的作图能力,又要掌握从平面图到空间整体视觉形象创造的能力。

二维平面作图的设计语言,分别以各自不同的表达方式,反映着立体空间不同层面的表象,它们相互补充,最终在设计者头脑中建立起科学真实的室内空间。"设想在观察者与被画景物之间有一个透明的'取景框',正视法是指物件在垂直于取景框条件下,以其原有尺度被投影到取景框,也即画面上。正视图有两种基本类型,立面取景框位于观察者与景物之间;剖面取景框切开被画景物,因而能显示其内部形象。其他类型均系这二者延伸、发展。屋顶平面是从上而下看一栋建筑物的水平视图,而平面实际上是一个水平剖面"。①

"在所有制图方式中,立面图是其中最古老的方式之一,然而它仍是最直接、明了、简单、易于为看图人所广泛理解的建筑图像交流方式。通过对图像指主体中可识别的特征,如其尺度、构图、比例、节奏、韵律、质感、色彩、形状、格调和细部等作认真描述,可使图面具有真实性。

剖面可能是最不受重视的一种图像表达方式。剖面作为一个迅速表达手段,能说明尺度、内含、光照、空间特征以及对空间的感受。虽然剖面不能像立体图或透视图那样表现三维空间,他们却比平面更能表达人与空间之间的关系。在图中适当插入人物能帮助看图人设想身在这个空间里会有的感受。如果加上人们的视线或行动线等辅助手段,还会进一步加强仿佛身在其中的感受。

像垂直剖面一样,平剖面是水平切开后的俯视图像,传统上简单地叫做平面。作为最常用的制图约定方法,他也是最没有被恰当地应用,或充分发挥的一种。很多设计人,特别是设计专业的学生满足于用平面作为图解工具去说明建筑各部分的关系,而不求用以说明建筑艺术方面的感受。经过适当渲染,平面能提高所设计空间的质量感,且保持其整体概念和明确的定位感。这种平面不仅可以包括广阔的细节,还可以很容易地对基本空间作进一步描绘。②

人以脚踏实地的直立形态站立或行走于地面是我们司空见惯的行为模式,没有人会对这种行为模式提出疑问,也想象不出人体自身还会以别的什么方式,不借助外力而活动于地球。由于地心引力的作用,地面成为人体运动自如的唯一界面。在室内设计的概念中,"地面"除去地球岩石圈表层的含义外,还包括所有人为构筑的平行于地壳的界面。这样任何房间的地平面、楼板面、台板面就成为室内广义的"地面"概念。由于人只能活动于地面,于是所有的交通功能、使用功能也就发生于各种人为的水平面上。于是预先计划模拟人的活动方式的平面图在室内设计中就具有了决定的意义。

(四)空间的表象

室内空间的表象是建筑内部的所有物品在自然与人为环境因素共同作用的影响下产生的。表现这种感官的形象,并使之转换为设计的特定语言,而后熟悉这种语言,就成为设计者掌握设计工作方法的主要内容。室内空间表象的体现是一件十分困难的工作。其难点就在于室内时空不断转换的不定模式。

在这里我们所讲的室内空间表象的体现显然属于环境艺术表达的概念,它的艺术表现形式既不同于音乐一类的时间艺术,也不同于绘画一类的空间艺术。而是融合时间艺术与空间艺术

---

① ［美］保罗·拉索著;周文正译. 建筑表现手册. 北京:中国建筑工业出版社,2001

② 同上

的表现形式为一体的四维综合艺术。通俗地说，这种艺术表现形式就是房间内部总体的艺术氛围。如同一滴墨水在一杯清水中四散直至最后将整杯水染成蓝色，如同一瓶打开盖子的香水其浓郁气息在密闭的房间中四溢。具体地说，室内空间的艺术表现要靠界面（地面、墙面、顶棚）装修和物品陈设的综合效果，要靠进入房间的人在不同时间段的活动来体现。

在室内设计中，空间实体主要是建筑的界面，其次是家具与设备之类的器物，这些是静态的实体。而人是作为动态的实体进入室内空间的。界面的效果是人在空间的流动中形成的不同视觉观感，因此界面的艺术表现是以个体人的主观时间延续来实现的。家具与设备则在不同的时间里直接与人体发生接触，从而在各种不同行为的生活中完成艺术表现，最终完成了室内的功能。在这里，界面等同于舞台，器物等同于道具，人的活动等同于演员，三者之间相辅相成，相得益彰，才能共同营造出特定时段的特定空间表象。

通过以上分析我们不难看出，室内空间的表象可以归结为两类。一类是空间静态表象；一类是时间动态表象。界面与物品之类的静态表象，其艺术表现显然比较容易，我们目前使用的所有图形设计语言几乎都是用于这类表现的。而动态表象除了人的活动外，还包括光影、声音、气息等环境因素。这些动态的表象都有着明显的时间特征，所谓时过境迁。室内的总体空间氛围基本上是由动态表象所控制的。我们经常有这样的生活体验，好看的室内图片真到了现场却未必如此，画面平平的室内，现场效果却出奇地好。现场参观与实际使用也会是完全不同的空间感受。可以说，目前还没有一种工具能够达到表现动态表象的能力，作为设计者只有通过实践经验去预想实际的效果。这种对未知时空的想象力也是一种设计的语言。因为"语言，作为意识水平上经验的一个特征，它是随着想象而产生的"。[①] 从这个角度来讲，生活阅历就成为设计者必须积累的设计语言。因此，每一个室内设计者绝不能轻视特定空间实地、实时体验的重要作用。

二、图解的方法

室内空间的多量向化决定了室内设计语言的多元化。由于图解的方法最接近空间表象的视觉表达，因此在室内设计所有的设计语言中，图解的方法成为行之有效的首选。

（一）图解的意义

1. 图形思维的方法

感性的形象思维更多的依赖于人脑对于可视形象或图形的空间想象，这种对形象敏锐的观察和感受能力，是进行设计思维必须具备的基本素质。这种素质的培养主要依靠设计者本身建立科学的图形分析思维方式。所谓图形分析的思维方式，主要是指借助于各种工具绘制不同类型的形象图形，并对其进行设计分析的思维过程。就室内设计的整个过程来讲，几乎每一个阶段都离不开绘图。概念设计阶段的构思草图，包括空间形象的透视与立面图、功能分析的坐标线框图。方案设计阶段的图纸，包括室内平面与立面图、空间透视与轴测图。施工图设

---

① ［英］罗宾·乔治·科林伍德. 艺术原理. 北京：中国社会科学出版业社，1985

计阶段的图纸,包括装修的剖立面图、表现构造的节点详图等等。可见离开图纸进行设计思维几乎是不可能的。

养成图形分析的思维方式,无论在设计的什么阶段,设计者都要习惯于用笔将自己一闪即逝的想法落实于纸面。而在不断的图形绘制过程中,又会触发新的灵感。这是一种大脑思维形象化的外在延伸,完全是一种个人的辅助思维形式,优秀的设计往往就诞生在这种看似纷乱的草图当中。不少初学者喜欢用口头的方式表达自己的设计意图,这样是很难被人理解的。在室内设计的领域,图形是专业沟通的最佳语汇,因此掌握图形分析的思维方式就显得格外重要。

任何一门专业都有着自己科学的工作方法,室内设计的图形思维也不例外。设计在很大程度上依赖于表现,表现在很大程度上又依赖于图形,因此要掌握室内设计的图形思维方法,关键是学会各种不同类型的绘图方法,绘图的水平因人受教育经历的不同,可能会呈现很大的差别,但就图形思维而言绘图水平的高低并不是主要问题,主要问题在于自己必须动手画,要获得图形思维的方法和表现视觉感受的技法,必须能够熟练地徒手画。要明白画出的图更多是为自己看的,它只不过是帮助你思维的工具,只有自己动手才能体会到其中的奥妙,从而不断深化自己的设计。即使在电子计算机绘图高度发展的今天,这种能够迅速直接反映自己思维成果的徒手画依然不会被轻易地替代。当然如果你能够把自己的思维模式转换成熟练的人机对话模式,那么使用计算机进行图形思维也是一条可行的路。

使用不同的笔在不同的纸面进行的徒手画,是学习设计进行图形思维的基本功。在设计的最初阶段包括概念与方案,最好使用粗软的铅笔或 0.5mm 以上的各类墨水笔在半透明的拷贝纸上作图,这样的图线醒目直观,也使绘图者不过早拘泥于细部,十分有利于图形思维的进行。

徒手画的图形应该是包括设计表现的各种类型:具象的建筑室内速写、空间形态的概念图解、功能分析的图表、抽象的几何线形图标、室内空间的平面图、立面图、剖面图及空间发展意向的透视图等等。总之一句话:室内设计的图形思维方法建立在徒手画的基础之上。

2. 从视觉思考到图解思考

室内设计图形思维的方法实际上是一个从视觉思考到图解思考的过程。空间视觉的艺术形象设计从来就是室内设计的重要内容,而视觉思考又是艺术形象构思的主要方面。视觉思考研究的主要内容出自心理学领域对创造性的研究。这是一种通过消除思考与感觉行为之间的人为隔阂的方法,人对事物认识的思考过程包括信息的接受、贮存和处理程序,这是个感受知觉、记忆、思考、学习的过程。认识感觉的方法即是意识和感觉的统一,创造力的产生实际上正是意识和感觉相互作用的结果。

根据以上理论,视觉思考是一种应用视觉产物的思考方法,这种思考方法在于:观看、想象和作画。在设计的范畴,视觉的第三产品是图画或者速写草图。当思考以速写想象的形式外部化成为图形时,视觉思维就转化为图形思维,视觉的感受转换为图形的感受,作为一种视觉感知的图形解释而成为图解思考。

"图解思考过程可以看作自我交谈,在交谈中,作者与设计草图相互交流。交流过程涉及纸面的速写形象、眼、脑和手"。① 这是一个图解思考的循环过程,通过眼、脑、手和速写四个环节的相互配合,在从纸面到眼睛再到大脑,然后返回纸面的信息循环中,通过对交流环的信息进行添加、消减、变化,从而选择理想的构思。在这种图解思考中,信息通过循环的次数越多,变化的机遇也就越多,提供选择的可能性越丰富,最后的构思自然也就越完美。

从以上分析我们可以看出图解思考在室内设计中的六项主要作用:

表现—发现;

抽象—验证;

运用—激励。

这是相互作用的三对六项。视觉的感知通过手落实在纸面称为表现,表现在纸面的图形通过大脑的分析有了新的发现。表现与发现的循环得以使设计者抽象出需要的图形概念,这种概念再拿到方案设计中验证。抽象与验证的结果在实践中运用,成功运用的范例反过来激励设计者的创造情感,从而开始下一轮的创作过程,如图 4-5 至图 4-11 所示。

图 4-5　故宫实景的建筑速写一

① 〔美〕保罗·拉索著;邱贤丰译,陈光贤校. 图解思考. 北京:中国建筑工业出版社,1988

图 4-6 故宫实景的建筑速写二

图 4-7　故宫印象图形分析素材一

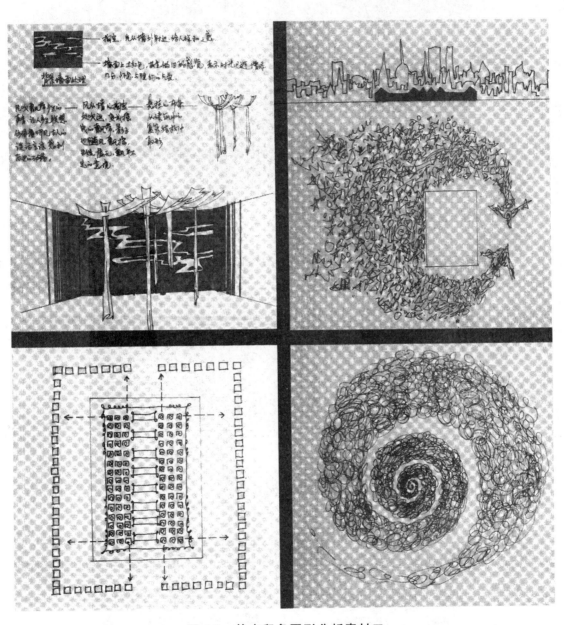

图 4-8 故宫印象图形分析素材二

图 4-9　故宫印象图形分析素材三

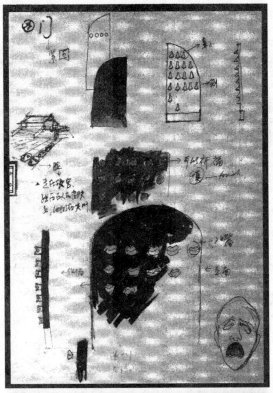

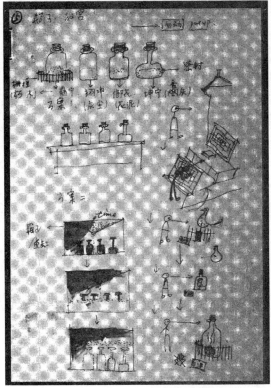

图 4-10　故宫印象图形分析素材四

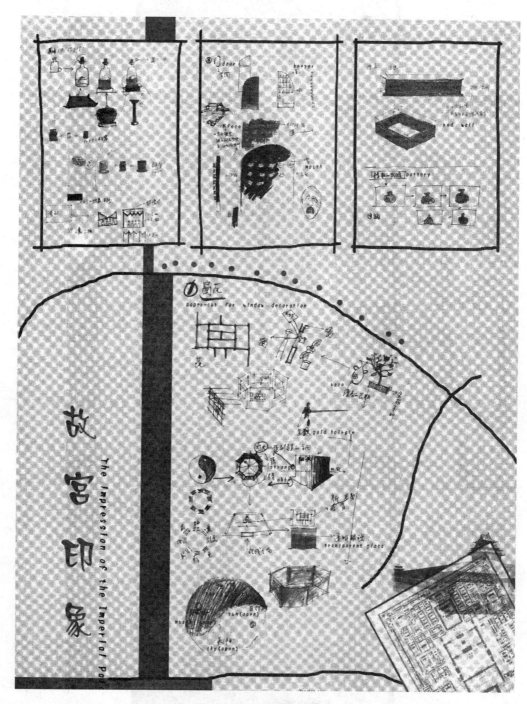

图 4-11　故宫印象

（二）图解的形式与内容

图解的形式在于体现思维方式的绘图类型。

在设计中，图形分析的思维方式主要通过三种绘图类型来实现：第一类为空间实体可视形象图形，表现为速写式空间透视草图或空间界面样式草图。第二类为抽象几何线平面图形，在室内设计系统中主要表现为关联矩阵坐标、树形系统、圆方图形三种形式。第三类为基于画法几何的严谨图形，表现为正投影制图、三维空间透视等。

图解的内容在于提供设计过程中可供对比优选的图形。

选择是对纷繁客观事物的提炼优化，合理的选择是任何科学决策的基础。选择的失误往往导致失败的结果。人脑最基本的活动体现于选择的思维，这种选择的思维活动渗透于人类生活的各个层面。人的生理行为，行走坐卧、穿衣吃饭无不体现于大脑受外界信号刺激形成的选择。人的社会行为、学习劳作、经商科研无不经历各种选择的考验。选择是通过不同客观事物优劣的对比来实现。这种对比优选的思维过程，成为人判断客观事物的基本思维模式。这种思维模式依据判断对象的不同，呈现出不同的思维参照系，图 4-12 是两种不同的设计程序呈现方式。

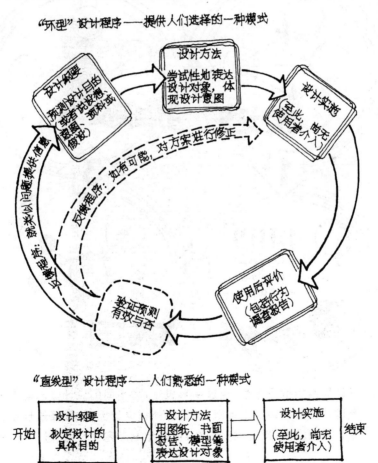

图 4-12　两种不同的设计程序（《大众行为与公园设计》，中国建筑工程出版社，1990 年版）

就室内设计而言,选择的思维过程体现于多元图形的对比优选,可以说,对比优选的思维过程是建立在综合多元的思维渠道以及图形分析的思维方式之上。没有前者作为对比的基础,后者选择的结果也不可能达到最优。一般的选择思维过程是综合各类客观信息后的主观决定,通常是一个经验的逻辑推理过程,形象在这种逻辑的推理过程中虽然有一定的辅助决策作用,但远不如在室内设计对比优选的思维过程中那样重要。可以说,对比优选的思维决策,在艺术设计的领域主要依靠可视形象的作用。

在概念设计的阶段,通过对多个具像图形空间形象的对比优选来决定设计发展的方向。通过抽象几何线平面图形的对比优选决定设计的使用功能。在方案设计的阶段,通过对正投影制图绘制不同平面图的对比优选决定最佳的功能分区。通过对不同界面围合的室内空间透视构图的对比优选决定最终的空间形象。在施工图设计的阶段,通过对不同材料构造的对比优选决定合适的搭配比例与结构,通过对不同比例节点详图的对比优选决定适宜的材料截面尺度,图4-13是设计思维的推导过程。

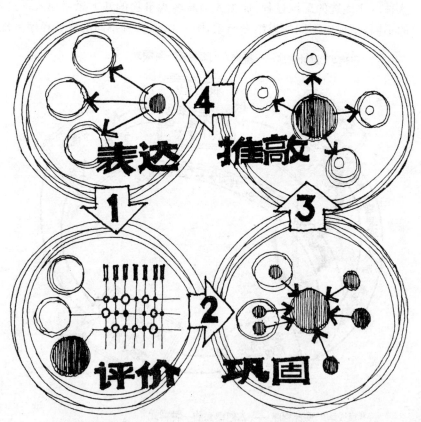

图 4-13　设计思维的推导过程:通过图形表达,将不同的设计概念落实于纸面;
　　　　　经过功能分析评价设计概念;过滤外在制约因素,选择最佳设计概念,
　　　　　使之巩固发展;反复推敲细节,使概念逐渐完善,从而进入下一循环

对比优选的思维过程依赖于图形绘制信息的反馈,一个概念或是一个方案的诞生必须靠多种形象的对比。因此,作为设计者在构思的阶段不要在一张纸上用橡皮反复涂改,而要学会使用半透明的拷贝纸,不停地拷贝修改自己的想法,每一个想法都要切实地落实于纸面,不要随意扔

掉任何一张看似纷乱的草图。积累、对比、优选,好的方案就可能产生。

(三)图解的运用

根据室内设计专业的特点,室内设计的图形思维以及它的图解思考方法,有着自己特定的基本图解语言。这是一种为设计者个人所用的抽象图解符号,这种图解符号主要用于设计的初期阶段,它与设计最后阶段的类似画法几何的严格图解语言尚有一定的区别,一般的图解语言并没有严格的绘图样式,每一个设计者都可能有着自己习惯运用的图解符号,当不少约定俗成的符号成为那种能够正确记录任何程度的抽象信息的语言,这种符号就成为设计者之间相互交流和合作的图解语言。

符号是一种可表达较广泛意义的图解语言,如同文字语言一样,图解语言也有着自己的语法规律。文字语言在很大程度上受词汇的约束,而图解语言则包括图像、标记、数字和词汇。一般情况下文字语言是连续的,而图解语言是同时的,所有的符号与其相互关系被同时加以考虑。因此图解语言具有描述兼有同时性和错综复杂关系问题的独特效能。

图解语言的语法规律与它要表达的专业内容有着直接的关系。就室内设计的图解语言来讲,它的语法是由图解词汇"本体""相互关系""修饰"组成。本体的符号多以单体的几何图形表示,如方、圆、三角等;在设计中本体一般为室内功能空间的标识,如餐厅、舞厅、办公室等。相互关系的符号以多种类型的线条或箭头表示,在设计中一般为室内功能空间双向关系的标识。修饰的符号多为本体符号的强调,如重复线形、填充几何图形等,在设计中一般为区分空间个性或同类显示的标识。

由图解词汇组成的图解语法,在室内空间的设计构思中基本表现为四种形式:位置法、相邻法、同类法、综合法。位置法以本体的位置作为句型,本体之间的关系采用暗示网格表示,具有较强的坐标程序感。在设计构思中常以此法推敲单体功能空间在整体空间中的合理位置程序。相邻法以本体之间的距离作为句型,本体之间关系的主次和疏密以彼此间的距离表示。距离的增大暗示不存在关系。在设计构思中常以此法推敲单体功能空间在整体空间中相互位置的交通距离。同类法以本体的组群作为句型,本体以色彩或者形体之类的共同特征进行分组,在设计构思中常以此法推敲空间使用功能或环境系统的类型分配。综合法是以上三种图解语法组合形成的变体。

当然,以上的图解语法只是在室内设计的概念或方案设计初期经常运用的一般语法。设计者完全可以根据自己的习惯创造新的语法,在图形思维中并没有严格的图解限定,只要能够启发和表现设计的意图,采用任何图解思考的方式都是可以的。

在掌握了基本的图解语言之后,将其合理自然地运用于自己的设计过程,是每一个设计者走向理性与科学设计的必由之路,可以说,成功的设计者无不是图解语言的熟练运用者。

在室内设计的领域经常使用以下三种由图解语言构成的图形思维分析方法:关联矩阵坐标法;树形系统图形法;圆方图形分析法。

关联矩阵坐标法是以二维的数学空间坐标模型作为图形分析基础的。这种坐标法以数学空间模型 Y 纵向轴线与 X 横向轴线的运动交点形式作为图形的基本样式,成为表现时间与空间或空间与空间相互作用关系结果的最佳图形模式。这种图形分析的方法广泛应用于空间类型分类、空间使用功能配置、设计程序控制、工程进度控制、设备物品配置等众多方面。

树形系统图形法是以二维空间中点的单向运动与分立作为图形表象特征的。这是一种类似于细胞分裂或原子裂变运动样式的树形结构空间模型,称为表现系统与子系统相互关系的最佳图形模式。这种图形分析的方法主要应用于设计系统分类、空间系统分类、概念方案发展等方面。

圆方图形分析法是以几何图形从圆到方的变化过程对比作为图解思考方法的。这是一种室内平面设计的专用图形分析法,在这里,本体以"圆圈"的符号罗列出功能空间的位置;无方位的"圆圈"关系组合显示出相邻的功能关系;在建筑空间和外部环境信息的控制下,"圆圈"表现出明确的功能分区;"圆圈"向矩形"方框"的过渡中确立了最后的平面形式与空间尺度。

三、功能与平面

在室内设计中使用功能合理的设计,主要是在平面图的绘制过程中完成。我们将这个过程称为平面功能分析。

室内设计的平面功能分析主要根据人的行为特征。人的行为特征落实到室内空间的使用,基本表现为"动"与"静"两种形态。具体到一个特定的空间,动与静的形态又转化为交通面积与有效使用面积,可以说,室内设计的平面功能分析主要就是研究交通与有效使用之间的关系,它涉及位置、形体、距离、尺度等时空要素。研究分析过程中依据的图形就是平面功能布局的草图。

平面功能布局草图所采用的图解思考语言就是本书所列举的本体、关系、修饰。所采用的主要语法正是建立在这种抽象图形符号之上的圆方图形分析法。

平面功能布局草图所要解决的问题,是室内空间设计中涉及功能的重点。它包括平面的功能分区、交通流向、家具位置、陈设装饰、设备安装等。各种因素作用于同一空间,所产生的矛盾是多方面的。如何协调这些矛盾,使平面功能得到最佳配置,是平面功能布局需要解决的主要课题,必须通过绘制大量的草图,经过反复的对比才能得出理想的符合功能要求的平面。

(一)功能分类的平面特征

研究功能分类的平面特征是决定平面功能布局的首要任务。在明确功能分类的平面特征之后再进行平面功能布局的设计,会收到事半功倍的效果。

1. 交通流向

以室内人流活动的交通功能进行分区是平面设计的首要特征。这种以交通功能为目的的分区,基本可以按照单向、双向和多向的概念进行分类。在这里"向"指的是人流活动的方向,人流活动的合理组织是室内平面功能布局是否恰当的基础。而人流活动的方向定量又是以同一时间,进出同一室内空间的行为特征与活动功能所决定的。

单向交通的平面布局形式一般在居住与工作空间中采用。进出房间只考虑一条主交通线,只要这条交通线能够方便连接各类使用功能的空间,平面的布局就是合理的。能够以最短的交通线连接最多的功能空间,同时又能够照顾到美观的空间视觉形象体现,那么,这种平面设计就是最优秀的。

双向交通的平面布局形式一般在需要双向交流的商业与公共接待空间中采用,如银行、邮局、售票处、小型商店等类空间。在这里,内部与外部的两类人流不能够交叉,需要有不同的出入口和两条主交通线。两类人流在互不干扰的空间中进行各自的活动,并最终交汇于同一界面进行交流。在这种空间的平面布局中,既要考虑各自交通线的合理性,又要考虑各自活动空间的人流容纳量,同时还要考虑到达交汇界面的便捷性。只有每一个环节都丝丝入扣才能在功能与审美的平面设计中达到高度的统一。

多向交通的平面布局形式则用于各类大型的公共空间。大型交通设施,如车站、机场、码头等;大型体育与文化设施,如综合体育馆、综合剧场、展览场馆等。在这里人流、物流和交通工具错综复杂,交通线呈现多量向的特征,仅靠线路的自然导引已很难满足人到达特定功能空间的需要,必须有科学的视觉导引系统作为辅助才能达到目的。由此可见,各种交通的合理分流是这类空间平面设计的关键。

2. 功能分区

从人在空间中的使用功能出发,按照界面分隔程度的高低进行分区是平面设计的主要特征。在封闭性与流动性、公共性与私密性之间进行选择是这类设计的主要内容。人是具有情感的高级动物,既要求有独处空间的私密性,又要求有与他人共处同一空间的公共性,表现在室内空间的平面布局,就成为如何根据使用功能进行空间界面的分隔,以及按照需求进行界面分隔封闭程度的设计。就建筑的单体空间而言,一般总是按照进入空间的时间先后来安排从公共到私密,也就是说,在居住和工作类的空间中,在入口的周围安排公共性空间是符合逻辑的。而界面的封闭与流动并不一定与公共性与私密性有直接关系,关键是要看视觉交流的对象,所谓公共与私密主要是针对人来讲,而非赏心悦目的景物。所以界面分隔的高低程度是因地而异的。

平面的布局形态还表现在功能技术因素限定的特征方面。在这里选用的设备、家具的特定类型都会对其产生影响,而且还要特别注意声音传播的问题。在各类设备中采暖与通风类型对空气流动的方向有着特定的需求,要求设计中的平面界面分隔与之配合。家具中储藏类的柜架属于高尺度类型,具有界面分隔的特征,需要与空间平面布局的界面分隔一起综合考虑。隔声、吸声、传声与平面的形态有直接的关联,需要根据不同空间的功能作相应的形态配合。

(二)平面布局的设计手法

虽然室内平面的设计是以功能分区为最终目的,但就平面的空间构图而言依然有着自身的规律。这种构图的规律符合审美的一般原则。按照这样的原则,再结合室内空间组织的需求,就产生了平面布局的设计手法。

1. 网格与形体

网格与形体是平面布局设计手法的作图基础,是室内空间组织体现于平面布局的基本要素。室内平面的尺度模数与空间比例体现于图面表现为纵横交错的定制网格,网格坐标两个方向的绝对等距尺寸,决定了不同空间比例作图的发展基础。在空间的几何形体与自然形体之间,建筑的室内一般采用几何形体,在几何形体之中又以矩形为主。几何形体的本质区别又在于线型的不同,也就是直线与曲线的区别。方形、三角形、梯形、多边形都是直线形态;圆形、椭圆形则都是曲线形态。以坐标直线构成的矩形其方向与比例的受控性最强,与作图网格的空间感觉完全相符,因此易于设计者操作。以不同方向直线构成的三角形与多边形,以等圆曲线构成的圆形与椭圆形,则要在网格的控制下转换空间的概念,因此难于设计者掌握。而纯粹的自然形体则是直线、等圆曲线、自由曲线的综合,对于建筑与室内来讲这完全是一种特殊样式。只有在一些极特殊的场合使用。按照网格作图的方法进行平面布局的设计,容易使设计者确立正确的空间概念和尺度概念。至于选用何种空间形体却没有一定之规,需要从功能与审美的综合因素去通盘考虑。

2. 局部与总体

局部与总体的协调概念是平面布局设计手法的指导思路,是以单元的空间形态统一总体平面布局的形体构思。室内给与人的空间印象一般总是从一个单元空间开始的。一栋建筑的室内空间总体印象就是由一个个单元空间串接起来的。因此单元空间的形体概念会影响到整栋建筑。"单元和整体之间最简单的关系是两者的整体相同——即单元等于整体"。"单元到整体关系的最普遍的形式是把单元集合起来构成整体。集合单元就是把各个单元放在彼此接近的位置,使人们能感觉到它们之间存在的某种联系。要表示这种联系,单元之间既可以直接接触,也可以不接触。单元集合创造整体的方法有以下几种:连接、隔开和重合"。[①] 设计者组合单元的能力体现于平面布局的作图,就是处理局部与总体的关系。如同作文确立主题,一切都要围绕着主题做文章。杂乱无章的单元组合不可能造就完美的总体空间效果。

3. 均衡与对位

均衡与对位是平面布局设计手法空间构图的主体法则,是室内空间分隔要素相互位置确立的定位依据。均衡体现于空间构图,表现为绝对均衡与相对均衡。绝对均衡就是空间构图的视觉对称,相对均衡就是空间构图的视觉平衡,如同天平两端砝码的大小与位置。在平面布局的设计中,均衡的视觉体现虽然不如立面构图那样明显,但还是能在人的空间运动中体验出来,这是一种时空转换的节奏感和韵律感。如果设计者不能在平面作图中体现均衡的原则,那么一定会造成空间的比例失调和尺度失当。在实际建造的空间当中就会给人以狭小、动荡、憋闷,以至无所适从的空间感受。要在平面布局的构图中做到均衡,除去基本的比例尺度概念外,平面中表达空间实体的点(柱)、线(墙)、面(房间)线性对位构图法则就显得十分重要。这种线性对位的构图法则,实际上就是一种符合平面几何作图规律的数学概念。在作图的过程中,总是寻找形与形之间的线性契合点。如圆形中圆心的对位,两段曲线的相切对位,两个矩形的成比例对位等等。依照这种方法作图,一般来讲总能够达到均衡的目的。这已为不少成功的实例所证明。

4. 加法与减法

加法与减法作为调整空间构图形态的设计手法,是改变单元空间的形体并协调平面总体布局的形体构思技术。由于室内空间的大小是由建筑提供的面积所限定的,对于某栋建筑的室内空间来讲,实质性的增加或减少是不存在的,这间房的面积增大,旁边的那间房就会变小。因此这里讲的加法和减法,主要是针对整体空间分隔的构图技巧而言。在特定的面积限定中,采用容积率大的形体实际上就是加法,反之就是减法。由于建筑物中的房间相互衔接,因此怎样合理地运用加法与减法,是需要根据房间的功能与视觉形象,在协调交通流线的过程中反复作图来确定的。在这里因地制宜是一个重要的原则。

---

5. 重叠与渗透

重叠与渗透作为单元空间过渡的平面布局设计手法,是空间组织中静态、动态与虚拟空间构图的典型综合方式。室内空间相互衔接的特点决定了界面相互影响的定位特征。于是,单元空间的相互重叠与渗透就不可避免。实际上,现代建筑中的室内平面构图特征就主要体现于空间的流动。所以有意识地利用重叠与渗透的构图手法,容易造就比较符合时代特点的室内空间。就空间构图的平面作图技巧而言,重叠与渗透空间效果的体现,主要是根据具有衔接或相邻关系的不同界面形体的特征所决定的。界面形体的方向、高低、开洞等视觉限定要素在这里具有决定作用。虽然界面在平面图的表现中只是线状的图像,但设计者必须以三维空间形象的视觉表象去推断实际的效果。

(三)从平面到空间的思考

室内设计始于平面的图解思考是符合其设计程序的。这里所讲的平面还是体现两种概念一种是平面图的概念一种是作图的二维概念,即包括立面图和剖面图,甚至透视图(以二维方式表现三维景象)。虽然室内设计的作图呈现二维的空间量向,但是作为设计者的空间思维,却应该始终保持四维的时空概念。也就是说即使是画一张平面图,在画图的过程中头脑里始终要想到二维图纸可能产生的真实流动空间的形象。当然这种形象有无数种可能发展的前景,设计者还要通过不同量向的图解思考反复验证。不一定最初的三维空间想象就能够真正成立。但是作为一种从平面到空间的思考,作为设计者空间量向概念转换的图解工作方法,则是每一个室内设计者必须掌握的。

平面图的空间思考主要基于人处于交通流线各点与功能分区不同位置时的视觉感受。实际上是用平面视线分析的方法来确立正确的空间实体要素定位。实体要素包括界面、构件、设备、家具、器物等内容。要考虑关键视点在不同视域方向的空间形象,所谓关键视点是指人的活动必经的主交通转换点和功能分区中的主要停留点。在综合各种因素影响的情况下,最终确立平面的虚实布局,这种经过空间形象视线分析的平面布局显然具有实施的科学性,同时也能够达到空间表现的艺术性。

如何体现空间整体构图艺术表现力的观感是立面图空间思考的主要内容。由于室内时空连续的形象观感特征,作为一个典型的具有六个面的室内空间,其四个墙面应该作为统一的立面进行构图设计。这一点在本书的"界面与空间构图"中已作了分析。需要强调的是,设计者如何把握室内立面、平面和顶平面综合构图的方法,并通过空间思考的预想去进行验证。当然还要考虑室内空间中的实物与立面景象重叠的视觉作用,在这里主要指墙面前置物品的影响。

剖面图本身作为连接室内天与地的界面构造图解,实际上已经从另一个侧面为我们树立了空间的整体形象。设计者通过对照平面图、顶平面图和立面图,将建立起一个完整的空间模型。如果再加上空间透视图,一个实实在在的房间就应该明晰地确立在设计者的头脑中。设计者完整的空间概念就是这样通过从平面到空间的思考而逐渐确立的。

平面图作为室内设计空间想象的基础图纸,在所有二维的图形中具有最多的空间表达技术含量。如果设计者仅凭平面图就能够想象出丰富的三维空间形象,那么他就已经迈过了室内设计专业技能的第一道门槛。

四、形象与空间

室内设计是以满足人的物质与精神需求为目的,在建筑构件的限定下进行的环境设计。物质的需求在于可供自然与人为环境系统所运行的物理空间的建造。精神的需求在于室内空间形象的合理塑造。环境系统的科学运行需要依靠技术性强的专业配合,并主要由建筑与结构工程师设计完成,空间形象的塑造则主要依靠室内设计师的艺术创造。虽然室内设计师的工作要兼顾物质与精神两个方面,在建筑整体构造完成的情况下也介入一部分构造与环境的技术工作。但从整个设计工作的实际运行情况来看,从艺术角度出发的空间形象创造是设计工作的主要方面。

(一)空间形象概念的确立

室内设计的空间形象概念从理论的角度来讲,也许一句话就能够概括。这就是本书反复强调的:以人的感官所感受的室内空间实体与虚形所反映的全部信息。也就是空间总体氛围的表象概念。但是作为一门操作性极强的专业,毕竟还是要通过各种技术的手段、运用不同的材料、按照艺术设计的规律、用图形思维的方式,最终完成空间形象的创造,既要有理论的指导,又要掌握实际的设计手段。在详细分析空间形象设计的技术手法之前,我们需要对空间形象设计表达的概念作一个准确的界定。

空间形象的艺术氛围需要通过一定的物化方式进行表达。这种物化方式就是针对室内空间实体形象的设计,和通过对这种实体形象设计所产生的虚空意境的再创造。

室内空间的实体形象是由建筑的结构、围合的界面、家具与设备、陈设与装饰物品所组成。这些三维的形体具有可视的实际空间表象,自身的造型、色彩、材质,直白地表露出所代表的风格。这种有意识的风格营造就是设计者对于空间实体的形象设计。

空间实体的形象设计应该按照材料、形体、色彩、质感的顺序依次综合考虑。材料是塑造形体的基础,不同材料的构造方式以及自身的表象往往具有特定的形体塑造方式。选材和材料搭配是设计者首要的专业技术;形体是空间形象存在的本质,形体的塑造成为空间形象变化最显著的特征。在室内空间中,形体塑造既可以从整体的形象入手,也可以从构造细部的节点推开。纵观世界室内装饰发展的历史,我们可以看到以形体塑造产生的具有符号意义的装饰构件所起的重要作用;色彩是表达空间形象视觉感受最直接的要素。色彩所反映的表象,对空间大小、轻重、虚实的意境起着至关重要的作用。不同色彩所唤起的人类情感是其他要素所不能取代的。正确选用色彩是设计者实际操作技术中最难过的一关。质感与光影的关系是显而易见的,选择不同质感的材料体现于空间形象的表达,能够协助形体与色彩达到所要表现对象的特质。高雅与通俗的气质往往是通过质感所体现的。因为只有质感才能直接作用于人的触觉,并通过触觉达到细腻的空间体验。

空间实体的形象设计在技术上是通过装修与装饰两种手段来实施的。装修是通过对已被建筑结构限定了的空间的再设计,是运用二次封装的方式重塑其空间形象,多采用几何构图的材料组织来达到美化空间的目的。装饰是通过艺术品、家具、器物、绿化等所共同营造的。纺织品在室内的装饰中起着重要的作用,需要设计者予以充分注意。

空间实体要素选用的类型与数量的多寡、风格的取向与形式的简繁,都会对室内虚空意境的营造产生巨大的影响。究其室内空间设计的本质,我们最终所需要的是这个虚空意境的"无"而不是围合界面的"有"。这种从"有"到"无"的情境转换,主要是通过人的生活经验审美的联想作用。中国传统的匾额、隔扇、盆景所含蓄传达的诗画意境与现代照明材料以其绚丽的光色变化所构成的商业氛围给与人的审美联想是截然不同的。

"盖居室之制,贵精不贵丽,贵新奇大雅,不贵纤巧烂漫。凡人止好富丽者,非好富丽,因其不能创异标新,舍富丽无所见长,只得以此塞责"。([清]李渔《闲情偶寄·居室部》)在室内设计中,所谓的高档材料并不一定能够营造所要表达的意境。只有以空间总体概念出发的设计理念指导,和与之相适应的空间设计构图技巧,方能创造理想的虚空意境。"创异标新"的意境创造要依靠设计者超凡的空间想象力,要依靠设计者深厚广博的生活积累。如果只停留于"舍富丽无所见长"的一般装修概念,那么我们将永远也达不到室内设计的最高境界。

(二)实体要素的空间组织

空间的实体要素是以其自身的合理定位,实现其整体空间审美价值的。如何进行实体要素的空间组织,是设计者在整个设计过程中重点考虑的问题。

1. 整体形态

由建筑限定的房问总是呈现一定的空间形态。实现实体要素空间组织的第一步,就是要根据限定的形态决定装修的整体形态。一般来讲,由建筑限定的室内空间总是从两个方向呈现出不同的几何形。一个是水平剖面的方向,另一个是垂直剖面的方向。矩形、圆形、三角形是剖面形态中最基本的三种几何形,室内的整体形态就是在三种基本型的变化组合中造就的。如果没有特殊的设计概念,依照建筑限定的原有剖面形态来决定室内装修的整体形态是较为适宜的。因为这种模式容易与建筑结构和设备达到理想的配合。当然审美的个性化特点会减弱,除非建筑本身的形态特征就很突出。采用与原有形态完全不同的样式需要慎重考虑,如构造与设备条件是否允许,对面积的影响有多大,拟采用的这种样式是否能与原有形态的比例尺度相配等等。如果没有更多的问题,这种模式的设计手法往往能够创造出不同凡响的空间整体形态。

2. 空间构件

在实体要素中空间构件的视觉作用是十分明显的,尤其是建筑构件暴露于室内空间时,一定要注意利用。从目前建筑发展的趋势来看,工厂化装配式构件的建筑只会越来越多。由于机械加工的构件本身就经过设计,外形美观工艺精巧,处于室内空间可以充当特定的装饰物,没有必要再进行额外的装修,除非其比例与室内的氛围不符。在这里需要格外指出的是关于加装构件的问题。从室内设计的角度出发凡是加装构件,绝大多数是为了空间形象的美观。只有很少一部分是为了功能。从设计的整体概念来讲,加装构件是一个十分慎重的问题,其衡量的标准应该是审美的优点压倒了功能的需求,确实是物有所值。这个值就是审美的价值。也就是说经过加装构件后,室内空间的视觉效果对人的愉悦作用远远胜过了其他。当然这只是一般性的原则。如果是一些特殊的空间需求,加装构件仍然是装修行之有效的利器。

3. 界面构图

在所有的室内空间实体要素中界面无疑是主体,它的空间组织对室内整体氛围的影响将是决定性的。关于界面的分隔与组合在本书的"空间组织"一节已经有过分析。在这里主要对界面中的立面样式——墙面的设计手法进行分析。墙面的定位是根据房间功能的需求来确定的,实际上是平面布局的设计内容。而我们在这里所讲的则是墙面本身的空间构图。基于房间整体的墙面空间构图而言,基本上可分为四种类型:

(1)单面整体构图

这种构图适应性最强,一般的室内空间都采用这种构图。除了踢脚线或顶角线的过渡控制外,主要靠门窗等必备构件的工艺处理来达到调节构图装饰空间的目的,表现在顶平面往往与灯具或设备管口形成完整的几何构图。

(2)水平方向分格构图

水平方向的分格构图,利用材料接缝的不同处理手法,变化分格的间距,营造出舒展的视觉空间。由于水平的线型与交圈的踢脚线、顶角线完全平行,因此容易造就统一完整的墙面效果。

(3)垂直方向分割构图

垂直方向的分格构图,是利用材料接缝手法处理。向上的线型与人的立面主观印象完全相符,容易营造稳定与活跃的空间氛围。在接缝处添加的灯具或构件极易造就节奏感与韵律感强的装饰效果,因此在装修中采用得非常多。

(4)散点自由构图

散点自由构图属于艺术性较强的处理手法。这种手法并没有一定之规,既可以是平面的画作,又可以采用不同的材料进行点缀。图案与线形变化多样,可以作出十分丰富的界面造型。

除去以上四种类型,墙面的三维造型也是极富戏剧性变化的组织手法,诸如开洞、壁龛、插接等手法。总之墙面的处理手法是千变万化的,设计者不要拘泥于所谓的规矩。只要能够满足特定的功能需求,什么样的构图都可以采用。

4. 家具选型

作为设计方案图纸,建筑平面图与室内平面图的最大区别在于画不画家具。因为家具在界面围合的室内陈设空间中,是体量最大的实体。它的存在会改变室内交通的流线与功能分区,而且家具的选型直接影响到空间的整体造型。所以家具选型是室内空间实体要素中不可忽视的设计组成部分。尺度选型是家具选型的首要问题,尺度失当再漂亮的家具也会失去自身的魅力。虽然同一类型的家具其绝对对比尺度的差异并不大,但是由于室内尺度的衡量标准是 cm,即使差 10cm,在人的感觉中也会是很大的差别。风格选型是室内空间艺术氛围创造体现于家具选型的最重要方面,需要在装修设计时通盘考虑,一般总是要与装修的风格取得一致。如果采取对比的手法则对比度越大越好。综合选型是指成套家具之间的相互协调。其选择的原则与尺度选型和风格选型的规律基本相同。

家具摆放实际上就是平面设计的组成部分,室内设计师面对建筑平面图,除去考虑界面的分隔组合外,更重要的是决定家具的摆放位置。在一个单位功能平面中就是靠家具的正确摆放,来决定交通的流向和功能的分区。家具摆放要遵循满足功能需求的成组配合。所谓成组配合是指特定使用功能的家具组合。沙发与茶几、音响电视柜;写字台与工作椅、书柜;床与床头柜、梳妆台等等。每一个组合中必有一种家具处于主体位置,确定了它的位置其他的才能随之就位。这是由人的行为特征和房间的面积与功能所决定的。一般情况下,家具靠墙摆放是绝大多数的选择,这是受交通与面积的影响,同时也是立面构图的需要。在封闭性强、空间面积小的房间中这种摆放方式确实行之有效。但是在开敞性的综合功能大空间中,采取这种方式就显得不那么合适,往往需要成组自行围合。在不少场合,家具的摆放与人的社会行为有着密切的联系,摆放的位置、距离和方向都会成为体现人的社会地位与主宾关系的空间暗示符号。因此家具的摆放既要考虑功能因素也要考虑精神因素。

5. 陈设组件

在实体要素中陈设组件可以说是类型丰富。电气设备、灯具、日用器皿、艺术品、工艺品、织物成品、植物盆栽等等不胜枚举。形态的多样性使陈设组件具有广泛的选择性,因此在空间的总体构图中具有砝码的作用。因为其他的实体要素都与使用的功能关系密切,很少有削减的可能。唯有陈设组件完全可以根据实际的需要去选型。就像是天平上的砝码,一直加到平衡为止。既然陈设组件的摆放主要起着砝码的作用,那么在实际的摆放过程中就要考虑好平面与立面都能够兼顾的最佳位置。平面位置的选择需要考虑交通与使用功能的影响。立面的位置则是人的视点与视域作用于陈设物和墙面的重叠景象选择。这是一个需要反复比较的权衡过程。其构图的手法自然要遵循艺术的一般规律,需要注意的是人的视点变换所引发的四维空间效果。也就是说,不论站在房间的任何角度观看,所要安置的这件陈设品都能够与所有的立面相配。

(三)光色要素的合理运用

在室内空间形象的塑造中,光与色是空间系统中虚拟形态表达最重要的部分,通过控制光照的强度,改变光照的投射方式,达到室内色彩的合理表现,从而创造出不同的空间意境。

1. 采光控制

采光的控制实际上是由开窗的样式所决定的。在钢材和玻璃没有问世之前,由于建筑受到结构和材料的制约,窗的基本形制并没有发生本质的变化。西方建筑石构造的洞窗和东方建筑木构造的隔扇窗一直延续了数千年。只有在钢结构大量运用于建筑,以及玻璃工艺的日新月异,采光的形式才发生了根本的变化。今天,在房间的任何部位开窗都不再是一件难事。比如,人们可以使在不同的时间、不同的季节、不同方向的房间呈现不同的不受人主观控制的光线效果而北向进光的天窗则能够人为控制光线投射的方向;完全用反射阳光的采光方式在目前的一些公共建筑中已有不少运用……在今后的室内设计中,设计者完全可以利用最新的技术,按照实用功能的特殊要求去创造适宜、可控的采光方式,但目前,阳光直接照射或者通过界面的反射仍然是室内采光最常见的方式。

2. 照明配光

照明的配光主要是指电光源灯具的合理运用。电光源灯具已经为我们提供了直接照明、反射照明、散射照明等多种照明类型。现代的电光源也已经能够产生各种光色的灯型。可以说,室内照明的物质基础已经十分雄厚。从设计者的角度来讲,主要是如何确立照明设计是室内环境设计关键环节的概念问题。从目前的情况看,不少设计者只有直接照明的概念,而缺少运用综合照明手法的意识。由于在设计的图形思维阶段,有关于光线的视觉形象难于展现在画面。设计者在头脑中也很难预想灯具亮起来之后的实际效果。为了跨过这个难关,不妨在剖面图上做一些光线投射的分析,同时结合计算机绘图的灯光配置数据,根据实际空间光照的印象积累,是可以逐渐确立起照明配光设计经验的。就室内设计而言,照明配光除了照度的功能需求外,一定要考虑照明的装饰效果,否则在一些特殊的场合就达不到应有的视觉效果。

3. 光影组织

室内光环境的设计在采光与照明两个环节中,我们所想到的往往是光照的问题,而很少考虑光影的效果。但是在实际的空间中光影所起的作用也是很大的。阳光透过窗户经过窗框的遮挡会在室内产生与之相对的影子,通过窗框的分格或者窗帘的样式,能产生丰富的阴影,像百叶窗或百叶帘。而照明配光的光影组织则是通过光线投射于界面的凸凹层面所产生的。光影作为界面构图的一部分,能够产生非常突出的空间视觉感受。减少光影与增加光影需要根据界面构图的需要。有时为了一种特殊的光影效果,甚至需要专门设计特殊的构件。光影的组织在技术的操作上并不难解决,难的是设计过程中是否有光影的概念。从设计者的角度来看,确立光照作为设计要素的概念已经很难,那么光影的设计概念可能就更不容易确立。在这方面确实需要设计者下不小的功夫。

4. 色彩选配

室内色彩的选配建立在光环境设计的基础之上,就色彩选配的基本原则而言并没有特殊之处。需要注意的还在于室内空间的四维特征,也就是本书"光源与色彩"一节所讲明的那些道理。在这里列举了室内色彩设计的一般手法,作为实际设计项目中的参考。

(1)色彩

色是光的产物,有光才有色。经过三棱镜的投射,阳光依红、橙、黄、绿、青、蓝、紫的顺序排列,以这七种色组成的圆环称为色环,色环中的色互相配合就产生了色谱。

色谱具有明度、纯度、色相的变化。

①明度:明度是色彩的明暗变化,由亮到暗的关系。

②纯度:纯度是色彩的饱和度,由浓到淡到灰的关系。也称彩度。

③色相:色相的变化是质的变化,如:由红到绿的变化。

色彩搭配就是根据需要,依照色谱调整明度、纯度的比例关系以及变化色相。

(2)典型的室内配色

①暖色系列:暖色系主要包括红、黄、橙、紫红、赭石、咖啡等色彩。暖色具有热诚、奔放、刺激等特点,使人感觉温暖。

②冷色系列:冷色系主要包括蓝、绿、蓝紫等色彩,具有安静、稳重、清怡、凉爽等特征,使人感觉沉静。

③亮色系列:亮色是对暗色相对而言,是指一些明度较高的颜色。特点是明快、亮堂,有一尘不染的清洁效果。

④暗色系列:暗色是一些明度较低的颜色。暗色显得端庄、厚重,烘托气氛更浓,如果配上灯光将更具魅力。

⑤艳色系列:艳色指纯度较高或形成强烈对比的颜色,具有活跃、热闹的气氛,最适合儿童心理。同时艳色还具备豪华、高贵感,因材质不同而各具特色。

⑥朦胧色系列:朦胧色即色相、纯度、明度、都比较接近,好像隔着一层纱雾朦朦的,感觉到一种柔和、静雅、和谐的气氛。

第五章 室内设计的主要设计原则

第一节 室内设计的空间原则

在大自然中,空间是无限的,但就室内设计涉及的范围而言,空间往往是有限的。空间几乎是和实体同时存在的,被实体要素限定的虚体才是空间。离开了实体的限定,室内空间常常就不存在了。正像 2000 多年前老子说的那样:"埏埴以为器,当其无,有器之用。凿户牖以为室,当其无,有室之用。故有之以为利,无之以为用。"(《老子》第十一章)老子的观点十分清晰,生动地论述了"实体"和"虚体"的辩证关系,同时亦阐明了空间的组织、限定和利用。因此,在室内设计中,如何限定空间和组织空间,就成为首要的问题。

一、空间的限定

在设计领域,人们常常把被限定前的空间称之为原空间,把用于限定空间的构件等物质手段称之为限定元素。在原空间中限定出另一个空间,是室内设计常用的手法,非常重要。经常使用的空间限定方法有以下几种,即设立、围合、覆盖、凸起、下沉、悬架和质地变化等。

(一)设立

设立就是把限定元素设置于原空间中,而在该元素周围限定出一个新的空间的方式。在该限定元素的周围常常可以形成一向心的组合空间,限定元素本身亦经常可以成为吸引人们视线的焦点。在室内设计中,一组家具、雕塑品或陈设品等都能成为这种限定元素,它们既可以是单向的,也可以是多向的;既可以是同一类的物体,也可以是不同种类的。图 5-1 和图 5-2 即为两个实例。图 5-1 为北京华都饭店休息厅。几个古朴淡雅的大瓷花瓶和一组软面沙发,限定出一处供人休憩交谈的场所,很具庄重典雅的中国气息。图 5-2 则示英国利默豪斯电视演播中心接待大厅内景。结构需要且略加修饰的柱体既限定了大厅空间,又成为全厅的中心。

图 5-1 北京华都饭店休息大厅

图 5-2　英国利默豪斯电视演播中心接待大厅

（二）围合

通过围合的方法来限定空间是最典型的空间限定方法,在室内设计中用于围合的限定元素很多,常用的有隔断、隔墙、布帘、家具、绿化等。由于这些限定元素在质感、透明度、高低、疏密等方面的不同,其所形成的限定度也各有差异,相应的空间感觉亦不尽相同。图 5-3 至图 5-8 即是一些实例。图 5-3 是利用隔墙来分隔围合空间(a 是开有门洞的到顶隔墙,而 b 是不到顶的隔墙实例);图 5-4 则利用透空搁架(博古架)来分隔围合空间;图 5-5 则利用活动隔断来围合空间;而图 5-6 通过书架围合分隔空间;此外还可以利用家具、灯具来围合限定空间(图 5-7)。图 5-8 则为通过列柱分隔围合空间,这种方法通透性极强,似围非围,似隔非隔,虽围而不断,成为空间限定中的常用设计手法。

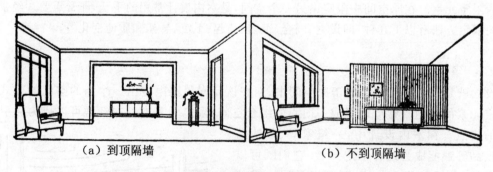

（a）到顶隔墙　　　　　　　　　　　　（b）不到顶隔墙

图 5-3　隔墙围合空间

图 5-4 透空搁架围合空间

图 5-5 活动隔断围合空间

图 5-6 书架围合空间

图 5-7　灯具、家具围合空间

图 5-8　列柱限定空间

（三）覆盖

通过覆盖的方式限定空间亦是一种常用的方式,室内空间与室外空间的最大区别就在于室内空间一般总是被顶界面覆盖的,正是由于这些覆盖物的存在,才使室内空间具有遮强光和避风雨等特征。当然,作为抽象的概念,用于覆盖的限定元素应该是飘浮在空中的,但事实上很难做到这一点,因此,一般都采取在上面悬吊或在下面支撑限定元素的办法来限定空间。在室内设计中,覆盖这一方法常用于比较高大的室内环境中,当然由于限定元素的透明度、质感以及离地距离等的不同,其所形成的限定效果也有所不同。图 5-9 至图 5-12 即是一些实例。图 5-9 通过悬垂的发光顶棚限定了下面的空间。图 5-10 为一饭店的门厅,下垂的晶体波形灯帘限定了服务与休息空间,使空间既流通又有区分,十分适用于交通频繁的公共性场所。图 5-11 则利用鲜艳色彩的圆伞限定出私密性很强的交流休憩空间。图 5-12 则通过简单的帷幔限定了就餐空间。

图 5-9　悬垂发光顶棚划分限定空间

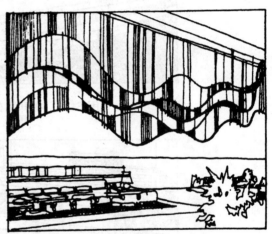

图 5-10　下垂波形灯帘限定空间

图 5-11　不同色彩的伞盖既限定了
空间又美化了环境

图 5-12　帷幔限定空间

（四）凸起

凸起所形成的空间高出周围的地面，在室内设计中，这种空间形式有强调、突出和展示等功能，当然有时亦具有限制人们活动的意味。图 5-13 即为一例，在设计中故意将休息空间的地面升高，使其具有一定的展示性。图 5-14 为儿童在地台上玩耍的情景。

图 5-13　在升高的地面上休息就餐

图 5-14　儿童在地台上玩耍

（五）下沉

与凸起相对，下沉是另一种空间限定的方法，它使该领域低于周围的空间，在室内设计中常常能起到意想不到的效果。它既能为周围空间提供一处居高临下的视觉条件，而且易于营造一种静谧的气氛，同时亦有一定的限制人们活动的功能。当然，无论是凸起或下沉，由于都涉及地面高差的变化，所以均应注意安全性的问题。图 5-15 就是通过地面的局部下沉，限定出一个聚谈空间，增加了促膝谈心的情趣，同时也增添了室内空间的趣味。图 5-16 为一下沉式的阅览空间，下沉部分的垂直面恰好与书架相结合，局部地面的下沉划分了空间，使大空间具有广阔的视野，丰富了空间层次。

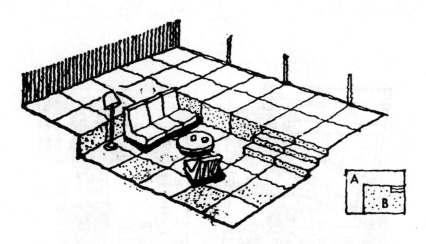

图 5-15　下沉地面限定空间

图 5-16　下沉式阅览空间

（六）悬架

　　悬架是指在原空间中,局部增设一层或多层空间的限定手法。上层空间的底面一般由吊杆悬吊、构件悬挑或由梁柱架起,这种方法有助于丰富空间效果,室内设计中的夹层及通廊就是典例。图 5-17 所示悬挑在空中的休息岛就有"漂浮"之感,趣味性很强。图 5-18 为美国国家美术馆东馆中央大厅内景,设置巧妙的夹层、廊桥使大厅空间互相穿插渗透,空间效果十分丰富。特别当人们仰目观看时,一系列廊桥、挑台、楼梯映入眼帘,阳光从玻璃顶棚倾泻而下,给人以活泼轻快和热情奔放之感。

图 5-17　悬挑的休息岛趣味性很强

图 5-18 美国国家美术馆东馆中央大厅内景

(七)肌理、色彩、形状、照明笔的变化

在室内设计中,通过界面质感、色彩、形状及照明等的变化,也常能限定空间。这些限定元素主要通过人的意识而发挥作用,一般而言,其限定度较低,属于一种抽象限定。但是当这种限定方式与某些规则或习俗等结合时,其限定度就会提高。图 5-19 即是通过地面色彩和材质的变化而划分出一个休息区,既与周围环境保持极大的流通,又有一定的独立性。

图 5-19 通过地面色彩和材质的变化来限定空间

二、空间的限定度

通过设立、围合、凸起、下沉、覆盖、悬架、色彩肌理变化等方法就可以在原空间中限定出新的空间,然而由于限定元素本身的不同特点和不同的组合方式,其形成的空间限定的感觉也不尽相同,这时,我们可以用"限定度"来判别和比较限定程度的强弱。有些空间具有较强的限定度,有些则限定度比较弱。

(一)限定元素的特性与限定度

用于限定空间的限定元素,由于本身在质地、形式、大小、色彩等方面的差异,其所形成的空间限定度亦会有所不同。表 5-1 即为在通常情况下,限定元素的特性与限定度的关系,设计人员在设计时可以根据不同的要求进行参考选择。

表 5-1　限定元素的特性与限定度的强弱

限定度强	限定度弱
限定元素高度较高	限定元素高度较低
限定元素宽度较宽	限定元素宽度较窄
限定元素为向心形状	限定元素为离心形状
限定元素本身封闭	限定元素本身开放
限定元素凹凸较少	限定元素凹凸较多
限定元素质地较硬、较粗	限定元素质地较软、较细
限定元素明度较低	限定元素明度较高
限定元素色彩鲜艳	限定元素色彩淡雅
限定元素移动困难	限定元素易于移动
限定元素与人距离较近	限定元素与人距离较远
视线无法通过限定元素	视线可以通过限定元素
限定元素的视线通过度低	限定元素的视线通过度高

(二)限定元素的组合方式与限定度

除了限定元素本身的特性之外,限定元素之间的组合方式与限定度亦存在着很大的关系。在现实生活中,不同限定元素具有不同的特征,加之其组合方式的不同,因而形成了一系列限定度各不相同的空间,创造了丰富多彩的空间感觉。由于室内空间一般都由上下、左右、前后六个界面构成,所以为了分析问题的方便,可以假设各界面均为面状实体,以此突出限定元素的组合方式与限定度的关系。

1. 垂直面与底面的相互组合

由于室内空间的最大特点在于它具备顶面,因此严格来说,仅有底面与垂直面组合的情况在室内设计中是较难找到实例的。这里之所以摒除顶面而加以讨论,一方面是为了能较全面地分析问题;另一方面在现实中亦会出现在一室内原空间中限定某一空间的现象(图 5-20a)。

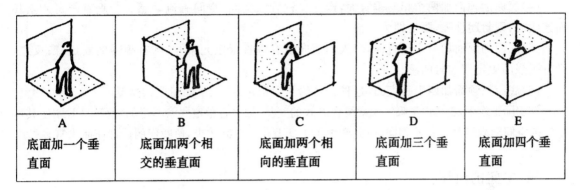

A	B	C	D	E
底面加一个垂直面	底面加两个相交的垂直面	底面加两个相向的垂直面	底面加三个垂直面	底面加四个垂直面

图 5-20(a) 垂直面与底面的相互结合

(1)底面加一个垂直面,人在面向垂直限定元素时,对人的行动和视线有较强的限定作用。当人们背向垂直限定元素时,有一定的依靠感觉。

(2)底面加两个相交的垂直面,有一定的限定度与围合感。

(3)底面加两个相向的垂直面,在面朝垂直限定元素时,有一定的限定感。若垂直限定元素具有较长的连续性时,则能提高限定度,空间亦易产生流动感,室外环境中的街道空间就是典例。

(4)底面加三个垂直面,这种情况常常形成一种袋形空间,限定度比较高。当人们面向无限定元素的方向,则会产生"居中感"和"安心感"。

(5)底面加四个垂直面,此时的限定度很大,能给人以强烈的封闭感,人的行动和视线均受到限定。

2. 顶面、垂直面与底面的组合

这一方法不但运用于建筑设计(即室内原空间的创造)之中,而且在室内原空间的再限定中也经常使用(图 5-20b)。

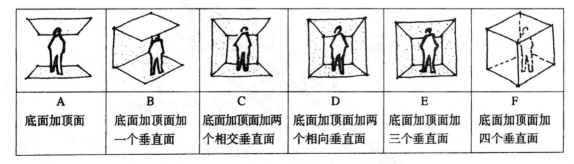

A	B	C	D	E	F
底面加顶面	底面加顶面加一个垂直面	底面加顶面加两个相交垂直面	底面加顶面加两个相向垂直面	底面加顶面加三个垂直面	底面加顶面加四个垂直面

图 5-20(b) 顶面、垂直面与底面的相互组合

（1）底面加顶面，限定度弱，但有一定的隐蔽感与覆盖感，在室内设计中，常常通过在局部悬吊一个格栅或一片吊顶来达到这种效果。

（2）底面加顶面加一个垂直面，此时空间由开放走向封闭，但限定度仍然较低。

（3）底面加顶面加两个相交垂直面，如果人们面向垂直限定元素，则有限定度与封闭感，如果人们背向角落，则有一定的居中感。

（4）底面加顶面加两个相向垂直面，产生一种管状空间，空间有流动感。若垂直限定元素长而连续时，则封闭性强，隧道即为一例。

（5）底面加顶面加三个垂直面，当人们面向没有垂直限定元素时，则有很强的安定感；反之，则有很强的限定度与封闭感。

（6）底面加顶面加四个垂直面，这种构造给人以限定度高、空间封闭的感觉。

在实际工作中，正是由于限定元素组合方式的变化，加之各限定元素本身的特征不同，才使其所限定的空间的限定度也各不相同，由此产生了千变万化的空间效果，使我们的设计作品丰富多彩。

三、空间的组织

在规模较大的室内设计项目中，常常需要根据功能而对原有的建筑空间进行再划分与再限定，这时便会涉及不同空间之间的组织。一般而言，不同空间之间的组织方式有以下几种：以廊为主的组合方式、以厅为主的组合方式、套间形式的组合方式和以某一大型空间为主体的组合方式。这几种方式既各有特色又经常互相组合使用，形成了形式多样的空间效果。

（一）以廊为主的组合方式

这种空间组合方式的最大特点在于各使用空间之间可以没有直接的连通关系，而是借走廊或某一专供交通联系用的狭长空间来取得联系。此时使用空间和交通联系空间各自分离，这样既保证了各使用空间的安静和不受干扰，同时通过走廊又把各使用空间连成一体，并保持必要的联系。当然，在具体设计中，走廊可长可短、可曲可直、可宽可狭、可封可敞、可虚可实，以此取得丰富而颇有趣味的空间变化（图 5-21）。

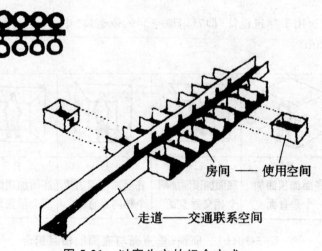

房间——使用空间

走道——交通联系空间

图 5-21　以廊为主的组合方式

（二）以厅为主的组合方式

厅是建筑中一种极为重要的空间类型，从交通组织而言，它有集散人流、组织交通和联系空间的功能，同时它亦具有观景、休息、表演、提供视觉中心等多种作用。在室内空间布局时，有时亦常采用以厅为主的组合方式。

这种组合方式一般以厅为中心，其他各使用空间呈辐射状与厅直接连通。通过厅既可以把人流分散到各使用空间，也可以把各使用空间的人流汇集至厅，使厅负担起人流分配和交通联系的作用。人们可以从厅任意进入一个使用空间而不影响其他使用空间，增加了使用和管理上的灵活性。在具体设计中，厅的尺寸可大可小，形状亦可方可圆，高度可高可低，甚至数量亦可视建筑的规模大小而不同。在大型建筑中，常可以设置若干个厅来解决空间组织的问题（图 5-22）。

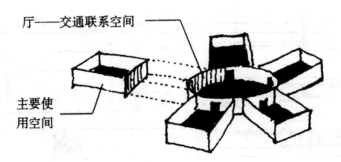

厅——交通联系空间

主要使用空间

图 5-22　以厅为主的组合方式

（三）套间形式的组合方式

套间形式的组合方式取消了交通空间与使用空间之间的差别，把各使用空间直接衔接在一起而形成整体，不存在专供交通联系用的空间。这在以展示功能为主的空间布局上尤其常见。图 5-23 即是套间形式组合方式的示意图。图 5-24 为巴塞罗那博览会德国馆的平面，设计师采用几片纵横交错的墙面，把空间分隔成几个部分，但各部分空间之间互相贯穿，隔而不断，彼此之间不存在一条明确的界线，完全融成一体。美国的古根海姆博物馆则是又一典例。一条既作展览又具步行功能的弧形坡道把上下空间连成一体，取得别具一格的空间效果。

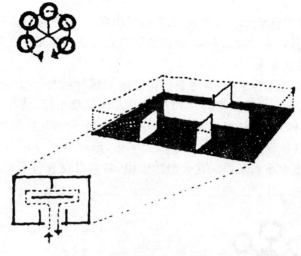

图 5-23 套间形式空间组合方式

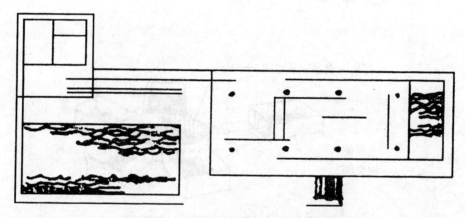

图 5-24 巴塞罗那博览会德国馆平面图

（四）以大空间为主体的组合方式

在空间布局中，有时可以采用以某一体量巨大的空间作为主体、其他空间环绕其四周布置的方式。这时，主体空间在功能上往往较为重要，在体量上亦比较大，主从关系十分明确。旅馆中的中庭、会议中心的报告厅等都可以成为主体空间。在体育类和观演类建筑中，观众厅就是这样的主体空间。观众厅一般是整个建筑物中最主要的功能所在，而且体量巨大，其他各种辅助房间必然和其发生关系，形成了一种独特的空间组合形式（图 5-25、图 5-26）。

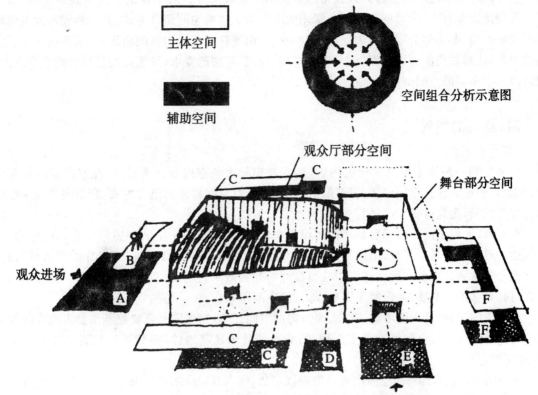

A-门厅；B-放映；C-休息厅；D-厕所；E-侧台；F-演员活动部分（化妆、道具）

图 5-25　大空间为主体的组合方式（剧院建筑）

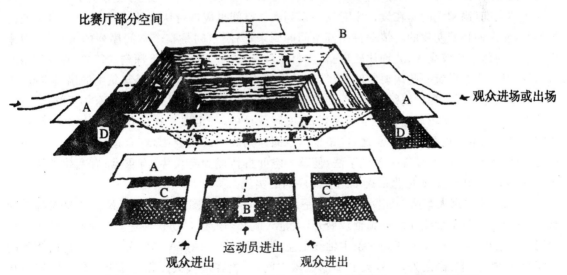

A-门厅、休息厅；B-运动员活动部分；C-淋浴；D-辅助、管理用房；E-贵宾活动部分

图 5-26　大空间为主体的组合方式（体育场建筑）

上述四种常见的空间组合方式经常结合使用。在大部分公共建筑的室内空间布局中,总是要综合使用这几种方式,可能某一部分采用大空间为主体的空间组合方式,某一部分通过走廊联系不同的空间,某一部分则通过大厅组织空间……但不论是怎样的空间组织,一切都应该从总体构思出发,从形式美的原则出发,综合考虑使用、美观、经济的要求,灵活运用各种空间组合方式,创造出丰富多彩的空间效果。

四、空间的序列

空间序列一般属于建筑设计的内容,但在规模较大的室内设计项目中,在室内空间的再创造、再组合中也会涉及空间序列的问题。空间序列涉及空间群体的组合方式,它的内容较为独特而且综合性强,为此这里专门进行介绍。

在室内,人们不能一眼就看到室内环境的全部,只有在从一个空间到另一个空间的运动中,才能逐一看到它的各个部分,最后形成综合的印象。所以,室内设计师在进行群体空间组织时,应该充分考虑到让人们在运动过程中获得良好的观赏效果,使人感到既协调一致、又充满变化、具有时起时伏的节奏感,从而留下完整、深刻的空间印象。

组织空间序列,首先要考虑主要人流方向的空间处理,当然同时还要兼顾次要人流方向的空间处理。前者应该是空间序列的主旋律,后者虽然处于从属地位,但却可以起到烘托前者的作用,亦不可忽视。

完整的经过艺术构思的空间序列一般应该包括:序言、高潮、结尾三部分。在主要人流方向上的主要空间序列一般可以概括为:入口空间——一个或一系列次要空间——高潮空间——一个或一系列次要空间——出口空间。其中,入口空间主要解决内外空间的过渡问题,希望通过空间的妥善处理吸引人流进入室内;人流进入室内之后,一般需要经过一个或一系列相对次要的空间才能进入主体空间(高潮空间),在设计中对这一系列次要空间也应进行认真处理,使之成为高潮空间的铺垫,使人们怀着期望的心情期待高潮空间的到来;高潮空间是整个空间序列的重点,一般来说它的空间体量比较高大、装饰比较丰富、用材比较考究,希望给人留下深刻的印象;在高潮空间后面,一般还需要设置一些次要空间,以使人的情绪能逐渐回落;最后则是建筑物的出口空间,出口空间虽然是空间序列的终结,但也不能草率对待,否则会使人感到虎头蛇尾、有始无终。

上面介绍的是比较理想化的空间序列,在实际设计中,一定要根据建筑物的具体情况,结合功能要求对原空间进行调整。总之,应该根据空间原则和形式美原则,综合运用空间对比、空间重复、空间过渡、空间引导等一系列手法,使整个空间群体成为有次序、有重点、有变化的统一整体。图 5-27 至图 5-32 就是北京火车站空间序列的实例。

图 5-27 是北京火车站平面图,图 5-28 是北京火车站剖面图。北京火车站基本呈对称平面布局,人流沿一条主轴线和两条副轴线展开,大量人流必须经过自动扶梯登上二层高架候车厅后才能检票上车,所以必须处理好这条主轴线的空间序列。上图中,A 是室外空间;B 是雨篷下的空间,是内外空间交融之处;C 是夹层下的低矮空间,为旅客进入大厅作好准备(图 5-29 即为从夹层下的空间远看车站大厅);D 是车站大厅,是整个空间序列中的高潮所在,这里空间高敞,人们的精神为之一振(图 5-30 为大厅透视图);然后由自动扶梯引导至二层空间 E,该空间左右的候车厅是大厅空间的扩展与补充(图 5-31);F 和 G 是过渡空间,空间比较低矮;H 至 L 是高架候车厅,空间再次略微升高,并借五次空间重复形成优美的韵律感,旅客由此进站上车,标志着空间

序列的结束(图 5-32)。

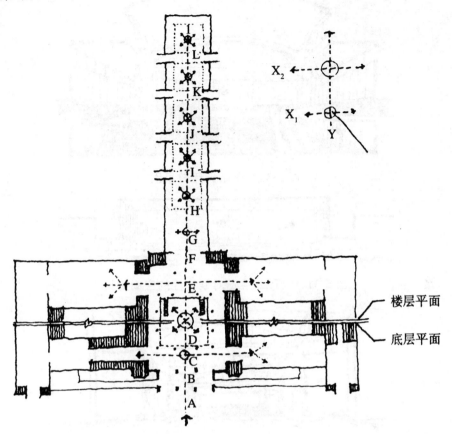

图 5-27　北京火车站平面图

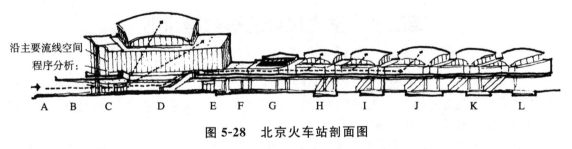

图 5-28　北京火车站剖面图

图 5-29　从夹层远看车站大厅

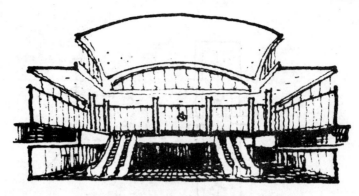

图 5-30　车站大厅效果图

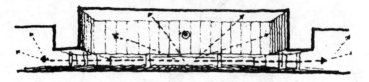

图 5-31　大厅二层正对候车厅的空间效果

图 5-32　高架候车厅

第二节　室内设计的形式美原则

　　重视对形式的处理是建筑设计、室内设计乃至工业产品设计与景观设计的共同之处,设计师的一项重要任务就是要创造美,创造美的环境。当然,"美"的含义很多很复杂,但是形式美无疑是其中很重要很直观的一项内容。

　　室内设计有没有能被大家普遍接受的形式美原则呢?尽管由于时代不同,地域、文化及民族习惯不同,古今中外的室内设计作品在形式处理方面有极大的差别,但凡属优秀的室内环境,一般都遵循一个共同的准则——多样统一。

　　多样统一,可以理解成在统一中求变化,在变化中求统一。任何一个室内设计作品,在满足功能的前提下,一般都具有若干个不同的组成部分,它们之间既有区别,又有内在的联系,只有把这些部分按照一定的规律,有机地组合成为一个整体,才能达到理想的效果。这时,就各部分的差别,可以看出多样性的变化;就各部分之间的联系,可以看出和谐与秩序。既有变化、又有秩序就是室内设计乃至其他设计的必备原则。因此,一件室内设计作品要唤起人们的美感,就应该达到变化与统一的平衡。

　　多样统一是形式美的准则,具体说来,又可以分解成以下几个方面,即:均衡与稳定,韵律与节奏,对比与微差,重点与一般。

一、均衡与稳定

　　现实生活中的一切物体,都具备均衡与稳定的条件,受这种实践经验的影响,人们在美学上也追求均衡与稳定的效果。

　　一般而言,稳定常常涉及室内设计中上、下之间的轻重关系的处理,在传统的概念中,上轻下重,上小下大的布置形式是达到稳定效果的常见方法。图 5-33 和图 5-34 就是常见的例子。一般床、沙发、柜子等大件物品均沿墙布置,墙面上仅挂了些装饰画或壁饰,这样的布置从整体上看,完全达到了上轻下重的稳定效果。

图 5-33　构图稳定的卧室效果

图 5-34　构图稳定的起居室效果

　　均衡一般指的是室内构图中各要素左与右、前与后之间的联系。均衡常常可以通过完全对称、基本对称以及动态均衡的方法来取得。

　　对称是极易达到均衡的一种方式,而且往往同时还能取得端庄严肃的空间效果。然而对称的方法亦有其自身的不足,其主要原因是在功能日趋复杂的情况下,很难达到沿中轴线完全对应的关系,因此,其适用范围就受到很大的限制。为了解决这一问题,不少设计师采用了基本对称的方法,即使人们感到轴线的存在,但轴线两侧的处理手法并不完全相同,这种方法往往显得比较灵活,图 5-35 与图 5-36 即是典例。图 5-35 是崇政殿内景,采用了完全对称的处理手法,塑造出一种庄严肃穆的气氛,符合皇家建筑的要求。图 5-36 则为一会客厅内景,采用的是基本对称的布置方法,既可感到轴线的存在,同时又不乏活泼之感。图中不规则的石材装饰墙面、美术挂画、艺术饰件、壁炉、绿化、铝合金落地窗等组合成现代氛围的会客厅。

图 5-35　崇政殿内景

图 5-36　会客厅内景

除了上述两种方法之外,在室内设计中大量出现的还是不对称的动态均衡手法,即通过左右、前后等方面的综合思考以求达到平衡的方法。这种方法往往能取得活泼自由的效果,图 5-37 和图 5-38 即为动态均衡布局的佳例。前例气氛轻松,适合现代生活要求。后例起居室中仅用了几件艺术观赏品,就取得了富有灵气的视觉效果,具有少而精的韵味。

图 5-37　不对称布置例一

图 5-38　不对称布置例二

二、韵律与节奏

　　自然界中的许多事物或现象,往往呈现有秩序的重复或变化,这也常常可以激发起人们的美感,造成一种韵律,形成节奏感。在室内环境中,韵律的表现形式很多,比较常见的有连续韵律、渐变韵律、起伏韵律与交错韵律,它们分别能产生不同的节奏感。

　　连续韵律一般是以一种或几种要素连续重复排列,各要素之间保持恒定的关系与距离,可以无休止地连绵延长,往往给人以规整整齐的强烈印象。图 5-39 的利雅得外交部大厦就是通过连续韵律的灯具排列而形成一种奇特的气氛。

图 5-39　具有连续韵律的灯具布置

如果把连续重复的要素按照一定的秩序或规律逐渐变化,如逐渐加长或缩短、变宽或变窄、增大或减小,就能产生出一种渐变的韵律,渐变韵律往往能给人一种循序渐进的感觉或进而产生一定的空间导向性。图 5-40 即为室内排列在一起的点状灯具所营造的渐变韵律,具有强烈的趣味感。

图 5-40　具有渐变韵律的点状灯具布置

当我们把连续重复的要素相互交织、穿插,就可能产生忽隐忽现的交错韵律。图 5-41 为法国奥尔塞艺术博物馆大厅的拱顶,雕饰件和镜板构成了交错韵律,增添了室内的古典气息。

图 5-41　法国奥尔塞艺术博物馆大厅的拱顶

如果渐变韵律按一定的规律时而增加,时而减小,有如波浪起伏或者具有不规则的节奏感时,就形成起伏韵律,这种韵律常常比较活泼而富有运动感。图 5-42 为纽约埃弗逊美术馆旋转楼梯,它通过混凝土可塑性而形成的起伏韵律颇有动感。

图 5-42　纽约埃弗逊美术馆旋转楼梯

韵律在室内设计中的体现极为广泛普遍,我们可以在形体、界面、陈设等诸多方面都感受到韵律的存在。由于韵律本身所具有的秩序感和节奏感,可以使室内环境产生既有变化又有秩序的效果,即多样统一的境界,从而体现出形式美的原则。

三、对比与微差

对比指的是要素之间的差异比较显著;微差则指的是要素之间的差异比较微小。当然,这两者之间的界线也很难确定,不能用简单的公式加以说明。就如数轴上的一列数,当它们从小到大排列时,相邻者之间由于变化甚微,表现出一种微差的关系,这列数亦具有连续性。如果从中间抽去几个数字,就会使连续性中断,凡是连续性中断的地方,就会产生引人注目的突变,这种突变就会表现为一种对比关系,而且突变越大,对比越强烈。

由于室内空间的功能多种多样,加之结构形式、设备配套方式、业主爱好等的不同,必然会使室内空间在形式上也呈现出各式各样的差异。这些差异有的是对比,有的则是微差,作为室内设计师来讲,如何利用这种对比与微差而创造富有美感的内部空间是自己应尽的职责。

在室内设计中,对比与微差是十分常用的手法,两者缺一不可。对比可以借彼此之间的烘托来突出各自的特点以求得变化;微差则可以借相互之间的共同性而求得和谐。没有对比,会使人感到单调,但过分强调对比,也可能因失去协调而造成混乱,只有把两者巧妙地结合起来,才能达到既有变化又和谐。在室内环境中,对比与微差体现在各种场合,只要是同一性质间的差异,就会有对比与微差的问题,如大与小、直与曲、虚与实以及不同形状、不同色调、不同质地……巧妙地利用对比与微差,具有重要的意义。美国玛瑞亚泰旅馆中庭的织物软雕塑(图 5-43)就是利用质感进行对比的范例。设计师采用织物巧制而成的软雕塑与硬质装饰材料形成强烈的对比,柔化了中庭空间。在室内设计中,还有一种情况也能归于对比与微差的范畴,即利用同一几何母题,虽然它们具有不同的质感大小,但由于具有相同母题,所以一般情况下仍能达到有机的统一。例如加拿大多伦多的汤姆逊音乐厅设计中就运用了大量的圆形母题,因此虽然在演奏厅上部设置了调节音质的各色吊挂,且它们之间的大小也不相同,但相同的母题,使整个室内空间保持了统一(图5-44)。

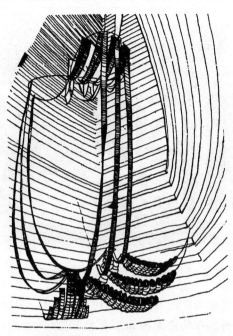

图 5-43　美国玛瑞亚泰旅馆中庭的织物软雕塑

图 5-44　多伦多汤姆逊音乐厅内景

四、重点与一般

在一个有机体中,各组成部分的地位与重要性应该加以区别而不能一律对待,它们应当有主与从的区别,否则就会主次不分,削弱整体的完整性。各种艺术创作中的主题与副题、主角与配角、主体与背景的关系也正是重点与一般的关系。在室内设计中，重点与一般的关系也经常遇到，比较多的是运用轴线、体量、对称等手法而达到主次分明的效果。图 5-45 为苏州网师园万卷堂内景，大厅采用对称的手法突出了墙面画轴、对联及艺术陈设，使之成为该厅堂的重点装饰。图 5-46 中的美国旧金山海雅特酒店的中庭内，就布置了一个体量巨大的金属雕塑，使之成该中庭空间的重点所在。图 5-47 和图 5-48 所示的则是通过轴线和框景而突出墙上能挂件。

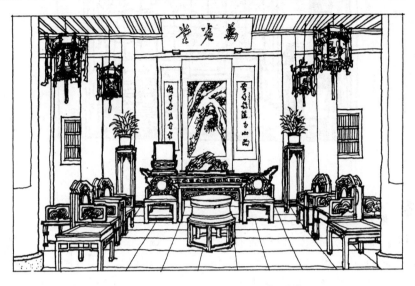

图 5-45　运用对称手法强化重点

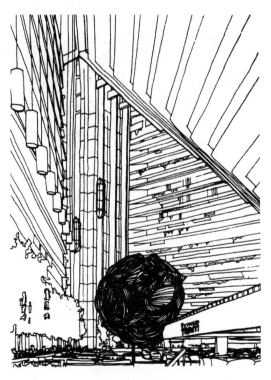

图 5-46　通过不同体量的对比突出重点

图 5-47　通过轴线突出墙上的挂件

图 5-48　通过框景突出重点

　　此外,室内设计中还有一种突出重点的手法,即运用"趣味中心"的方法。趣味中心有时也称视觉焦点。它一般都是作为室内环境中的重点出现,有时其体量并不一定很大,但位置往往十分重要,可以起到点明主题、统帅全局的作用。能够成为"趣味中心"的物体一般都具有新奇刺激、形象突出、具有动感和恰当含义的特征。

　　按照心理学的研究,人会对反复出现的外来刺激停止作出反应,这种现象在日常生活中十分普遍。例如,我们对日常的时钟走动声会置之不理,对家电设备的响声也会置之不顾。人的这些特征有助于人体健康,使我们免得事事操心,但从另一方面看,却加重了设计师的任务。在设计"趣味中心"时,必须强调其新奇性与刺激性。在具体设计中,常采用在形、色、质、尺度等方面与众不同、不落俗套的物体,以创造良好的景观。图 5-49 是加拿大尼亚加拉瀑布城彩虹购物中心的共享大厅,它由玻璃及钢架组成,内部纵横的廊桥、购物小亭、庭院般的灯具、郁郁葱葱的绿化,虽在室内宛若在大自然的庭院之中,最吸引人的是空中悬挂的彩带和抽象三角框条,色彩明快鲜艳,仿佛雨后彩虹当空的感觉,非常吸引人们的注意。图 5-50 的玩具售货区则又是另一番

图 5-49　加拿大彩虹中心共享大厅内景

情景,大树外形的柱子布置有儿童熟悉的卡通动物及可爱的机器人,这样的动物世界大大诱发了孩子们的好奇心理,当然成为视觉中心了。图 5-51 则以巨大的乌贼的动物造型作为餐厅的趣味中心,既突出了海味食品的特征又激起了人们的食欲兴趣。

图 5-50　玩具售货区的卡通世界

图 5-51　巨大乌贼造型构成趣味中心

此外,有时为了刺激人们的新奇感和猎奇心理,常常故意设置一些反常的或和常规相悖的构件来勾起人们的好奇心理。例如在人们的一般常识中,梁总是搁置在柱上的,而柱总是垂直竖立在地面上的,图 5-52 却故意营造梁柱倒置的场景,用这种反常的布置方式来吸引人们的注意力,并给人以强烈的印象。

图 5-52　倒置的建筑构件布置吸引人们的视线

　　形象与背景的关系一直是格式塔心理学研究的一个重要问题。人在观察事物时,总是把形象理解为"一件东西"或者"在背景之上",而背景似乎总是在形象之后,起着衬托作用。尽管在理论上,形象与背景完全可以互相转化,在某场合是形象的事物,到了另一场合下却可以转化成背景。然而心理学的研究认为:一般情况下,人们总是倾向于把小面积的事物、把凸出来的东西作为形象,而把大面积的东西和平坦的东西作为背景。尽管在现代绘画中经常使用形象与背景交替的处理手法,但在处理趣味中心时,却应该有意造成形象与背景的明显区别,以便使人作出正确的判断,起到突出重点的作用。图 5-53 中十字形常被视为形象而正方形则几乎总被视为背景,而图 5-54 中的彼得-保尔高脚杯则表示形象与背景互动的现象。

图 5-53　正方形常视为背景而十字形常被视为形象

图 5-54　彼得一保尔高脚杯表示形象与背景互动的现象

运动亦是一种极易影响视觉注意力的现象,运动能使人眼作出较为敏捷的反应。人眼的这种特性,早被艺术家所发现和利用,他们认为:一幅画最优美的地方就在于它能够表现运动,画家们常常将这运动称为绘画的灵魂。雕塑大师罗丹(A. Rodin)亦承认:他常常赋予他的塑像某种倾斜性,使之具有表现性的方向,从而暗示出运动感。艺术家们巧妙地把握住了人眼的特点,创造出很多具有动感的艺术品,取得了很好的效果。室内设计师在设计中,也要充分发挥眼睛的这种特点。例如图 5-55 所示的界面上有两幅抽象壁画,左边采用长方形画框,具有沿长轴方向移动的运动感,加之画面上充满了具有动感的曲线和倾斜线,使整幅作品具有一定的动势;而右边的作品则采用没有明显运动方向的正方形画框,加之画面又仅由动感不强的水平线与垂直线组成,因而整幅作品的动感比较弱。

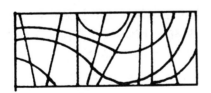

图 5-55　具有动感的画易于吸引人们的注意力

当它们同时出现在某一墙面时,左边一幅作品常常比较容易吸引人们的视觉注意力而成为趣味中心。随着时代的进步,艺术家们创造出真正能够活动的动态雕塑,从而彻底打破了艺术是"冻结了的时间薄片"的观念,赢得了观众们的极大兴趣,并常常成为室内环境中的趣味中心,美国国家美术馆东馆内的红黑金属抽象活动雕塑就是典例。再如图 5-56 为某会议室内的活动雕塑,设计者采用大小不一的圆盘,利用杆件使之获得巧妙的平衡。开会时形成的热气流自下而上轻轻作用于圆盘,并使之缓缓地旋转移动,此时映在天花板上的阴影也随之变化,这种变幻着的运动形象,在室内建立起包括时间因素在内的四维空间感觉,理所当然地成为室内的趣味中心。

图 5-56　会议室上空的活动圆盘雕塑

人在欣赏作品时,总是会按照"看——赋予含义"的过程来处理。如果趣味中心的含义过分明显,不需经过太多的思维活动就能得出结论,那就可能会产生缺乏兴趣的感觉。同样,如果趣味中心的含义过分隐晦曲折,人们亦可能会采取敬而远之的态度。真正优秀的作品往往能提供足够的刺激,吸引人们的注意力并作出一定的结论,但同时又不能一目了然、洞察全貌。凡是能吸引人们经常不断注目,并且每次都能联想出一些新东西,每次都由观赏者从自己以往的经验中联想出新的含义,这样的作品也就会自然而然地成为室内空间的重点所在。

形式美是涉及各设计行业的原则,重点与一般、韵律与节奏、均衡与稳定、对比与微差是其中的重要基本范畴。对于室内设计而言,它们能够为设计师们提供有益的规矩,进而创作出美好的内部空间。

总之,空间限定原则和形式美原则是室内设计中的重要原则,结合室内空间的造型元素、界面处理、家具陈设布置等各方面的内容,就能够为设计师们提供比较全面的文法,借助于这些语法,就可以使设计师的作品少犯错误或不犯错误,塑造出良好的室内视觉环境。然而,一项真正优秀的室内设计作品还离不开设计者的构思与创意。如果创作之前根本没有明确的设计意图,那么即便有了优美的形式,也难以感染大众。只有设计师具备了高尚的立意,同时具有熟练的技巧,加之灵活运用这些原则,才能达到"寓情于物"的标准,才能通过艺术形象而唤起人们的思想共鸣,进入情景交融的艺术境界,创造出真正具有艺术感染力的作品。

在室内设计中可以通过设立、围合、覆盖、凸起、下沉、悬架和质地变化的手法在原空间中限定出另一个空间。与此同时,用于限定空间的限定元素的特性和组合方式也与空间限定度有很大的关系。

室内设计还涉及到不同空间之间的组织,一般形式有:以廊为主的组合方式、以厅为主的组合方式、套间形式的组合方式和以某一大型空间为主体的组合方式。这几种方式既各有特色又经常互相综合使用,形成了丰富多彩的空间效果。有时候还涉及空间序列的问题,完整的空间序列一般包括:序言、高潮、结尾三部分。在主要人流方向上的主要空间序列可以概括为:入口空间——一个或一系列次要空间——高潮空间——一个或一系列次要空间——出口空间。在实际设计中,可以结合具体情况灵活运用。

室内设计具有能被人们普遍接受的形式美准则——多样统一,即在统一中求变化,在变化中求统一。具体又可以分解成:均衡与稳定,韵律与节奏,对比与微差,重点与一般。

第六章　室内设计方案表现与评价原则

第一节　室内设计方案的表现

一、室内设计表现技法

室内设计表现技法是指可以通过图像(图形)来表现室内设计思想和设计概念的视觉传达技术。它主要包括:室内透视效果图、电脑渲染图、动画漫游表现、模型制作等。室内设计效果图不同于专业性很强的技术图纸,它能更形象、更生动地表达设计意图和设计构思。室内设计表现是整个设计过程中非常重要的组成部分,它是设计师与业主沟通的重要途径。表现充分的效果图能使设计方案更加生动、真实并能打动业主,为方案的确定或中标创造条件。作为一个设计人员,至少应掌握一种室内空间的表现技法。

室内设计表现技法按绘制方式的不同主要可以分为手绘效果图和电脑效果图两大类。如果再细分,手绘效果图表现技法可以有多种表现方式,如马克笔、彩色铅笔、透明水色表现等。而电脑效果图也因其使用的渲染插件不同,可以分为 Lightscape 表现、Vary 表现。在实际的工作和学习中,我们可以根据不同的需要来选择具体的表现方式。

绘制效果图要求学生有一定的美术基础,光有绘画基础也并不一定就能做好效果图。室内设计效果图与绘画还是有明显区别的。首先,纯绘画作品是画家个人情感的表露,比较自我,往往不在乎他人的感受与认可。而设计表现图的最终目的是体现设计者的设计意图,并使观者能够与设计师产生共鸣。其次,在表达语言上,纯绘画往往偏重于写实性的描绘,效果图则需在忠实于实际空间的基础上,尽量简洁概括,绘制快捷迅速,有时甚至会夸张局部的形体与色彩以突出设计的重点。

二、快速手绘效果图技法

(一)效果图工具的准备

作为室内设计的专业人员,应当配备齐全的绘图工具,这样才能在绘制效果图的过程中取得事半功倍的效果。

绘图铅笔、自动铅笔、针管笔和签字笔是绘制设计初稿时最常用的工具,马克笔和毛笔主要用于手绘效果图的着色处理,彩色铅笔则可以在最后营造某些特殊的图面效果。

丁字尺、三角板、直尺、曲线尺、比例尺和圆规是设计师必不可少的绘图仪器。辅助的绘图用具还有绘图板、调色盘、裁纸刀、图钉、胶带等。颜料目前多使用透明水色或水彩。

设计用纸主要有绘图纸、水彩纸、白卡纸以及铜版纸。可根据使用不同的颜料选择相应的画纸。有时设计者还可以选用一些有色纸，以构成图面的基本色调，再用白色粉提亮图中物体的高光，这样可以大大提高绘制速度。

（二）透视的画法

要画好一幅手绘效果图首先应了解如何画透视，透视原理是根据人的视觉习惯和建筑制图原理为基础的一种透视方法，它可以快速并基本准确地表现出室内场景。

透视是把平面、立面、顶棚几个面科学而真实地反映出来的一种方法，在表现上应以快和准确为标准。应掌握透视技法的方法要领，不应生搬硬套，初学者的图面中容易出现透视上的缺陷，因此在绘制线稿的时候，应当时刻注意绘制的物体是否存在透视问题，这样才不至于在着色时才发现问题而难以修改。

一点透视：即当物体与视平线平行，产生一个消失点（灭点 VP）形成的透视，一点透视法为简易的室内平行透视画法，绘图时首先按实际比例确定宽和高 AB、CD，然后利用 M 点，即可求出室内的进深 AB—ab，M 点与灭点 VP 任意定。A 至 B 宽 6m，A 至 C 高 3m，视高 EL 为 1.6m，A 至 a 进深为 4m，从 M 点分别向 1、2、3、4 画线与 A 至 a 相交的各点 1′、2′、3′、4′，即为室内的进深。再利用平行线画出墙壁与天井的进深分割线，然后从各点向 VP 引线（图 6-1）。在透视图中一般取人的视线高度作为图面的视平线高度，这样效果图的视觉感受就比较符合人的视觉习惯，给观者的感受较为真实自然（图 6-2、图 6-3）。

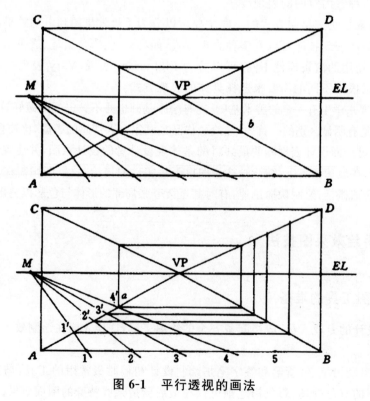

图 6-1　平行透视的画法

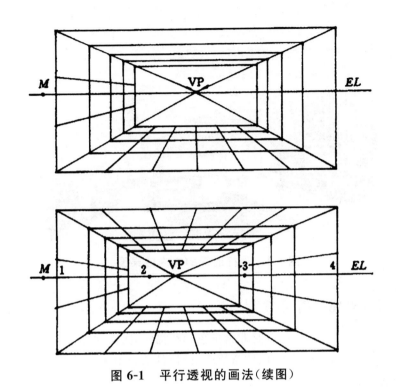

图 6-1　平行透视的画法（续图）

图 6-2　平行透视的室内效果图一

图 6-3 平行透视的室内效果图二

（三）手绘线描表现图稿

优秀的手绘效果图的底稿往往都是非常出色的线描图，图面中线的形状，直接体现着作者的线描基本功，直线刚中见柔、转折锐利、波弯绵软，设计师通过对不同线条的运用，不同疏密的排列，来表现不同的质感。

由墙面、地面、顶面围合界定出的空间被称为一次空间，一般为硬质材料。

如果效果图中出现的空间环境仅仅由一次空间中的界面材料构成，往往显得空旷、冰冷。配景在画面中的作用主要是烘托室内气氛。而具体到效果图层面上，则可以丰富图面的表现内容，让效果图表现得更加充分，更加完整。适当地在画面中配以符合整体设计风格的室内家具、织物、陈设品以及植物，能起到画龙点睛的作用，为所表现的空间增添生气。

我们可以在平时的生活中多多积累这方面素材，例如画一些植物的写生，一些家具的线描，做简单的车辆或其他工业产品的描绘。这样在绘制效果图时就可以得心应手地选择合适的配景为画面增色（图 6-4 至图 6-6）。

图 6-4 单体线描练习

图 6-5　植物配景一　　　　　　　　　　　图 6-6　植物配景二

　　那如何提高线描图的质量呢？可以有针对性地选择一些手绘范本图例进行临绘，在临摹的过程中学习别人的优点，进而转化成自己的风格。进行徒手的表现训练，对提高设计师的观察能力，提高审美修养，迅速准确地表达构思是十分有益的。对于一些实际写生难以马上抓住规律的对象，还可以通过对照片的临摹来掌握规律，可以对效果图常用材料的质感进行归纳（图 6-7 至图 6-9）。

图 6-7　室内照片临绘一

图 6-8 室内照片临绘二

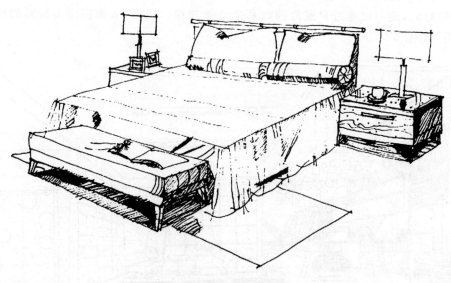

图 6-9 室内照片临绘三

　　训练主要将生活中的各类界面、物品,抽象为具有一定表现规律的技法,令日后的绘图更加快捷。另外,传统绘画、电影蒙太奇、漫画等艺术表现形式对手绘效果图的用线方法也有着很大的启发作用。如漫画的用线方法活泼、灵动、不拘一格,在表现某些室内空间时可以有很好的借鉴作用。

(四)手绘效果图的着色(透明水色)

透明水色是一种较方便和快捷的效果图表现技法。透明水色分两种,一种是纸包装的,一种是瓶装的。它分十二色盒装或散装。其色泽鲜艳,颗粒细,可调成多种复色,并可在干后再加色,但不宜过多重复。该色不宜在阳光下曝晒,同时不能存放时间太久,年久后会退色。

透明水色的用笔与水彩画用笔相同,大面积时可用排刷,应多准备些调色盘以便于使用。调色用的水,应经常更换,绘制时以单线平涂法为宜。先把画稿用钢笔勾勒,干后再着透明水色。涂色时可用退晕和渲染法,作画时注意笔蘸色不要太干,也不宜太多水分,干湿应适度。注意着色时下笔要肯定果断,运笔的方向应按照所绘制的空间体块的形体走向来进行,避免重复的用笔。需要注意的是在整个着色过程中,上色应该遵循"由浅入深"的原则,这样即便是开始的时候着色效果不理想,也方便后来进行补救,画面各部分绘制的次序应做到心中有数。

在顶棚和地面的颜色大致铺完以后,可以用笔画出墙面上下光影的渐变的色彩效果。在一些需要强调的地方可以用粗的灰色马克笔加以强调,突出表现重点。最后在图面上用较细的笔和彩色铅笔添置细节,使整个效果图基本完成(图 6-10)。

图 6-10　透明水色的室内效果图

效果图的画面要讲究主次关系。这要和设计结合起来,设计中的重点也应该是效果图所要表现的重点,而其他部分则应该点到为止,以便突出重点。应该注意画面虚实关系,重点部分要加以强调。如果顶棚是重点的话,应该减弱对地面和墙面的刻画。反过来,如地面、墙面是重点,应相对减弱对顶棚的刻画。另外,画面构图时也应该把设计的重点放在主要位置,有目的地选择透视的视点和角度。

三、电脑效果图制作技法

(一)电脑效果图的兴起

电脑效果图是近几年来兴起的较为先进的表现手段。利用电脑能准确、逼真地模仿人的视觉体验,能更好地传达设计者的设计意图。目前在室内设计中,电脑效果图逐渐成为重要的表现形式,除了电脑自身所具有的真实表现能力外,一些大胆的试验性方案也能借助电脑软件呈现出夸张的、极富想象力的视觉效果(图 6-11、图 6-12)。

图 6-11　电脑室内效果图一

图 6-12　电脑室内效果图二

借助电脑软件来呈现设计构思,其主要工作流程包括:

(1)利用 AutoCAD 绘制平面布局图,对空间布局及尺寸进行规划。

(2)利用 3DSMAX 软件创建三维实体并附着装饰材质,对灯光和摄像机进行基础设定。

(3)利用三维渲染插件对模型参数进行微调并渲染输出。

(4)利用 Photoshop 软件对最终的渲染结果进行调整和完善。

针对室内效果图的制作，主要分为室内基础模型的创建和后期渲染输出两大部分。

（二）基本制图程序

1. 基础平面图的制作

首先利用 AutoCAD 软件对室内设计方案的平面图进行绘制。借助 AutoCAD 准确的数值输入，可以得到方案的准确平面图。在绘制过程中发现问题可以随时调整方案。先在 AutoCAD 软件下将系统单位设为毫米，按照测量出的场地平面尺寸输入具体数字，画出平面图的 CAD 文件。在绘制完成后，命名然后存为 dwg 格式的文件，方便下一步用 3DSMAX 软件进行建模。

2. 模型创建

在绘制好平面图后，到 3DSMAX 下将单位设置为毫米，选择文件菜单的输人命令，输人我们的 CAD 图纸。然后把各种捕捉点在设置中勾选上。这样，便可以开始模型的创建了。

由于有了精确的 CAD 图纸，我们只需要借助 extrude 这样一个命令，就可以将主要墙体挤压出来，非常快捷。假如有个别的隔墙没有在 CAD 中绘制出来，我们也可以直接选用 BOX 命令在需要的地方拉出想要的隔墙来，只要准确捕捉到地面即可。如果还想做一些细节化的编辑，比如一些不规则物体的创建，我们可以借助 editable mesh 将物体塌陷成可编辑网格，这样通过点线面的调节，我们就可以创建出需要的细致模型了。

加入摄影机，再将原先的透视图转换为摄影机视图，观察各个模型的比例、大小以及场景给人的整体感受，感觉不舒服的地方再重新修改调节。

在模型基本建好之后，可以适当地借助 editable mesh 和 editable poly 等命令删去一些没有用的面，这样能减少模型中多边形的数量，节省建模和渲染的时间。

3. 材质贴图

在模型创建完毕后，可以给它们附上材质和贴图，以达到更为真实的视觉效果。可以直接按键盘上的 M 键，会弹出一个材质编辑面板。我们可以将材质球拖到所要覆盖材质的物体上，也可以选中想要附材质的物体，然后单击材质球显示区下方的耦键来实现材质添加。之后可以为材质命名，方便以后编辑时快速地查找。

材质的漫反射颜色、光洁程度、反光、透明程度等都可以在材质球显示区下方的几个编辑面板中调节。可以通过箭头滑块来调节，也可以根据需要手动输入数字来进行调节。

4. 灯光

在场景中加入灯光可以让效果图的视觉感受更加真实。3DSMAX 默认的场景灯光并不能很好地满足需要，因此，我们应该在场景中加入较为真实的灯光。

在 creat 创建面板下的第三个子面板就是专门用于灯光调节的。制作室内电脑效果图一般选择 Target Point 目标点光源作为室内场景的灯光。通过各个视图的调节，把它们放到正确的位置上。然后，在目标点光源的修改面板上编辑 Web 参数下的光域网，选择合适的光域网文件，模拟各种真实的室内灯光效果。

一些次要的小灯为了不占用过多的系统资源，节省时间，我们可以直接给它们添加一个白发光材质,得出的效果也比较好。

5. 后期渲染加工

在场景修改得基本满意之后,我们可以按下键盘上的"9"键,弹出渲染场景对话框,在选择高级灯光下拉菜单选择光能传递渲染方式。再按下 setup 键,把爆光方式改成对数爆光。进行光能传递后,我们就可以按下 F9 键,查看渲染效果了。

需要指出的是,有时 3DSMAX 渲染得出的图面效果并不能令人完全满意。这就需要我们进行后期的加工处理。通常来说有以下几点应当注意。

(1)调整渲染参数

重新设置渲染尺寸,尺寸越大渲染输出的效果越好,但合理的尺寸设置会有效地节省渲染时间。通常若图面打印幅面为 A3,将渲染尺寸调整为 2400mm×1800mm 即可获得合适的图面效果。

(2)3DMAX 的输出

模型调整及制作完成后,对文件进行存储以备再次修改。继续使用文件时会遇到这样的问题:在别的电脑上打开制作好的 MAX 文件,与其相关的材质贴图文件无法找到。为使模型显示真实的材质效果,我们就必须将贴图文件在 3DMAX 软件中压缩到一个文件包里,这样就可以在其他机器上进行修改了。方法是对制作完成的 MAX 文件,在其文件 File 下选择归档 Archive 命令,并选择归档 Archive,即可生成带有贴图文件的压缩包。

(3)Photoshop 处理

对于设计效果图来说,主要可完成的修改包插图面亮度及对比度的调节、色相及饱和度的调节、添加及改变背景、制作特殊贴图文件、创建人物与植物配景、制作阴影,等等。

(三)渲染插件的配合

渲染插件是在模型创建完毕、场景基本确定后,专门用于效果图渲染的软件,它们比 3DSMAX 等建模软件自带的渲染工具渲出的效果更真实,富于感染力。目前比较流行的有两种:Lightscape 和 VRay。

1. Lightscape 渲染

Lightscape 的渲染方式与 3DSMAX 下的光能传递有相似之处,但效果更好。在 3DSMAX 下将模型建好后,在 File 下选择 Export 输出命令,将单位设置为毫米,保留原先场景的相机。导入到 Lightscape 软件中,就可以开始编辑了。

Lightscape 的参数设置:首先在 MAX 中创建灯光并调节它们的位置和参数,在参数设置较为理想后,用关联复制的方法复制出 7 排灯,模拟相应的灯带,也可以用块来转化为灯带,这样会加快渲染的速度。到 Lightscape 软件下,先调节各个材质的参数和表面处理,比较理想后,在光照属性中设置灯光的强度,并调节光分布。一般说来辅助灯光强度在 $700cd/m^2 \sim 3000cd/m^2$ 之间视觉效果比较合适。主要的照明灯光强度在,$30000cd/m^2$ 左右。当然,这些只是参考性的数字,制作电脑效果图时还需根据具体空间的需要进行适当调整,从而达到最佳的视觉效果。

回到表面处理面板,将封闭面、接受面、反射面前面的方框勾选上,网格分辨率调到"精"就可以用光能传递进行渲染了。

需要注意的问题:在用 3DSMAX 建模的时候一定要规范,最好是单面,还要尽量避免三角面的产生,这样才能避免光能传递时的运算错误,才能避免导致错误的渲染结果。切记不要一味追求灯光和材质,模型的好坏才是最关键的。

2. VRay 渲染

VRay 渲染器是安装于 3DMAX 操作界面下,与 MAX 软件结合极为紧密的渲染插件,如何更好地操控 VRay 渲染器与能否熟练地掌握三维建模软件命令密切相关。

VRay 的灯光光板(VRayLight)与 VRay 阴影(VRayShadow)面板能有效地控制相关参数。在灯光设置中可调节灯光的开启(On)或关闭、是否可见(Invisible)、颜色(Color)、强度(Mult)、尺寸(Size)以及控制采样值(Subdivs)等参数。在阴影设置面板中包括了阴影偏移值(Bias)、控制采样值(Subdivs)以及不同方向的模糊值(U、V、W、Size)等参数的调节功能。

在利用 VRay 渲染器渲染输出时一定要将物体指定为 VRay 材质类型。VRay 编辑类型包括了 VRay 特殊材质(VRayMtl)和 VRay 包裹器(VRayMtlWrapper),在材质制作中可以将多种 MAX 制作的材质加入 VRay 包裹器(VRayMtlWrapper),以方便最终的渲染。

(四)电脑效果图的前景

作为新兴的表现手段,电脑效果图近年来呈现出了更为广阔的发展前景。尤其是各种渲染插件层出不穷,它们本身还进行着快速的更新换代。做出的效果图越来越逼真,完全达到了照片级别。另外,也出现了新形式的电脑效果图——室内场景动画,这是一种动态的电脑效果图。观者只需要点击播放,就可以跟着镜头在室内空间游走,仿佛置身于方案实景中。这也省去了翻看大量效果图,耗费精力想象效果图呈现出的空间感受的时间。

总之,电脑效果图有着自己独特的优势,在科技发展日新月异的今天,学好这样一门技术对于室内设计从业人员就显得更有意义了。

第二节　室内设计的评价原则

一、功能与美学原则

J·约狄克(J. Joedicke)曾在《建筑设计方法论》中这样定义"评价"一词:评价是指为一定目的而对某个事物作出好坏的判断。评价,发生在建设过程的各个阶段,在设计领域的评价主要指使用前的方案评价和使用后的效果评价。设计方案的评价可以让决策合理进行,或可以适当地采取必要的补救措施;建成后的评价可以掌握根据设计目标达到的成果指标,找出与预期结果的差距,以便为下一个决策提供参照。这样有利于整个建设过程处于一个良性互动的循环发展状态,有利于建筑业的发展和设计质量的提高。对设计师而言,评价体系为其设计创作提供了参照尺度,两者的良性互动关系对设计师的创作具有极为重要的意义;对社会而言,评价不仅表明了人们对建筑设计和室内设计的判断与认识,而且蕴含着人们对社会价值取向的认同,因此从这个意义上讲,设计评价是人类认识自身的重要手段,是人类实现自身价值的重要途径。

建筑评价,包括针对室内设计的评价在发达国家已经发展成比较成熟的体系,在我国还处于起步的阶段,本章则主要从功能原则、美学原则、技术经济原则、人性化原则、生态与可持续原则、继承与创新原则等方面提出室内设计的评价原则。

(一)功能原则

人对室内空间的功能要求主要表现在两个方面:使用上的需求和精神上的需求。理想的室内环境应该达到使用功能和精神功能的完美统一。

1. 满足使用功能要求

建筑是为使用目的而建造的,所以,室内空间首先应该满足使用功能的要求,达到合理、安全、舒适的目标。

(1)单体空间应满足使用要求

①满足人体尺度和人体活动规律

室内设计应符合人的尺度要求,包括静态的人体尺寸和动态的肢体活动范围等。而人的体态是有差别的,所以具体设计应根据具体的人体尺度确定,如幼儿园室内设计的主要依据就是儿童的尺度。

人体活动规律有二,即:动态和静态的交替、个人活动与多人活动的交叉。这就要求室内空间形式、尺度和陈设布置符合人体的活动规律,按其需要进行设计。

②按人体活动规律划分功能区域

人在室内空间的活动范围可分为三类,即:静态功能区、动态功能区和动静相兼功能区。在各种功能区内根据行为不同又有详细的划分,如:静态功能区内有睡眠、休息、看书、办公等活动;动态功能区有走道空间、大厅空间等;动静相兼功能区有会客区、车站候车室、机场候机厅、生产车间等。而某些室内空间还可细分成多个功能区,如小面积住宅中的卧室,往往同时具有睡眠区、交谈区、学习区等各个区域。因此,一个好的设计必须在功能划分上满足多种要求。

③符合使用功能的性质

在一个单一空间里,空间性质以空间的主要使用功能来确定。即使该空间内还有其他功能,一般仍然以主要使用功能来确定其性质,如小面积住宅的卧室内虽然设有交流区、学习区,但它仍以满足卧室的功能为主。因此,一个空间的主要使用功能的性质必须贯穿始终,一般不应偏离。

(2)各功能空间应有机组合

人们在各种类型空间中的活动,经常按照一定的顺序或路线进行,这种顺序或路线一般称为流线。如何减少各种流线的交叉,是室内空间组织好坏的一个重要标志。一般常用的办法是:先对室内空间进行功能归类,把功能接近、联系较为紧密的空间以最便捷的方式组合在一处,然后再把这些组合好的功能区进行再次组织,经过多次调整,最后达到一个满意的结果,即:各功能空间形成一个统一的整体,它们之间既有联系、又有区别,达到使用舒适、高效的效果。

(3)室内空间应满足物理环境质量要求

室内空间涉及的物理环境包括空气质量环境、热环境、光环境、声环境以及现代电磁场等等,室内空间环境只有在满足上述物理环境质量要求的条件下,人的生理要求才能得到基本保障,所以,室内空间的物理环境质量也是评价室内空间的一个重要条件。

①空气质量:室内设计中,首先必须保证空气的洁净度和足够的氧气含量,保证室内空气的换气量。有时室内空间大小的确定也取决于这一因素,如双人卧室的最低面积标准的确定,不仅要根据人体尺度和家具布置所需的最小空间来确定,还需考虑两个人在睡眠8h室内不换气的状态下满足其所需氧气量的空气最小体积值。在具体设计中,应首先考虑与室外直接换气,即自然通风,如果不能满足时,则应加设机械通风系统。另外,空气的湿度、风速也是影响空气舒适度的重要因素。在室内设计中还应避免出现对人体有害的气体与物质,如目前一些装修材料中的苯、甲醛、氡等有害物质。

②热环境:人的生存需要相对恒定的适宜温度,而室外自然环境的温度变化较大,所以在寒冷的冬天需要通过建筑的围护结构和室内供热等来满足人体的需要;而在炎热的夏季又要通过通风和室内制冷带走人体热量以维护人体的热平衡。不同的人和不同的活动方式也有不同的温度要求,如,老人住所需要的温度就稍微高一些,年轻人则低一些;以静态行为为主的卧室需要的温度就稍微高一些,而在体育馆等空间中需要的温度就低一些,这些都需要在设计中加以考虑。

③光环境:没有光的世界是一片漆黑,但它适于睡眠;在日常生活和工作中则需要一定的光照度。白天可以通过自然采光来满足,夜晚或自然采光达不到要求时则要通过人工光环境予以解决。

④声环境:人对一定强度和一定频率范围内的声音有敏感度,并有自己适应和需要的舒适范围,包括声音绝对值和相对值(如主要声音和背景音的对比度)。不同的空间对声响效果的要求不同,空间的大小、形式、界面材质、家具及人群本身都会对声音环境产生影响,所以,在具体设计中应考虑多方面的因素以形成理想的声环境。

⑤电磁污染:随着科技的发展,电磁污染也越来越严重,所以在电磁场较强的地方,应采取一些屏蔽电磁的措施,以保护人体健康。

(4)室内空间应满足安全性要求

安全是人类生存的第一需求,所以空间设计必须保障安全。安全首先应强调结构设计和构造设计的稳固、耐用;其次应该注意应对各种意外灾害,火灾就是一种常见的意外灾害,在室内设计中应特别注意划分防火防烟分区、注意选择室内耐火材料、设置人员疏散路线和消防设施等;此外,防震、防洪等措施也应充分考虑,美国"9·11"事件和"非典"风波之后,如何应对恐怖袭击、生化袭击、公共卫生疾病等也逐渐引起各界的注意。

2. 满足精神功能要求

现代室内设计在满足使用功能的前提下,更应注重空间境界的提升,以创造一种具有丰富精神内涵的空间,这就是满足精神功能的要求。室内空间的精神功能可以从下面三方面去理解。

(1)具有一定的美感

各种不同性质和用途的空间可以给人不同的感受,要达到预期的设计目标,首先要注意室内空间的特点,即空间的尺度、比例是否恰当,是否符合形式美的要求;空间组织和限定是否有序等,是否从空间的处理上给人带来美感。其次要注意室内色彩关系和光影效果。室内色彩对整个环境的影响较大,处理好顶面、墙面、底面的色彩基调非常重要,大空间或大面积的色彩要强调统一、和谐,小体量或小面积的色彩要强调对比。室内光影效果也是一个不可忽视的问题,窗子的大小、位置以及照明灯光的强度、色调,灯具的形式、位置都将对室内产生不同的影响。此外,在选择、布置室内陈设品时,要做到陈设有序、体量适度、配置得体、色彩协调、品种集中,力求做到有主有次、有聚有分、层次鲜明。只有注意到以上几个方面,才能使室内环境给人以整体的美感。

人的感知是多方面的,室内环境的美感是通过人的视觉、听觉、嗅觉和触觉等感觉器官综合感受的结果,是在满足精神功能要求时首先应该做到的,它影响到人在室内环境中活动的情感反应,直接影响到室内空间的使用效益。

(2)具有特定的性格

根据设计内容和使用功能的需要,每一个具体的空间环境应该能够体现特有的性格特征,即具有一定的个性,如大型宴会厅比较开敞、华丽、典雅,小型餐厅比较小巧、亲切、雅致。即使是同样功能的空间,也可能由于对象的不同而具有不同的室内空间性格,如北京毛主席纪念堂的室内设计具有庄严、肃穆的特点;上海鲁迅纪念馆给人以朴实、典雅的印象;而厦门林巧稚纪念馆则平易近人,富有生活气息。

当然空间的性格还与设计师的个性有关;与特定的时代特征有关,与意识形态、宗教信仰、文学艺术、民情风俗甚至地理特征等种种因素有关,如北京明清住宅的堂屋布置对称、严整,给人以宗法社会封建礼教严格约束的感觉;哥特教堂的室内空间冷峻、深邃、变幻莫测,产生把人的感情引向天国的效果,具有强烈的宗教氛围与特征,如图 6-13 为米兰大教堂。

图 6-13　米兰大教堂

(3)具有所需的意境

室内意境是室内环境中某种构思、意图和主题的集中表现,它不仅能被人感受到,而且还能引起人们的深思和联想,给人以某种启示,是室内设计精神功能的高度概括。如北京故宫太和殿,房间中间高台上放置金黄色雕龙画凤的宝座,宝座后面竖立着鎏金镶银的大屏风,宝座前陈设不断喷香的铜炉和铜鹤,整个宫殿内部雕梁画柱、金碧辉煌、华贵无比,显示出皇帝的权力和威严,如图 6-14 为北京太和殿内景。

图 6-14　北京太和殿内景

联想是表达室内设计意境的常用手法,通过这种方法可以影响人的情感思绪。设计时通过形体、图案、文字、景物、色彩等方法,诱发人们的联想,并透过人的知觉直接去把握其深刻的内涵,产生认识与情感的统一。设计者应力求使室内设计有引起人联想的地方,给人以启示、诱导,增强室内环境的艺术感染力,如北京人民大会堂的顶棚,以红色五星灯具为中心,围绕五星灯具布置"满天星"点式灯,使人联想到在中国共产党领导下,全国各族人民大团结的主题喻意。

(二)美学原则

美,是人们在生活中追求的理想目标,是在满足基本的物质需求之后对生活更高意义的追求。室内空间环境是人们赖以生存、生活和工作的基本物质环境,在这一环境中,能否体验到美的精神感受,能否在其中表达和寄托自己的审美理想,是人们对于室内空间设计的更高层次的要求。当然,设计出具有艺术效果的室内空间,表达一定的审美理想也是室内设计师向往的目标。室内设计是否具有艺术表现力,是否能满足人们的普遍审美需求,是否能实现设计者的理想目标,已经成为当前评价室内设计好坏的重要原则和标准之一。

1. 满足形式美的要求

从某种意义上来讲,室内设计是一种造型艺术,室内空间是一种视觉空间。为了使人们在室内空间中获得精神上的满足,室内空间必须满足形式美的原则。如前所述,形式美的基本原则是多样统一,也就是在统一中求变化,在变化中求统一。任何造型艺术一般都由若干部分组成,这些部分之间应该既有变化,又有秩序。如果缺乏多样性和变化,则势必流于单调;如果缺乏和谐与秩序,则必然显得杂乱。

(1)统一性使室内空间环境具有整体感

在人类的知觉活动中,有一种自发地将感知对象进行组织和化简的倾向,通过这种组织和化简,有利于在混乱中找到线索,将复杂难认变为浅显易识,使人体验轻松自在的舒适感。在室内设计中,可以采用统一的原则,使室内空间的一切形式相互关联有序,构成统一的视觉效果。格式塔心理学的许多实验表明,当一种简单规律的形式呈现于眼前时,人们会感到极为舒服和平静。因为这样的图形与知觉追求的简化是一致的,它们绝对不会使知觉活动受阻,也不会有任何紧张和郁闷的感受。

总之,一个成功的室内设计不可能仅由精彩的局部拼凑而成,它应当是一个有机的整体,它表现为一种内在的整体性,在这里总体寓于局部,局部属于整体。

(2)变化使室内空间具有丰富多彩的个性

人们在追求统一性的同时也要考虑"变化"的原则。事实证明,在大多数人的眼里,那些极为简单和规则的图形较为平淡;相反,那种比较复杂、稍微偏离中心和不对称的、无组织的图形,却有更大的刺激性和吸引力。它们不仅能引起人们的注意,而且能唤起更长时间的强烈视觉刺激和更大的好奇心。它们的"有趣"也在于能首先唤起人的注意和视觉紧张,继而对视觉对象进行积极的组织,组织活动完成后,初始的紧张消失。这是一种有始有终、有高潮起伏的室内空间体验,是人们在作品欣赏中追求变化的心理根源。

变化反映出形式的丰富内涵和趣味性。杰出的造型艺术作品总是向观者展示丰富的内容,携带大量的信息并以前所未有的形式表现其新鲜感;缺乏变化和多样性则难免使作品空泛肤浅,给人以单调的感觉。当然,过多的变化也会令人厌烦,设计师必须注意把握分寸。美好的感觉产生于矛盾的平衡状态之中。这种矛盾的平衡不仅存在于设计者、观赏者及形象之间,而且也会因时间、环境和条件的不同而呈现多元的变化。

(3)抽象使室内空间具有新意和现代感

抽象指从具体事物中抽象出来的相对独立的各个方面、属性、关系等,它是思维活动的一种特征,即在思维活动中对事物的本质作出分析和综合比较,在此基础上抽出事物的本质属性,撇开其非本质属性。

与具体形式相比,抽象形式相对是高层次的,它经过了提炼,具有概括性和代表性。它用简练含蓄的形式给人以丰富的联想,体现以少胜多的高度概括,它需要离开常规的观察角度,从更高和更深层次去观察对象,从而更概括、更集中、更本质地把握对象,这是室内空间美感的另一种评价原则。

艺术的抽象可以在艺术领域的任何范畴内进行,可以是单方位、专项的,也可以全方位、综合性的;可以是对表层的概括化简、也可以是对深层组织关系的集中表现。不同方位和范围的抽象常表现为不同的风格与流派,如:印象派着重表现光与色,立体派则注意展示形式在空间方位变化时的景观。

现代室内设计比较强调抽象,而且已逐步由概括转向分解,由注意基本的形体转向构成整体的某些形式元素。元素抽象是具体的、个别的抽象,是概括性抽象认识基础上的进一步深化。对构成形态的各种要素如形状、色彩、质感、尺度、方向、位置、空间等进行深入研究和集中表现,有利于全面发掘形式的表达潜力。例如对于空间的探索,理查德·迈耶善于利用不同的空间语汇表现建筑的性格或透过玻璃幕墙显现内部的景象以表现空间纵深感;或表现两个向度空间叠加的效果;或利用围散实现空间的区分、内外的转换、流通的引导,如图6-15所示格蒂中心轴测图。彼得·埃森曼则应用旋转和错位的方法从特定的方位突破常规的模式,如BLF软体公司总部(图6-16)。

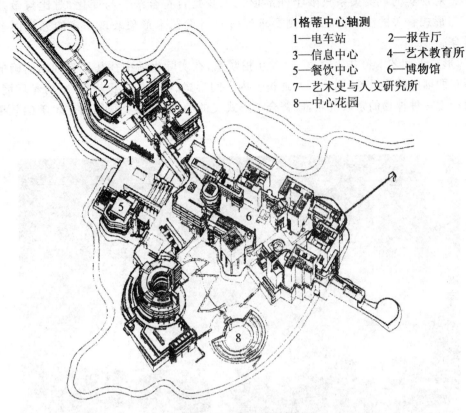

1格蒂中心轴测
1—电车站　　　2—报告厅
3—信息中心　　4—艺术教育所
5—餐饮中心　　6—博物馆
7—艺术史与人文研究所
8—中心花园

图 6-15　格蒂中心轴测图

图 6-16　BLF 软体公司总部

2. 满足艺术美的要求

形式美和艺术美是两个不同的概念。在创作中,凡是具有艺术美的作品都必须符合形式美的法则,而符合形式美规律的室内空间却不一定具有艺术美。形式美与艺术美之间的差别就在于前者对现实的审美关系只限于外部形式本身是否符合统一与变化、对比与微差、均衡与稳定等与形式有关的法则,而后者则要求通过自身的艺术形象表现一定的思想内容,是形式美的升华。

当然,形式美和艺术美并不对立,两者互相联系,在实际生活中往往很难划出明确的界线。如勒·柯布西耶的朗香教堂(图 6-17),通过室内空间形式、窗洞的有机排列、室内光环境的控制等使室内产生一种神秘的宗教气氛,既符合了形式美的原则,又具有很强的艺术美的效果,令人回味无穷。

图 6-17　朗香教堂内景

室内设计是否达到审美要求,没有绝对量化的衡量标准,但从一般的美学评价标准而言,优秀的室内设计首先应满足使用要求,其次应符合形式美的原则,形成室内空间的美感,与此同时应该尽量创造一定的环境意境,达到艺术美的境界。

二、技术经济原则

科学技术是人类社会进步的阶梯,也是建筑发展的阶梯。建筑发展史告诉我们:任何空间形式演变的背后,都蕴藏着惊人的技术进步。随着高、新技术在设计领域中的广泛应用,建筑中的科技含量越来越高,建筑理念和建筑造型形式因之发生了很大的变化;新技术、新材料、新设备为建筑创作开辟了更加广阔的天地,既满足了人们对建筑提出的日益多样化的要求,而且还赋予建筑以崭新的面貌,改变了人们的审美意识,开创了直接鉴赏技术的新境界,并最终上升为一种具有时代特征的社会文化现象。当然,现代高新技术也同样离不开雄厚的经济实力,所以,当代建筑与技术、经济成为一个不可分割的整体。室内空间作为建筑的组成部分,也同样离不开技术的支撑和经济的保障。因此,如何处理好技术、经济与室内设计的关系也成为评价室内设计的一条原则。

（一）技术经济与功能相结合

室内设计的目的是为人们的生存和活动寻求一个适宜的场所，这一场所包括一定的空间形式和一定的物理环境，而这几个方面都需要技术手段和经济手段的支撑。

1. 技术与室内空间形式

室内空间的大小、形状需要相应的材料和结构技术手段来支持，能否获得某种形式的空间，并不仅仅取决于人们的主观愿望，而是同时取决于技术和材料的发展水平，如果不具备这些条件，空间形式只能变成幻想。

纵观建筑发展史，新技术、新材料、新结构的出现为空间形式的发展开辟了新的可能性。新技术、新材料、新结构不仅满足了功能发展的新要求，而且使建筑面貌为之一新，同时又促使功能朝着更新、更复杂的程度发展，然后再对空间形式提出进一步的新要求。所以，空间设计离不开技术、离不开材料、离不开结构，技术、材料和结构的发展是建筑发展的保障和方向。

结构形式和材料选用与内部空间造型是一个不可分割的统一体，只有达到三者的最优化，才能使设计的整体效益最大化。比如，用普通的砖混结构无法建造大空间，反之也没有必要用建造大空间的钢框架结构去建造砖混结构就能解决的一般住宅。其次空间设计所采用的结构形式和具体的结构构件布置应符合结构体系的自身特性，做到既充分发挥结构材料的优势，又节约材料。只有符合了这两个要求，空间设计和建筑技术才能做到良性互动，所以，这一条件应当成为评价当代室内空间设计的一条标准。

2. 技术与室内物理环境质量

人们的生存、生活、工作大部分都在室内进行，所以室内空间应该具有比室外更舒适、更健康的物理性能（如：空气质量、热环境、光环境、声环境等）。古代建筑只能满足人对物理环境的最基本要求；后来的建筑虽然在围护结构和室内空间组织上有所进步，但依然被动地受自然环境和气候条件的影响；当代建筑技术有了突飞猛进的发展，音质设计、噪声控制、采光照明、暖通空调、保温防湿、建筑节能、太阳能利用、防火技术等都有了长足的进步，这些技术和设备使人们的生活环境越来越舒适，受自然条件的限制越来越少，人们终于可以获得理想、舒适的内部物理环境。

随着人们对空间环境方便性和舒适性要求的提高，建筑总造价中设备费用的比重也在逐年增加，很多设备投资超过了总造价的30％。所以设备的优劣、设备运用是否达到最优化，也应当成为评价室内设计的重要指标之一。

3. 经济与室内空间设计

现代室内设计不仅与技术有着密切的联系，同时也与经济条件有非常密切的关系。新技术、新材料、新设备不仅离不开先进的技术，同时也离不开雄厚的经济实力。离开了一定的经济能力，一切都成为空中楼阁。因此，在室内设计评价中，经济原则也是一条非常重要、有时甚至是决定性的原则。

经济原则要求设计师必须具有经济概念，必须根据工程投资进行构思、进行设计，偏离了业主经济能力的设计往往只能成为一纸空文。经济原则还要求设计师必须具有节约概念，坚持节约为本的理念,做到精材少用、中材高用、低材巧用,摒弃奢侈浪费的做法。

总之,内部空间环境设计是以技术和经济作为支撑手段的,技术手段的选择会影响这一环境质量的好坏。所以,各项技术本身及其综合使用是否达到最合理最经济、内部空间环境的效益是否达到最大化最优化,是评价室内设计好坏的一条重要指标。

(二)技术经济与美学相结合

技术变革和经济发展造就了不同的艺术表现形式,同时也改变了人们的审美价值观,设计创作的观念也随之发生了变化。在某种程度上,今天的技术已发展成为一种艺术表现手段,是造型创意的源泉和设计师情感抒发的媒介,即技术不仅是手段,同时也是表现形式。

早期的技术美学,是一种崇尚技术、欣赏机械美的审美观。当时采用了新材料新技术的伦敦水晶宫和巴黎埃菲尔铁塔打破了从传统美学角度塑造建筑形象的常规做法,给人们的审美观念带来强烈的冲击,逐渐形成了注重技术表现的审美观。

高技派建筑进一步强调发挥材料性能、结构性能和构造技术,暴露机电设备,强调技术对启发设计构思的重要作用,将技术升华为艺术,并使之成为一种富于时代感的造型表现手段,如香港上海汇丰银行(图 6-18)和法国里昂的 TGV 车站(图 6-19)都是注重技术表现的实例。

图 6-18　香港上海汇丰银行

图 6-19　法国里昂 TGV 车站

随着时代的发展,技术水平越来越高,经济力量越来越强,技术与经济越来越成为建筑情感的表达手段,成为一种富于时代感的造型表现,技术与经济在更高层次上与设计融合在一起,甚而影响人们的审美情趣。技术审美情趣也终于越过了外在的感觉层面,进入到理性思维的境界,成为评价设计优劣的一条标准。

三、人性化原则

近几十年来我国的城市建设有了飞速发展,但在城市快速发展的背后却往往忽略了对人的关怀。现代人的身体、精神等方面出现了亚健康状态,虽然我们无法改变快节奏的现代生活方式所导致的人的健康问题,但却可以通过创造富有人情味的建筑空间,提高空间环境质量,尽可能给人带来便利、安全、舒适和美的享受,提高人们的生活质量,因此,人性化原则是室内设计中的一条重要评价原则。人性化原则涉及内容很多,这里简要地从强调以人为本的设计理念、强调多感觉体验、强调空间的场所精神、注重细节设计等方面进行论述。

(一)强调以人为本的设计理念

优秀的室内设计作品,在其使用过程中往往与人的行为、心理密切相关,在人与环境各要素之间形成了良好的互动关系;也正是基于此,才使内部空间充满了生机和活力。

现代室内空间设计的最终目的,就是为了满足现代人的物质生活和精神生活的需求。能否在人与空间之间形成互动关系,关键在于其空间的意义是否与人的需求一致,因此,使用者对内部空间的态度,是检验室内空间设计成功与否的最好依据。然而,目前有些设计人员一方面对使用者的需求考虑太少;另一方面则过分注意形式,片面追求自己的设计思想和风格,造成设计成果与使用者需求的脱节,难以体现"以人为本"的设计理念。

(二)强调多种感觉体验

传统的内部空间设计比较强调视觉的形式美原则,然而,现代科学研究告诉我们,人们对环境的感觉、认知乃至体验其实调动了人体所有的感觉器官。

我们每天通过不同感官的配合,感知周围的环境。通过协调运用各种感官,体验某一场所的本质和灵魂。在很多环境中,触觉、听觉和嗅觉体验可能更有助于形成环境的整体感知,所以对内部环境的体验早已超出了单一感官(如视觉)的片面性,具有多种感官体验的内在深度。在室内设计中,应该有意识地利用这种特性,强化对环境的认知。

(三)强调空间的场所精神

"场所精神"是建筑空间理论中的一个常用名词,简单说来,场所是指在空间的基础上包含了各种社会因素而形成的一个整体环境。空间之所以能成为场所的主要原因,就是由其文化或地域内涵赋予空间以意义,而在人的心中,这种文化和地域内涵是一种比物理性更深层的存在。它主要通过当地历史发展过程中所产生的有关组成空间物质要素的特色来反映,通过与当地居民有很多感情牵连的事物的回忆和联想,从而在思想上引起共鸣,产生亲切感,使人们从心理上得到满足。具有场所精神的空间,可以使空间具有可识别性,从而让使用者对其具有认同感和归属感。所以,由空间到场所,是创造人性化内部空间的又一重要原则。

(四)细节上考虑人的需要

关注人性化设计,还应表现在细节设计上。人的每一次行为都是具体的,对应的空间和空间界面也是具体的,所以这一空间及其界面的具体设计是否有利于人的行为和心理,是人性化设计的最真实体现,因此在每一处细节设计上都应认真考虑人的需要,这是室内设计师的重要任务与职责。

世界在发展,人类的需求也在不断改变,但是将"人的需求"置于首位的设计观念将是永恒的,这是在现代乃至未来的室内设计中最基本、最重要的原则之一。作为室内设计师应该在设计中坚持从人的需求出发,实事求是,全面周到地考虑人的需求并尽最大可能给予满足。

四、生态与可持续原则

当代社会严峻的生态问题,迫使人们开始重新审视人与自然的关系和自身的生存方式。人类已经意识到,人不应该是凌驾于自然之上的万能统治者,人像地球上的任何一种生物一样,只应是大自然的一个组成部分,人类不能再以"人定胜天"的思想对自然进行无休止的征服和索取,人类终于提出了"可持续发展"的概念,希望在满足当代人需要的同时,考虑后代人满足他们需要的能力。

基于这种理念,建筑界开始了生态建筑的理论与实践,希望以"绿色、生态、可持续"为目标,发展生态建筑,减少对自然的破坏,因此"生态与可持续原则"不但成为建筑设计,同时也成为室内设计评价中的一条非常重要的原则。室内设计中的生态与可持续评价原则一般涉及如下内容。

(一)营造自然健康的室内环境

在室内设计中,如何利用自然条件来营造健康、舒适的室内环境常常涉及以下几个方面。

1. 天然采光

人的健康需要阳光,人的生活、工作也需要适宜的光照度,如果自然光不足则需要补充人工照明,所以室内采光设计是否合理,不但影响使用者的身体健康、生活质量和内部空间的美感,而且还涉及节约能源和减少浪费。

对于室内空间来讲,接收自然光线主要有两种方法:一种是被动方式,一种是主动方式。被动式方法是指根据建筑物的布局、朝向等,采用简单的处理手法(如百叶窗)调节光线渗入室内空间,从而获得人们需要的亮度。主动式方法则是利用先进技术(如计算机技术、传感技术等)来捕捉光线、控制光线的强度和入射角,从而达到人们所需要的效果。

2. 自然通风

新鲜的空气是人体健康的必要保证,室内微环境的舒适度在很大程度上依赖于室内温、湿度以及空气洁净度、空气流动的情况。据统计,50%以上的室内环境质量问题是由于缺少充分的通风引起的。自然通风可以通过非机械的手段来调整空气流速及空气交换量,是净化室内空气、消除室内余湿余热的最经济、最有效的手段。自然通风不仅减少了机械通风和空调所带来的能耗和对大气的污染,同时也减少了不可再生能源的使用,成为生态化原则中的一条标准。

3. 尽可能引入自然因素

自然因素能使人联想到自然界的生机,疏解人的心情,激发人的活力;自然景观有助于软化钢筋混凝土筑成的人工硬环境,为人们提供平和舒适的心理感受自然景观能引起人们的心理愉悦,增强室内空间的审美感受;绿化水体等自然因素还可调节室内的温、湿度,甚至可以在一定程度上除掉有害气体,净化室内空气。所以自然因素的引入,是实现室内空间生态化的有力手段,同时也是组织现代室内空间的重要元素,有助于提高空间的环境质量,满足人们的生理心理需求。

4. 推广使用绿色材料

"绿色材料"一般是指在生产和使用过程中对人体及周围环境都不产生危害的材料,绿色材料一般比较容易自然降解及转换,可以作为再生资源加以利用。

室内设计中应该尽量使用绿色材料,绿色材料一方面有利于减少对自然的破坏,另一方面有助于保持人体健康。选用绿色材料的内部环境,可以大大减少甲醛等有害溶剂在室内空间的释放量,保持良好的室内环境质量。

(二)节约使用不可再生能源和资源

在人类所消耗的能源和资源中,与建筑有关的占了很大的比例,所以,节约资源和能源是建筑设计(包括室内设计)的重要方面,这里试从材料节能、建筑节能和减少资源消耗方面予以分析。

1. 材料节能

材料节能表现为尽量使用低能耗的建筑材料和装饰材料,台湾学者的研究表明:水泥及钢铁类建材是各种建筑材料生产加工过程中能耗最大的,二者的生产耗能分别占到台湾建材总生产耗能的 30.86% 及 23.93%,而木材、人造合成板等低加工度建材则生产耗能较低,因此就生产能耗及污染因素而言,应该尽量采用砖石、木材等低加工度建材。

2. 建筑节能

在寒冷地区,为了减少冬季能耗,在室内设计中可采取以下措施:在原有建筑的外围护结构上设置保温层;容易失热的朝向(如北向)尽量减少开窗开洞的面积,并尽量采用保温效果好的门窗,减少建筑整体向大气中的散热;阳光充足的地方可以尽量扩大南向的窗面积,最大限度地利用太阳辐射热;在室内空间的组织中,可以设置温度阻隔区,即根据人体在各种活动中的适宜温度不同,把低温空间置于靠外墙部位,同时这部分空间本身也起到了对其他内部空间的保温作用。

在炎热地区,主要考虑夏季节能,在室内空间组织上,应尽量通过门、窗及洞口的设置组织穿堂风以带走室内的热量;在朝阳一面的外门窗应设置遮阳设施以减少从外界的得热,降低空调的运行能耗;也可采用热反射玻璃减少阳光对室内的辐射热;或通过植物遮挡阳光;在北方,还有引入地下的冷量对进入室内的管道空气进行降温的做法。

3. 减少资源消耗

在设计中常涉及:尽量少用粘土制成的砖砌体材料,节约土地资源;室内卫生设备管道尽量少用钢、铁管道,节约铁资源;在室内给排水系统中注意选用节水设备;在给排水系统设计中推广使用节水系统;在电气系统中注意选用节能灯具;在选择材料时注意材料的再利用与循环利用等等。

(三)充分利用可再生能源

可再生能源包括:太阳能、风能、水能、地热能等,经常涉及的有太阳能和地热能。

太阳能是一种取之不尽、用之不竭、没有污染的可再生能源。利用太阳能,首先表现为通过朝阳面的窗户,使内部空间变暖;当然也可以通过集热器以热量的形式收集能量,现在的太阳能热水器就是实例;还有一种就是太阳能光电系统,它是把太阳光经过电池转换贮存能量,再用于室内的能量补给,这种方式在发达国家运用较多,形式也丰富多彩,有太阳能光电玻璃、太阳能瓦、太阳能小品景观等。

利用地热能也是一种比较新的能源利用方式,该技术可以充分发挥浅层地表的储能储热作用,通过利用地层的自身特点实现对建筑物的能量交换,达到环保、节能的双重功效,被誉为"21世纪最有效的空调技术"。它一般是通过地源热泵将其环境中的热能提取出来对建筑物供暖或者将建筑物中的热能释放到环境中去而实现对建筑物的制冷。夏季可以将富余的热能存于地层之中以备冬用,冬季则可以将富余的冷能贮存于地层以备夏用。

(四)适当利用高新技术

随着科技的进步,将高、精、尖技术用于建筑和室内设计领域是必然趋势。现代计算机技术、信息技术、生物科学技术、材料合成技术、资源替代技术、建筑构造措施等高技术手段已经运用到各种设计领域,设计师希望以此达到降低建筑能耗、减少建筑对自然环境的破坏,努力维持生态平衡的目标。福斯特的法兰克福商业银行、皮亚诺的法属新卡里多尼亚的迪巴欧文化中心等都是生态化高技术应用的典型案例。可以相信随着现代技术的进一步发展,建筑(包括内部空间)的智能化程度将越来越高,运用高技术来解决生态难题也将成为越来越常用的方法。当然在具体运用中,应该结合具体的现实条件,充分考虑经济条件和承受能力,综合多方面因素,采用合适的技术,力争取得最佳的整体效益。

以上介绍了在生态和可持续评价原则下,室内设计应该采取的一些原则和措施。至于建筑和内部空间是否达到"生态"的要求,各国都有相应的评价标准,本书难以展开。虽然各国在评价的内容和具体标准上有所不同,但他们都希望为社会提供一套普遍的标准,从而指导生态建筑(包括生态内部空间)的决策和选择;希望通过标准,提高公众的环保意识,提倡和鼓励绿色设计;希望以此提高生态建筑的市场效益,推动生态建筑的实践。

五、继承与创新原则

室内设计是一种文化,既然是文化,就有一个文化传统的继承和创新问题。然而,室内设计的继承与创新有其自身的特点,这是因为室内空间环境除具备明显的精神功能和社会属性以外,还要受到使用功能和物质技术条件的制约,其继承与创新问题有一定的特殊性。

我国室内设计历史久远,不乏具有中国传统理念的上佳之作。中国室内设计需要继承传统的精髓,但同时更要着眼于创新,只有这样,才能走出一条具有中国现代风格的室内设计之路,因此,继承与创新应当成为评价当代室内设计的一项重要原则。

(一)继承与创新的关系

1. 继承是创新之本

继承传统似乎是一个代代相传的永久性主题。事实上,每一种文化都有着自己对建筑和内部空间的认识和理解,这种认识逐渐演化为规范、法式……进而形成风格样式,成为一种传统。这种传统本质上是一种精神的物化形式,它不仅仅是一种形式,而且反映了当时民族文化的特点。因而我们对传统建筑和内部空间形式的研究不应仅仅注意于其形式表意本身,而应进入对象的深层结构。这种深层结构往往是看不见的因素,它隐藏在社会文化精神、人们的生活方式、以及民族的思想观念之中。

这种看不见的因素是一种活的生命,它使一个民族的建筑与内部空间具有区别于其他民族的特征,具有自身的风格。它是今天进一步发展的基础,是我们今天创作的本原和出发点。

2. 创新是继承之魂

继承是创新之本,创新则是继承的根本目标,是继承之魂,是继承之所求。只有在发展中继承,才能在继承中发展,这样的传统才会有鲜活的生命,这样的继承才是真正有价值的继承。

对于传统的继承不能简单地采用"拿来主义",它需要设计师立足现在,放眼未来,用一定的"距离"去观察,用科学的方法去分析,提炼出至今仍有生命力的因素。中国以其悠久的文化传统和独特的文化内涵,体现着东方民族的魅力。中国当代室内设计一方面要以本民族的悠久文化为土壤,另一方面更要在兼收并蓄中求得创造性的发展。当今世界已从大工业时代向更高层次的电子信息时代和生态时代迈进,随着时间的推移,文学艺术作品和设计作品都存在着适应时代需要而推陈出新的必然趋势,设计创新已成为现实的迫切需要。

当代室内设计应当立足于人、自然和社会的需要,立足于现代科学技术和文化观念的变化,探讨民族性与时代性的结合,闯出新的道路。如果一味钻进传统而不能自拔,必然会拘泥于传统的强大束缚而被迅猛发展的世界所淘汰。任何墨守陈规的传统观念都不符合事物发展变化的规律,也必定与新的时代格格不入。所以,创新是时代的要求,是设计的生命力,是整个行业得以持续发展的根本所在。

(二)继承与创新的评价标准

几乎任何一个国家、一个民族的文化,在其发展过程中,都经常出现这样一种现象:一方面它要维护自己的民族传统,保持自身文化的特色;另一方面它又要吸收外来的文化以壮大自己。这种矛盾运动,在文化学上称之为"认同"与"适应"。中国几千年的文化就是这么发展过来的,估计今后也不会违反这个矛盾法则。对于室内设计来说,就是一方面要继承传统、另一方面要面向现代化。

目前在我国室内设计中关于继承与创新的评价标准可以从以下三方面入手。

第一,当今室内设计应该体现时代精神,把现代化作为发展的方向,这是时代所决定的。我们身处信息时代和生态时代,时代要求我们着重反映改革开放、现代化建设和两个文明建设的成果,要求我们着重反映综合效益(社会效益、经济效益和环境效益的统一)的最优化。

第二,当今室内设计应该勇于学习和善于学习国外的新概念和新技术。在学习国外新概念和新技术的过程中,既要具有魄力,勇于拿来为我所用;又要防止一切照搬,做到有分析、有鉴别、有选择地使用它。在设计创作上应当解放思想、鼓励创新,但又不能不顾国情、不讲效率、不问功能、违反美学规律、片面追求怪诞的外观形象。

第三,当今室内设计应该正确对待文化传统和地方特色。在设计中不应该割断历史,抛弃民族的传统文化;而应该经过深入分析,有选择地继承和借鉴传统文化和民族特色,研究地方特色的恰当表达。

随着信息时代的发展,国际交流日益频繁。因此,对于室内设计的继承和创新应该有个正确的认识,克服极端化。我们既要尊重传统,又要正视现实;既要树立民族自信心,又要跟上时代的脉搏,从而创造出具有鲜明的民族风格与时代特色的室内设计作品,走出一条具有中国特色的现代室内设计之路。室内设计的未来,必将在继承、发展与创造中绽放出绚丽的风采。

设计评价是人类认识自身的重要手段,对室内设计师而言,评价体系为其设计创作提供了参照尺度,两者的良性互动关系对设计师的创作具有重要的意义。

室内设计的评价原则主要包括:功能原则、美学原则、技术经济原则、人性化原则、生态与可持续原则、继承与创新原则。功能原则主要指室内设计应该满足人的使用功能要求和精神功能要求;美学原则主要指室内设计既要满足形式美的要求,又要满足艺术美的要求;技术经济原则主要指室内设计中技术经济应该与功能相结合,技术经济应该与美学相结合;人性化原则则强调树立以人为本的设计理念、强调重视多种感觉体验,强调空间的场所精神,强调在细节上考虑人的需要;生态与可持续原则主要涉及营造自然健康的室内环境,节约使用不可再生能源和资源,充分利用可再生能源,适当利用高新技术;继承与创新原则提出了继承是创新之本,创新是继承之魂的概念,并提出了继承与创新的评价标准。

第七章　室内空间的设计理论

第一节　室内空间设计概述

一、室内空间设计的概念

室内空间设计是对建筑内部空间进行合理规划和再创造的设计。室内空间是相对于室外空间而言的，是人类劳动的产物，是人类在漫长的劳动改造中不断完善和创造的建筑内部环境形式。对于室内空间的审美，不同的人有着不同的要求，室内设计师要根据不同的群体合理地变化，在满足业主的要求的基础上，积极引导业主提高对空间美感的理解，努力创造尽善尽美的室内空间形式。

室内空间设计主要包含两个方面的内容。一是空间的组织、调整和再创造，是指根据不同室内空间的功能需求对室内空间进行的区域划分、重组和结构调整。二是空间界面（即围合空间的地面、墙面和顶面）的设计，就是要根据界面的使用功能和美学要求对界面进行艺术化的处理，包括运用材料、色彩、造型和照明等技术与艺术手段，达到功能与美学效果的完美统一。

二、室内空间功能与结构

（一）室内空间的功能

室内空间的功能包括物质功能和精神功能两方面。室内空间的物质功能表现为对室内交通、通风、采光、隔声和隔热等物理环境需求的设计，以及对空间的面积、大小、形状、家具布置等使用要求的设计。室内空间的精神功能表现为室内的审美理想，包括对文化心理、民族风俗、风格特征、个人喜好等精神功能需求的设计，使人获得精神上的满足和享受。

对于室内空间的审美，不同的人有着不同的要求，室内设计师要根据不同的群体合理地变化，在满足业主的要求的基础上，积极引导业主提高对空间美感的理解，努力创造尽善尽美的室内空间形式。室内空间的美感主要体现在形式美和意境美两个方面。空间的形式美主要表现在空间构图上，如统一与变化、对比与协调、韵律与节奏、比例与尺度等。空间的意境美主要表现在空间的性格和个性上，强调空间范围内的环境因素与环境整体保持时间和空间的连续性，建立和谐的对话关系。

（二）室内空间设计的结构

对室内进行空间设计之前应先了解建筑结构,才能根据具体结构情况作适当的空间规划与调整。建筑结构是室内设计专业不可缺少的知识内容,了解建筑结构的基本理论对我们更好地从事室内设计、布置分隔室内空间有一定的理论指导。

1. 砖混结构

多层建筑一般采用砖混结构。砖混结构主要由承重砖墙和钢筋混凝土构件组成。因为这种结构施工便捷,工程造价低廉,故在多层建筑中普遍采用。由于砖混结构建筑的内部承重隔墙的数量较多,不能自由灵活地分隔空间,所以对室内设计来说局限很大(图 7-1)。砖混结构的住宅墙体承重不可拆改。

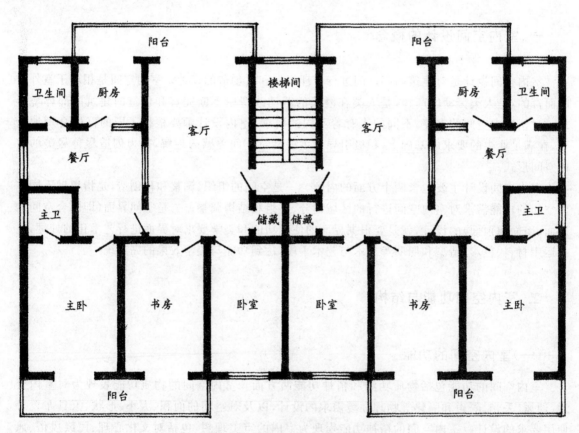

图 7-1　砖混结构住宅平面图

2. 框架结构

框架结构是由梁和柱子共同组合而成的一种结构。它能使建筑获得较大的室内空间,从而平面布置比较灵活,由于结构把承重结构和围护结构完全分开,这样无论内墙或外墙,除自重外均不承担任何结构传递给它的荷重,这就会给空间的组合、分隔带来极大的灵活性。此种结构多用于大开间的公共建筑(图 7-2)。框架结构的中间隔墙可以拆改。

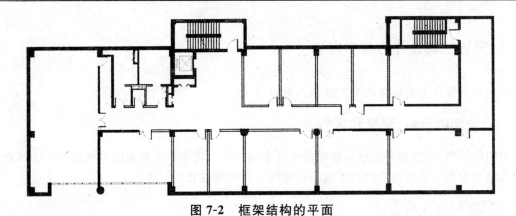

图 7-2　框架结构的平面

3. 剪力墙结构

剪力墙结构是高层建筑中常用的一种结构形式,它全部由剪力墙承重,不设框架,这种体系实质上是将传统的砖石结构搬到钢筋混凝土结构上来,在建筑平面布置中,有部分的钢筋混凝土剪力墙和部分的轻质隔墙,以便有足够的刚度来抵抗水平荷载。剪力墙结构的建筑平面设计在一定程度上会受到一些限制,所以一般多用于住宅、公寓(图 7-3)。剪力墙结构的住宅,其厚墙为承重墙不可拆改,主卧室与卧室之间的薄墙可以拆改。

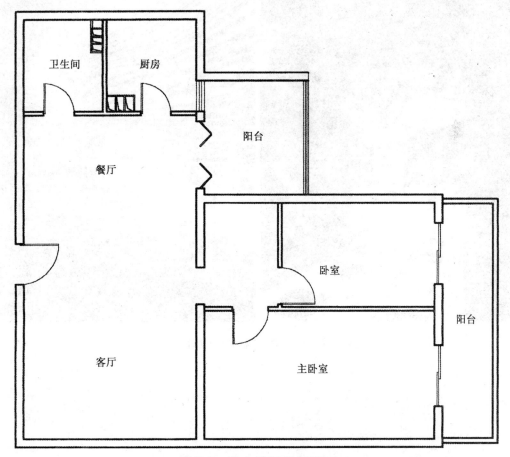

图 7-3　剪力墙结构的平面

三、室内空间设计的基本内容

室内空间设计主要包含两个方面的内容。

（一）空间的组织、调整和再创造

空间的组织、调整和再创造是指根据不同室内空间的功能需求对室内空间进行的区域划分、重组和结构调整。室内设计的任务就是对室内空间的完善和再创造。

（二）空间界面的设计

空间的界面是指围合空间的地面、墙面和顶面。空间界面的设计就是要根据界面的使用功能和美学要求对界面进行艺术化的处理，包括运用材料、色彩、造型和照明等技术与艺术手段，达到功能与美学效果的完美统一。

空间界面的设计如图 7-4 所示。

图 7-4　室内墙面的设计

第二节　室内空间的类型与分割

一、室内空间的类型

室内空间的类型是根据建筑空间的内在和外在特征来进行区分的,具体来讲可以划分为以下几个类型。

(一)开敞空间与封闭空间

开敞空间是一种建筑内部与外部联系较紧密的空间类型。其主要特点是墙体面积少,采用大开洞和大玻璃门窗的形式,强调空间环境的交流,室内与室外景观相互渗透,讲究对景和借景。在空间性格上,开敞空间是外向型的,限制性与私密性较小,收纳性与开放性较强,如图 7-5 所示。

图 7-5　开敞空间

　　封闭空间是一种建筑内部与外部联系较少的空间类型。在空间性格上，封闭空间是内向型的，体现出静止、凝滞的效果，具有领域感和安全感，私密性较强，有利于隔绝外来的各种干扰。为防止封闭空间的单调感和沉闷感，室内可以采用设置镜面增强反射效果、灯光造型设计和人造景窗等手法来处理空间界面，如图 7-6 所示。

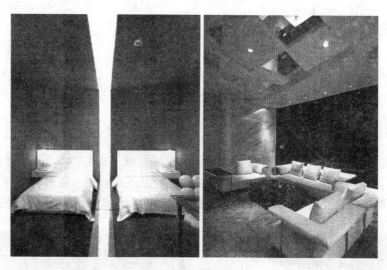

图 7-6　封闭空间

（二）静态空间和动态空间

　　静态空间是一种空间形式非常稳定、静止的空间类型。其主要特点是空间较封闭，限定度较高，私密性较强，构成比较单一，多采用对称、均衡和协调等表现形式，色彩素雅，造型简洁，如图 7-7 所示。

图 7-7　静态空间

动态空间是一种空间形式非常活泼、灵动的空间类型。其主要特点是空间呈现出多变性和多样性,动感较强,有节奏感和韵律感,空间形式较开放。它多采用曲线和曲面等表现形式,色彩明亮、艳丽。营造动态空间可以通过以下几种手法。

(1)利用自然景观,如喷泉、瀑布和流水等。

(2)利用各种物质技术手段,如旋转楼梯、自动扶梯和升降平台等。

(3)利用动感较强、光怪陆离的灯光。

(4)利用生动的背景音乐。

(5)利用文字的联想。

动态空间如图 7-8 和图 7-9 所示。

图 7-8　动态空间一

图 7-9　动态空间二

（三）虚拟空间

虚拟空间是一种无明显界面，但又有一定限定范围的空间类型。它是在已经界定的空间内，通过界面的局部变化而再次限定的空间形式，即将一个大空间分隔成许多小空间。其主要特点是空间界定性不强，可以满足一个空间内的多种功能需求，并创造出某种虚拟的空间效果。虚拟空间多采用列柱隔断，水体分隔，家具、陈设和绿化隔断以及色彩、材质分隔等形式对空间进行界定和再划分，如图 7-10 和图 7-11 所示。

图 7-10　虚拟空间一

图 7-11　虚拟空间二

（四）下沉式空间与地台空间

　　下沉式空间是一种领域感、层次感和围护感较强的空间类型。它是将室内地面局部下沉，在统一的空间内产生一个界限明确，富有层次变化的独立空间。其主要特点是空间界定性较强，有一定的围护效果，给人以安全感，中心突出，主次分明，如图 7-12 所示。

图 7-12　下沉式空间

　　地台空间是将室内地面局部抬高，使其与周围空间相比变得醒目与突出的一种空间类型。其主要特点是方位感较强，有升腾、崇高的感觉，层次丰富，中心突出，主次分明，如图 7-13 所示。

图 7-13　地台空间

（五）凹入空间与外凸空间

凹入空间是指将室内界面局部凹入,形成界面进深层次的一种的空间类型。其主要特点是私密性和领域感较强,有一定的围护效果,可以极大地丰富墙面装饰效果。其中,凹入式壁龛是室内界面设计中用于处理墙面效果常见的设计手法,它使墙面的层次更加丰富,视觉中心更加明确。此外,在室内天花的处理上也常用凹入式手法来丰富空间层次,如图 7-14 所示。

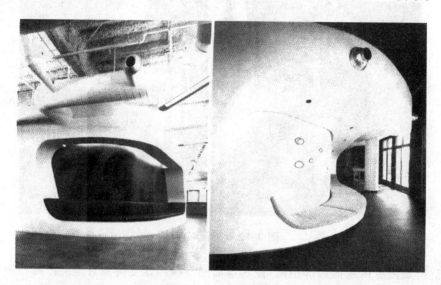

图 7-14　凹入空间

外凸空间是指将室内界面的局部凸出,形成界面进深层次的一种的空间类型。其主要特点是外凸部分视野较开阔,领域感强。现代居室设计中常见的飘窗就是外凸空间的一种,它使室内与室外景观更好地融合在一起,采光也更加充足,如图 7-15 和图 7-16 所示。

图 7-15　外凸空间一

图 7-16　外凸空间二

（六）结构空间和交错空间

结构空间是一种通过对建筑构件进行暴露来表现结构美感的空间类型。其主要特点是现代感、科技感较强，整体空间效果较质朴，如图 7-17 和图 7-18 所示。

图 7-17　结构空间一

图 7-18 结构空间二

交错空间是一种具有流动效果、相互渗透、穿插交错的空间类型。其主要特点是空间层次变化较大,节奏感和韵律感较强,有活力,有趣味,如图 7-19 和图 7-20 所示。

图 7-19 交错空间一

图 7-20 交错空间二

（七）共享空间

共享空间由建筑师波特曼首创，在世界上享有极高的声誉。共享空间是将多种空间体系融合在一起，在空间形式的处理上采用大中有小，小中有大，内外镶嵌，相互穿插的手法，形成层次分明，丰富多彩的空间环境，如图 7-21 和图 7-22 所示。

图 7-21　共享空间一

图 7-22　共享空间二

二、空间的分割

空间的分割是指运用物质技术手段将一个整体的空间划分成若干个小空间的空间处理手法。室内空间的分割要根据功能要求进行划分，在满足功能要求的基础上，加入更多的精神内含，利用物质的多样性，运用丰富的造型手法，使空间呈现出、立体的、相互穿插的、多姿多彩的形式，产生明暗、虚实、曲折、空间美感。空间的分割主要有封闭式分割、局部分割和软隔断分割三种形式。

（一）封闭式分割

封闭式分割是使用实体墙来分割空间的形式，这种分割方式可以对声音、光线和温度进行全方位的控制，私密性较好，独立性强，多用于卧室、餐厅包房和 KTV 包房等私密要求较高的空间，如图 7-23 所示。

图 7-23　封闭式分割

（二）局部分割

局部分割是指使用非实体性的手段来分割空间的形式，如家具、屏风、绿化、灯具、材质和隔断等。局部分割可以把大空间划分成若干小空间，使空间更加通透、连贯，如图 7-24 和图 7-25 所示。

图 7-24　局部分割一

图 7-25　局部分割二

（三）软隔断分割

软隔断分割是指用珠帘、帷幔或特制的连接帘等来分割空间的形式，这种分割方式方便灵活、装饰性较强，如图 7-26 所示。

图 7-26　软隔断分割

第三节　室内空间的造型要素

在室内空间设计中,空间的效果由各种要素组成,这些要素包括色彩、照明、造型、图案和材质等。造型是其中最重要的一个环节,造型由点、线、面三个基本要素构成。

一、点

点在概念上是指只有位置而没有大小,没有长、宽、高和方向性,静态的形,空间中较小的形都可以称为点。点在空间设计中有非常突出的作用,单独的点具有强烈的聚焦作用,可以成为室内的中心;对称排列的点给人以均衡感;连续的、重复的点给人以节奏感和韵律感;不规则排列的点,给人以方向感和方位感。

点在空间中无处不在,一盏灯、一盘花或一张沙发,都可以看作是一个点。点既可以是一件工艺品,宁静的摆放在室内;也可以是闪烁的烛光,给室内带来韵律和动感。点可以增加空间层次,活跃室内气氛,如图 7-27 和图 7-28 所示。

图 7-27　点在空间中的应用一

图 7-28　点在空间中的应用二

二、线

线是点移动的轨迹，点连接形成线。线具有生长性、运动性和方向性。线有长短、宽窄和直曲之分，在室内空间环境中，凡长度方向较宽度方向大得多的构件都可以被视为线，如室内的梁、柱、管道等。常见的线的分类如下。

（一）直线

直线具有男性的特征，刚直挺拔，力度感较强。直线分为水平线、垂直线和斜线。水平线使人觉得宁静和轻松，给人以稳定、舒缓、安静、平和的感觉，可以使空间更加开阔，在层高偏高的空间中通过水平线可以造成空间降低的感觉；垂直线能表现一种与重力相均衡的状态，给人以向上、崇高和坚韧的感觉，使空间的伸展感增强，在低矮的空间中使用垂直线，可以造成空间增高的感觉；斜线具有较强的方向性和强烈的动感特征，使空间产生速度感和上升感，如图 7-29 至图 7-31 所示。

图 7-29　水平直线在空间中的应用

图 7-30　垂直线在空间中的应用

图 7-31　斜线在空间中的应用

（二）曲线

曲线具有女性的特征，表现出一种由侧向力引起的弯曲运动感，显得柔软丰满、轻松幽雅。曲线分为几何曲线和自由曲线，几何曲线包括圆、椭圆和抛物线等规则型曲线，具有均衡、秩序和规整的特点；自由曲线是一种不规则的曲线，包括波浪线、螺旋线和水纹线等，它富于变化和动感，具有自由、随意和优美的特点。在室内空间设计中，经常运用曲线来体现轻松、自由的空间效果，如图 7-32 至图 7-35 所示。

图 7-32　几何曲线在空间中的应用一

图 7-33　几何曲线在空间中的应用二

图 7-34 自由曲线在空间中的应用一

图 7-35 自由曲线在空间中的应用二

二、面

(一)面的形态

线的并列形成面,面可以看成是由一条线移动展开而成的,直线展开形成平面,曲线展开形成曲面。面可以分为规则的面和不规则的面,规则的面包括对称的面、重复的面和渐变的面等,具有和谐、规整和秩序的特点;不规则的面包括对比的面、自由性的面和偶然性的面等,具有变化、生动和趣味的特点,如图7-36至图7-38所示。

图 7-36　重复的面

图 7-37　渐变的面

图 7-38　对比的面

（二）面的设计手法种类

面的设计手法主要有以下几种。

1. 表现结构的面

运用结构外露的处理手法形成的面。这种面具有较强的现代感和粗犷的美感，结构本身还体现了一种力量，形成连续的节奏感和韵律感，如图 7-39 所示。

图 7-39　表现结构的面

2. 表现层次变化的面

运用凹凸变化、深浅变化和色彩变化等处理手法形成的面。这种面具有丰富的层次感和体积感,如图 7-40 至图 7-42 所示。

图 7-40 凹凸变化的面

图 7-41 深浅变化的面

图 7-42　色彩变化的面

3. 表现动感的面

使用动态造型元素设计而成的面,如旋转而上的楼梯、波浪形的天花造型和自由的曲面效果等。动感的面具有灵动、优美的特点,表现出活力四射、生机勃勃的感觉,如图 7-43 和图 7-44 所示。

图 7-43　表现动感的面一

图 7-44 表现动感的面二

4. 表现质感的面

通过表现材料肌理质感变化而形成的面。这种面具有粗犷、自然的美感，如图 7-45 所示。

图 7-45 表现质感的面

5. 主题性的面

为表达某种主题而设计的面，如在博物馆、纪念馆、主题餐厅和公司入口等场所经常出现的主题墙，如图 7-46 所示。

图 7-46　主题性的面

6. 倾斜的面

运用倾斜的处理手法来设计的面。这种面给人以新颖、奇特的感觉，如图 7-47 和图 7-48 所示。

图 7-47　倾斜的面一

图 7-48　倾斜的面二

7. 仿生的面

模仿自然界动、植物形态设计而成的面。这种面给人以自然、朴素和纯净的感觉，如图 7-49 所示。

图 7-49　仿生的面

8. 表现光影的面

运用光影变化效果来设计的面。这种面给人以虚幻、灵动的感觉，如图 7-50 所示。

图 7-50 表现光影的面

9. 同构的面

同构即同一种形象经过夸张、变形,应用于另一种场合的设计手法。同构的面给人以新奇、戏谑的效果,如图 7-51 所示。

图 7-51 同构的面

10. 渗透的面

运用半通透的处理手法形成的面。这种面给人以顺畅、延续的感觉，如图 7-52 和图 7-53 所示。

图 7-52　渗透的面一

图 7-53　渗透的面二

11. 趣味性的面

利用带有娱乐性和趣味性的图案设计而成的面。这种面给人以轻松、愉快的感觉,如图 7-54 和图 7-55 所示。

图 7-54 趣味性的面一

图 7-55 趣味性的面二

12. 特异的面

通过解构、重组和翻转等处理手法设计而成的面。这种面给人以迷幻、奇特的感觉,如图 7-56 和图 7-57 所示。

图 7-56　特异的面一

图 7-57　特异的面二

13. 视错觉的面

利用材料的反射性和折射性制造出视错觉和幻觉的面。这种面给人以新奇、梦幻的感觉,如图 7-58 所示。

图 7-58　视错觉的面

14. 表现重点的面

表现重点的面是指在空间中占主导地位的面。这种面给人以集中、突出的感觉,如图 7-59 所示。

图 7-59　表现重点的面

15. 表现节奏和韵律的面

利用有规律的、连续变化的形式设计的面。这种面给人以活泼、愉悦的感觉,如图 7-60 至图 7-62 所示。

图 7-60　表现节奏和韵律的面一

图 7-61　表现节奏和韵律的面二

图 7-62　表现节奏和韵律的面三

　　综上所述,空间是由诸多元素构成的,其中点、线、面是组成空间的基本元素,它们之间的相互连接、相互渗透才能构成和谐美观的空间形式。

第八章　居住与工作空间设计

第一节　居住空间设计

一、居住空间与单位空间

(一)单位空间的概念

现代住宅以合理的生活方式为目标逐渐向多室型住宅发展。趋向多室化的原因主要是由于生活功能的分化与私密性空间的确保。据此观点把日常生活行为加以详细区分,就可把各种行为的场所如睡眠场所、团聚场所、就餐场所等单位空间看作是构成住宅的基本要素。

一般来讲,单位空间就是生活行为的特定空间,或是可让使用者分别使用的特定空间。但是,单位空间可以随着使用者的居住意识而改变,也会因新设备及新用具的出现而产生新的空间。再从广义来讲,由于不同民族具有不同的文化。环境、宗教、技术等,自然也会产生不同的空间。

(二)单位空间与室内空间(房间)

日常生活可以认为是由行为的连续而构成的。作为行为场的单位空间具体来说就是以地面、墙壁、顶棚分隔出来的房间,但是,通常单位空间并不一定是房间。空间的分隔是根据生活为如何归纳、作为其行为场所的空间如何限定以及与其他相关生活行为如何连接等条件来决定和变化的。因此需要慎重地研究这些要点来判断分隔的程度。

(三)单位空间与平面布局

对于居住空间来说,最根本的是首先设定必要的单位空间,看其大小是否适度,分析各个空间的相互关系,再决定布局。但是,若将某种生活方式作为设定室内空间的标准,有时会造成以偏概全的情况,不能充分满足居住者的使用要求。为了避免这种情况,就需要调查人们的生活行为,分析其行为之间的相互关系、重要性、发生频律、次序以及用具与装置的关系,可以在此基础上建立起合理的单位空间。

单位空间的划分可以根据生活行为之间的关系来确定,这样就可以在设计中充分体现出居住者的生活方式与特征。

（四）单位空间与面积

住宅的规模因家庭构成的不同及经济条件的差异而各不相同。但是，可以从生活行为所需的单位空间推算出基本面积。关于住宅的 LDK 及私密房间，用一般设计方法并参考过去的资料确定标准面积。

二、独立住宅与集合住宅

住宅根据其建造形态可分为独立住宅（每户在独立用地上建造的住宅，因直接与地面接触，也称接地型住宅）与集合住宅（两户以上共建的住宅，在一幢住宅中两户以上横向连接的称联排式住宅，纵向加横向组合连接的称公寓住宅）独立住宅与集合住宅在同一用地内建造的称集团住宅。

由于城市环境的急速变化，住宅向高层化、巨大化、高密度化发展。为了保证环境的舒适，在住宅密度上有一定的限制。密度大致是根据用地条件来规定的，包含人口密度、户数密度、容积率这三项内容。人口密度是指单位用地面积上的居住人口数（人/hm²）；户数密度则是单位用地面积上的户数（户/hm²）；容积率是总建筑面积与用地面积的比率。

集合住宅多、高层化的长处是：①每户所占用地少，由于人口的高密度化可使土地得到高度利用；②给水排水、冷暖空调、垃圾处理等各种设备可实行统一化、集中化；③宽阔的公共庭院可以设置幼儿的游戏、娱乐场地；④可以通过集会场所增进邻里的交往。

但是伴随高层化所产生的不良结果是：①电梯等设备增加了建设费用；②高层建筑对周边地区有风害、压迫感和电视信号障碍，对日照也有影响；③住户与土地分离，没有庭院生活；④限制了一些个人自由，失去私密性；⑤高层住宅中的犯罪率增高等等。低层住宅虽然有土地的获得等问题，但有根植于大地的安心感，还有进行细部设计的可能性，有利于以后改扩建。

不同类型的集合住宅的特征如下：单面走廊型适合于高密度住宅楼，有着明快的结构与利用电梯集中化的优点，可是走廊一侧却不利于保持私密性、有噪声影响及日照（采光）不足等居住上的弱点；内廊型较单面走廊型的密度化更高，但东西轴会产生北向住户，整体通风也不好，居住条件较差。

楼梯间型使住户的居住性能提高，但高层住宅的使用面积与建筑面积的比值（净面积/总面积）较低，电梯使用率也低。集中型可节约公共面积，并可布置多面开口型的住户，通道也单独使用，但必须注意大厅部分的采光、通风。这种形式的楼房一般多为塔型。跃层型有楼梯间型的优点，也有走廊型的经济性，但走廊层与非走廊层的住户的居住性会有差别。

要解决内廊型住宅的缺点，开发出双廊型高密度、南北轴住宅，这种楼型必须注意供风、排风。而单面走廊型住宅缺点，通过走廊的重复可以解决。但走廊重复型住宅却存在着结构及设计不够流畅的弱点，费用也比较高。

三、LDK 空间

（一）LDK 空间及形式

nLDK 是简单表示住宅规模与布局的技法。n 为卧室房间数，LDK 的意思是西式的起居室

(L)、就餐空间(D)及配有烹饪设备的厨房(K)。公共房间的 DK 或 LDK 的空间布局型式迅速普及起来。LDK 空间从历史上的布局谱系中来看,只有起居样式的不同,它相当于传统农家的"厅堂""会客室"。

新 LDK 空间的出现是强调夫妇平等、尊重个性,以自由平等为基准的产物。它是以新的家庭形象为背景,生活改善与空间合理化的成果,是以居住生活功能的明确化与秩序化为目标的。这样看来,与以前相类似的室内空间还是有很大不同的。与 LDK 空间对应的主要生活行为是团聚、休息、饮食及相关内容,它是家庭交流的场所,也包含会客的功能,因此,必须是能适应多种功能用途的空间。

LDK 空间的形式有以下几方面。

LDK 基本上是分别具有各自功能的三种空间,由于其相互之间的关联方式存在不同,因此通过分隔方法可以使空间的功能、性格得以变化。

(1)LDK 型。LDK 的空间并不分隔,是统一为一体的型式。由于烹调设备家具化,烹调过程也纳入了团聚空间中。对这种类型必须注意要有通风设备。同时为了愉快地生活,也有必要养成的生活习惯。

(2)L·DK 型。这是 L 与 DK 适当地连接型。把 D 设计在一定的位置是其关键。L 不受DK 的影响,可以有一个安静的空间。

(3)L+DK 型。这是 L 完全独立、DK 为同一空间的型式。当 L 需要一个平静的气氛或以会客作为重点时,必须注意 D 的空间不能小。

(4)LD·K 型。这是 LD 与 K 之间用柜台等分隔联系型。中小规模的住宅常使用这种型式。关键点是 D 与 K 接点的处理。

(5)L·D·K 型。这是 L 与 D 与 K 各自在一定程度上保持独立的型式。由于综合起来,面积较大,适合于中等规模以上的住宅。

(6)L+D·K 型。这是 L 为独立空间,D 与 K 保持适当联系的型式。由于它适用于注重会客的 L,因此 D 要有宽裕的空间兼作团聚的场所。处理成完全的家庭空间也是方法之一。

(7)LD+K 型。这是 K 独立、与 LD 在同一空间的型式,是中等规模住宅使用最多的型式。L 与 D 各自是否互不干扰是关键。因空间可以互相共有,所以有宽阔的感觉。厨房的设备可以独立布置,易于操作。

(8)L·D+K 型。K 独立,L 与 D 稍加分隔。L·D 的面积较 LD 大,各部分空间比较稳定。

(9)L+D+K 型。L 与 D 与 K 各有独立的空间,在规模大的住宅中使用,全部都有会客功能的布局方式。

(二)L(起居室)空间

L(起居室)是家庭团聚、交往的场所。另外,也可看作是住宅中非特定用途的、多功能的模糊空间。此空间在布局上是决定住宅性格的关键空间,具有这种重要作用的空间,其内容模糊的原因有以下几点。

第一,曾经是厅堂、茶间、餐饮等聚会的场所,但被分成了 D(餐厅)与 L(起居室)两个空间,其结果是生活行为被无理地分开,团聚的功能也不明确了。

第二,作为团聚的场所,本应该为紧凑的空间,但增加了会客的功能以后,与之形成了矛盾。

第三,在现代多样化的生活中人们生活行为的大部分也在此空间中进行。

　　L(起居室)在设计布局时,有必要对以上三点进行充分的研究、探讨。

　　(1)从房间布置上来看L(起居室)的型式,大体可分为以下几类:

　　①区域型。在LD·LDK的布局中L与D在同一空间布置的型式最为常见。L中不应出现无意义的装饰性空间,而应明确其作用,设置舒适的空间。根据适当的分区,划分必要的视野。

　　②大厅型。这是以L为住居的中心,需通过L才能进入各室的布置型式。从各室来说,一出门就是L的型式,缺少过渡与保护,给人不太稳定的感觉。对处于成长期的家庭来说,则是一种有利的、面向家族的型式,也有分别设置独立的接待客人的空间的必要。

　　③独立型。明确设置L的用途,与D及K等其他空间独立区分开来是很必要的。分隔方式从完整的墙面分隔到部分的隔断分隔都可以。使用对象以家人使用为主时,要靠近私密区设置;以会客为主时,应该靠近出入口等公共区布置。

　　(2)关于L空间室内环境调节的注意事项。除了独立型以外,L与一般相邻空间有较大的距离。为此,有关室内环境的调节有几点必要的注意事项:

　　①取暖——除地板采暖以外,因热量会扩散. 要在必要的部位采暖是比较困难的,因此需慎重考虑采暖方法与空间的分隔。

　　②换气——作为家人聚集的场所,应按人数与使用状态考虑设计换气的设施。

　　③声音——像大厅那样的宽敞的场所,声音会传到居住的全部区域,应特别注意隔声效果差的门的处理。

　　④照明——作为多功能空间,应该有与其使用方法相符合的照明设施。基本上是为突出空间效果而设的固定照明(聚光灯、下射灯、吸顶灯)与人的行为活动所必需的可动式照明。

(三)D(就餐)空间

　　虽然就餐场所在日本的住宅中处于中心位置,但没有独立的称为餐室的房间。即使现在,有单独餐厅的住宅也不多。普通的住宅是DK或LKD的复合空间,K、L作为附属型式几乎没有。

　　就餐这种生活行为在家庭生活中,作为团聚、交往之处虽然应该被重视,但并没有在空间上得到充分的安排。其理由是过去伴随就餐的家庭团聚,由于L空间的引入而被分离开来,生活中心移到L空间来考虑,D的空间作用便被忽视了。另一方面,D空间因为伴有烹饪过程而只重视与K(厨房)联系。

　　厨房设备的发展使备餐场所与进餐场所一体化。此外,也存在着重新看待家庭团聚,更加重视进餐场所环境的意见。把具有模糊意义的L空间分隔出去,会使D空间更加悠闲、随意。

　　另外,设置独立的D空间的要求虽不被看好,但却有着更加重视餐桌及餐饮设备的倾向。今后的问题是D空间所有的装置在L与K空间中设在何种位置上。

　　(1)餐厅的设计与餐桌位置。就餐的姿势有平坐(端坐与盘腿坐)和坐椅子。另外,座位的布置有围合型、直列型、独立分散型等。

　　(2)剖面设计与尺寸。设计剖面时,必须注意以下尺寸:

　　①就餐姿势与视平线;

　　②调理设备与调理台高度;

　　③餐桌高度与备餐台、窗台的高度。

　　(3)餐桌及周围的空间。就餐所必需的餐桌最小尺寸以600mm×450mm为宜,家庭用来就餐时希望空间宽大一些,能有适当的余地,这个余地应该能够适应来客或人数增加时的需要。如果不是专用餐桌而是多功能使用的桌子,则越大用途越广。餐椅的基本尺寸为座高 400～440mm;软面椅座高 400～460mm,扶椅扶手内宽≥460mm。

室内环境调节上的注意事项。

①照明——一般用吊灯作餐桌照明;如果它是多功能使用的桌子,用悬挂高度能变动的灯具更为方便,光源种类的选择要注意能看出食物的颜色变化。

②通风——由于餐桌上加热的饭菜会散发出蒸汽、油烟气味,所以必须考虑适当的通风措施。

③其他设备——在就餐时有时会使用电或燃气,要确认电线和燃气阀的位置与桌子的关系,在使用上不能有障碍。

(四)K(厨房)空间

(1)K(厨房)的平面类型与炊事作业。K 在住宅空间中是操作密度最高的地方,各种器具使用频率也高,集中了设备的各种因素。因此,不仅要提高操作的效率,还要保持清洁、舒适的环境。另外,像 DK、LDK 那样与起居室处于同一空间的情况也较多,所以还应尽可能注意美观。炊事作业不只是在厨房中完成的,还包含其他的家务空间、饮食空间,应该把它看作是一连串家务劳动的一部分,特别是与餐桌的联系能反映出居住者的生活特性。因此,必须对与设计有关的这些内容进行充分的研究。关于厨房空间的类型,是通过空间的分隔、设备的设置型式、设置顺序(使用方便)等的组合来决定的。

炊事的基本作业内容是一个重复的过程,据此进行适当的设备与空间的规划,但是对于细部处理,不能忽视操作者的嗜好、习惯等个人差别,在具体的设计中需要与使用者进行充分的协商。厨房中必要的设备有洗物池、调理台、炉灶、微波炉、冰箱、食品柜等几种,这些物品摆放顺序是由作业流程所决定的。在实际设计中,还必须考虑餐桌与其他家务操作的联系。另外,操作空间要留有适当的余地,因为常有多人操作的情况。

(2)环境与设备。K(厨房)空间作为操作环境,使用是否方便是第一条件,其舒适性是非常重要的因素。另外,要充分考虑解决厨房所产生的烟、蒸汽、气味、噪声等对其他居室的影响。因此,必须对其通风、换气、采光、照明、声音等进行合理规划与适当控制。

①通风、换气。炊事作业中产生的热气、蒸汽、烟、气味等都是空气污染的原因。由于厨房是开敞式或半开敞式,与其相连的起居室也会因此受到影响,必须充分注意通风、换气的设计。

②采光、照明。炊事作业是站立工作,手工操作比较多。因此,操作间需要有 300Ix 的照度。白昼多依靠天然采光,可以保持开敞感与舒适感。同时,还可以在吊柜下面做出凹凸槽,安装灯具。这样不仅有一般照明,还有为局部作业使用的直接辅助照明。要注意选用能明确辨别食品颜色的光源。

③声音。不能忽视在开敞式厨房中操作时发出的声音及电器噪声。它会影响到其他居室,因此,要考虑与此对应的做法。例如,对于器具的噪声必须考虑其位置的设置、设置的方法、防震等措施,将其影响控制在最小限度。

四、私密空间

(一)居室

居室是个人生活的场所。个人是指一个人或特定的两个人(例如夫妇),或是数人的情况,可以定义为确保居室的环境条件直接影响到在其中生活是否愉快。为睡眠、休息、学习、娱乐所需的居室要确认以下项目的内容:

(1)声音。对远离的外部噪声源,如有必要可设缓冲带。墙壁、顶棚、地面使用隔声性能好的材料。室内噪声容许值为34~35dB。

(2)采光、照明。天然采光的有效窗面积应为地面面积的1/7以上。虽然希望有直射光照射,但是为了睡眠,有必要设百叶窗、遮阳板等。照明设计的要点是,所有照明在床的位置不要有光直射入眼中。另外,在居室入口处可用壁灯等进行局部照明。卧室整体照度标准为30~10Ix. 儿童室为150~75Ix,当学习、看书时局部照度需为1000Ix,500Ix。

(3)热、空气。对于成人来说,温热环境条件是因行为、着衣量、寝具量及湿度等的不同而有所不同,湿度在40%~60%时,就寝温度在15℃~18℃、读书学习温度在23℃~25℃比较合适;对于婴幼儿,应高出2℃~3℃,首层设卧室时,要考虑地面防潮。另外,为了防止冷风,可将暖气设于窗台之下,不受他人妨碍的私密性空间。

(二)储藏

住宅设计上重要的课题之一是储藏空间的设计。要能把我们多种多样的生活用品巧妙地存放、保管好,就可以很大程度地提高舒适感和效率。作为生活用品的保管场所,储藏空间可以分为附属于建筑的固定的储藏室和具有储藏功能的家具。储藏室和壁橱是建筑原有的储藏空间;衣柜、衣箱、橱柜等是家具式储藏空间。家具式储藏起源于西方的箱子。在法国把小型衣柜称为五斗柜,大型柜式家具称衣柜。

物品的存放、保管方法有叠、摞、挂、团、摆等,由此所必要的空间各不相同。例如衣类,叠与团占的空间少。从使用方便的角度来讲,内衣类要摞起来存放,则上面的衣服使用率高,用团的方式收藏就比较好,而且同样的空间可以放得更多。为使毛衣的颜色和款式一目了然,卷起来竖向放置较好。

储藏方法各种各样,可以说不使收存物品的性质、性能降低的方法就是最合理的方法。

(三)卫生间

浴室、洗脸间、厕所是为满足生理需求而必需的空间。这些空间除了有清洁、耐久性、易清扫的构件与饰面外,在位置上要与居室区相邻,最好不要穿过其他房间就可以加以利用。

在以前给水排水、卫生设备还不发达时,卫生间的隔断型式是固定的。但是,最近由于各种设备机器被开发出来,平面上的设置自由了许多,各种器具亦可随意组合。

(1)浴室的位置,要考虑给水、燃气引入的关系。排水方面,必须注意要有一定的坡度。在街区一侧的浴室要在既遮挡邻近建筑物中的视线,又要有开放感上下工夫;在别墅等处的浴室宜设在能眺望景致的好位置。

从经济方面考虑,把有给水排水设备的房间集中起来布置比较有利。与在二层设置浴室相比,还是在一层设浴室经济。另外,还必须考虑锅炉及配管的维修、更换是否方便。

洗浴场地的大小可以根据入浴时的动作得出最佳尺寸。如果考虑母(父)子一起洗浴及使用淋浴,90cm×150cm 程度的大小是必要的。普通住宅除特别情况外,最好不要做成像温泉般大面积的浴室,因数人同时洗浴并不实用,且冬季寒冷不经济。

(2)浴室的做法。浴室做法有做地面、墙壁的防水、贴饰面等原有的湿作业法和预先在工厂做好整体浴室到现场安装的干作业法。

(3)浴室的出入口。出入口的位置要考虑洗浴场地中人的活动以及水龙头、毛巾架、照明等设备的位置关系,使其互相不妨碍。门要具有耐火性能,为使浴缸能搬入,入口最少要确保净宽达 60cm。

(4)浴室的照明。灯具必须防潮,要用显色性好的光源.并要有 100Ix 左右的照度。灯具的安装位置不要形成手前的阴影,在入浴时不致刺眼,还要注意不要让人影映到窗上。

(5)浴室的水龙头等配件。水管配件的种类与给水排水卫生设备一项有关,在此省略说明。安装位置要按使用方便来决定。

(6)其他。浴室内的肥皂、香波、毛巾等小物品的放置处,也要在设计阶段考虑,可设置在墙壁内不突出、不易污染的地方。另外,为了老人和儿童的安全,应安装扶手。

五、门厅与走廊

在住宅的室内空间中,门厅与走廊具有与其他空间不同的意义。这是因为,这些空间在日常生活中并不使用。因此根据平面布置计划,这些空间很少出现在室内中。在西欧,实际上很多住宅并没有门厅。门厅作为出入口的功能都是一样的,但是否有必要在这里换鞋。一种意见认为这个空间是必要的,另一种则认为有一扇门就可以了。作为室内空间的门厅,是外部(社会)与内部(家庭)的连接点。因此,门厅从内到外有很多必须考虑的因素。住宅的门厅曾有过很辉煌、奢华的年代,那时被当时的居住者作为显示地位、权力、财富的象征,是住宅的脸面。但是,这种门厅却几乎不被使用,而另外使用其他出入口。由于存在这样的矛盾,今天门厅的设计终于回到以实用为主的本来位置。

对门厅要求的必要条件是:适当的面积、较高的防卫性能、合适的亮度、易于通风、有足够的储藏空间、适当的私密性及安定的归属感。门厅的大小问题,一般都接近最低限度的空间(动作空间),但这恐怕是只够脱鞋、换鞋所需的空间。用何种形式会让人感到宽敞是需要下工夫研究的问题。

关于门厅的亮度与通风,也是需要认真考虑的问题。因为门厅并非居室(参照法规项),所以常常光线不足。但是作为与明亮的外部相连的空间,充分的亮度与适当的通风是不可缺的。在采光方面,白昼可利用天然光,为此有必要设计适当的洞口部位。采光的要点是不要使进门者逆光时看不清面部。所以,侧光、顶光较适合,并且以低眩光的照明方法为原则。

门厅的储藏部分由收存的物品种类来决定,只有鞋箱与伞架是不够的。基本上是外出时使用的物品在门厅中存放,这不仅为了方便,也为了健康、卫生。还有大衣、帽子、手套、运动用品等物品的存放,大衣类的存放空间需要考虑客人的容量。门厅的收藏空间必须详细研究与物品的关系后,选择利用效率高的方式。

门厅的私密性与其位置有关,基本是通过门厅的动线问题。门厅开敞与其他空间形成一体成为一般的现代门厅,就很难确保私密性了。特别是为了连接上下层而必须通过门厅(此型正在普及)的情况,更有问题。例如,上层有居室而浴室在下层的住宅,在入浴前后都需要通过门厅,会感到很不便。

走廊可以说是纯粹的循环空间。房间与房间的连接是否有必要用走廊,可以探讨。古代寝殿造是以延伸的走廊为特征的,而战后的现代化生活观念是尽可能不要走廊。现在,一般住宅基本上将走廊空间控制在最小限度内,因为走廊被认为是浪费的空间。在相对一定的空间内,如果尽量加大有明确功能的空间,则会使走廊空间变小。设置走廊可以使室内空间更加宽敞,具有连续性、开敞感,且能确保私密性,另外还有隔热、隔声的效果。一般走廊宽度为91cm(墙身中心线之间),若为100cm则更舒服。走廊与门厅一样,要取得充足的自然光是有困难的,但高侧窗与顶窗的采光还是可能的。照明从节省能源方面来讲,常常要暗一些,但希望不要与居室的亮度相差过大。

第二节　工作空间设计

一、工作空间概述

现代化的办公环境打破了从前那种单调、沉闷的格局,人们已经认识到对这类环境改造的必要性。来访者根据他们对办公室设计的印象,会形成对这家公司的第一感觉。另外,雇员日常工作的环境也会影响他们对雇主的态度。

大型公司和大型现代化办公机构(如政府机构)的办公室已发展得非常庞大和复杂,有时可以占据几层楼甚至整幢大楼。设计这样的办公空间要求很高,专业化程度也很高,已成为室内设计行业的一个重要领域。确定办公空间室内的布局大小及形式,必须依据其功能、办公人员的组成、整体办公环境的风格和该公司或组织的目标来加以协调。

许多专门设计办公空间的设计公司已发展出一套比较完整、系统的方案来处理这些工程。在过去,律师、经理或总经理都是在设有侧门的单间里办公,秘书常在外面的办公室里,以便为私人办公室的主人留有进出的通路。速记员、打字员、会计和职员则安排在一个大房间里办公,完全没有个人空间可言。这种典型的办公室设计通常把经理和总经理安排在靠墙的空间,而助手、秘书和其他工作人员安排在中间区域没有窗户采光的地方。尽管现在很多办公室仍然采用这种方式来设计,但这类空间设计的出发点已变成要使现代的办公环境更吸引人、功能上更合理。

20世纪中叶,在办公室设计中出现了被称作"办公环境"或"开敞空间"的概念。它抛弃了传统的由墙围合起来的封闭办公室的做法,所有的员工、经理和工作人员都在一个开敞的空间办公,并采用可移动的隔板或贮物架,在必要时围合成一定的工作单元。这样,方便了所有工作人员之间的交流,而且使改变办公室的格局也变得更加容易。同时,这种方案也弱化了办公人员的等级观念。尽管许多这样的开敞型办公室非常成功,但随后办公空间的设计又开始退出这种潮流,进而转向开敞型与传统型相结合的方式。

必须认识到办公室的某些工作需要设置独立、安静和不易受干扰的环境。另外,随着计算机的普及,它成为办公设施中不可缺少的一部分,几乎每一个工作单元都应有一台小型计算机或计算机终端,这就导致了办公家具系统的革新和发展。这些家具应能提供拦板、屏隔和工作台面,并能分隔出各种工作空间,而不是利用固定的隔墙。现在这样的办公家具系统已成为大多数办公室布局的基本条件。通过对有关需求的调查,办公空间设计还包括一些特殊作用的空间,如会议室、会客室、接待处、餐厅、门厅、休息室、收发室、装运室和文档室等。要设计舒适的办公环境,并使其对工作人员和来访者充满吸引力,就需要在平面布局、照明、材料、色彩等方面加以综合考虑。这样待工程完成之后,使用起来才能提高办公人员的工作效率和工作信心,并以此来体现该公司的形象。沉闷和单调的环境对于任何规模的组织办公都是不利的,它会影响工作人员的心情,使其产生厌烦情绪。把开敞的工作空间分割成小的单元或具有私密性的空间,鼓励在独立的工作单元里施展个人才华,这种设计方案将会产生良好的效果。

有一些办公室是与公众接触比较频繁的空间,如售票处、保险公司的接待室以及售货公司、经纪公司和各种协会的公共办公室都具有这种特点。在这些地方,办公室的氛围传递着这个机构的性质和实力等多种信息。

所有办公室的设计都包含选择适当的工作设备和家具。现代办公室中,计算机和通信设施给工作带来了高效率,但也带来了新的问题。长时间保持固定的就坐姿势会导致身体的不舒适,如肌肉或背部疼痛等,在不尽如人意的灯光下,长时间操作计算机会引起眼睛疲劳;而由一些设备所控制的工作强度则会引起工作人员的情绪变化。调查表明,这些问题都可以通过一定设计手段来缓解。空间的划分、色彩灯光的配置和音响效果的处理能够创造一种理想的氛围,使人们工作起来更轻松更愉快,并从中得到精神寄托,从而提高工作效率。

二、办公楼房空间

(一)办公室及其功能特点

办公室环境设计是指人们在行政工作中特定的环境设计。我国办公室环境设计种类繁多,在机关、学校、团体办公室中多数采用小空间的全隔断设计(图8-1)。

这种设计有其利弊,在此暂不作论述。这里主要介绍一种现代企业办公室的设计。该设计从环境空间来认识,是一种集体和个人空间的综合体,它应考虑到的因素大致如下:

(1)个人空间与集体空间系统的便利;

(2)办公环境带给人的心理满足;

(3)提高工作效率;

(4)办公自动化;

(5)从功能出发考虑空间划分的合理性;

(6)导人 CI 的整体形象的完美性;

(7)提高个人工作的集中力等。

以上在办公室设计中应考虑的因素,也是现代办公室应具备的条件。办公室是脑力劳动的场所,企业的创造性大都来源于该场所的个人创造性的发挥。因此,重视个人环境兼顾集体空间,借以活跃人们的思维,努力提高办公效率,这也就成为提高企业生产率的重要手段。从另一个方面来说,办公室也是企业的整体形象的体现,一个完整、统一而美观的办公室形象,能增加客户的信任感,同时也能给员工以心理上的满足。所有这些应列入办公室设计的基本理论之中。

图 8-1 小空间办公室环境设计

对于一个一般的行政办公室,它应考虑到基本的功能,从工作分配来考虑,则应从行政机构的设置来考虑其布局。企业的行政机构设置大致有董事长办公室、经理办公室、供销科、开发科、营业科、财会室、会客区、保密室等,许多单位在此基础上还设有行政办公室、资料室、人事部等。这些应根据各单位实际情况而定。这些机构的合理布置是办公室设计的基本内容,也是在其特殊功能之下所形成的办公室设计特点。

(二)办公室设计的基本要素

从办公室的特征与功能要求来看,办公室有如下几个基本要素。

1. 秩序感

设计中的秩序,是指形的反复、形的节奏、形的完整和形的简洁。办公室设计也正是运用这一基本理论来创造一种安静、平和与整洁的环境(图 8-2)。

秩序感是办公室设计的一个基本要素。要达到办公室设计中充满秩序感的目的,所涉及的范围很广,如家具样式与色彩的统一;平面布置的规整性;隔断高低尺寸与色彩材料的统一;吊顶的平整性与墙面的装饰;合理的室内色调及人流的导向等。这些与秩序性密切相关,可以说秩序性在办公室设计中起着最为关键性的作用。

图 8-2 充满秩序感的办公环境

2. 明快感

让办公室给人一种明快感也是设计的基本要求,办公环境明快是指办公环境的色调干净、明亮、灯光布置合理、有充足的光线等,这也是办公室的功能要求所决定的。在装饰中明快的色调可以给人一种愉快的心情,给人一种洁净之感,同时明快的色调也可以在白天增加室内的采光度(图 8-3)。

图 8-3　极其明快感的办公环境设计

目前,有许多设计师将明度较高的绿色引入办公室,这类设计往往给人一种良好的视觉效果,从而创造一种春意,这也是一种明快感在室内设计的创意手段。

3. 现代感

目前,在我国许多企业的办公室,为了便于思想交流,加强民主管理,往往采用共享空间——开敞式设计,这种设计已经成为现代新型办公室的特征,它形成了现代办公室新空间的概念。

现代办公室设计还注重于办公环境的研究,将自然环境引入室内,绿化室内外的环境,给办公环境带来一派生机,这也是现代办公室的另一特征。

现代人机学的出现,使办公设备在适合人机学的要求下日益增多与完善,办公的科学化、自动化给人类工作带来了极大便利。在设计中应充分地利用人机学的知识,按特定的功能与尺寸要求来进行设计,这些是设计的基本要素。

将办公室装饰设计导入 CI 战略也是使办公室具有现代化的一个重要手段(图 8-4、图 8-5)。

图 8-4　将办公室装饰引入到 CI 战略中

图 8-5　办公室 CI 设计

(三)办公空间设计

1. 办公空间的分类

办公空间按使用性质可分为政府行政办公空间；企事业办公空间；商业贸易公司办公空间；邮政和电信公司办公空间；金融、证券和投资公司办公空间；科研机构办公空间；设计及咨询机构办公空间；计算机及信息服务机构办公空间等。

办公空间按办公模式可分为金字塔形办公模式,如行政办公机构；流水线型办公模式,如银行金融系统机构；综合型办公模式,如社会保险办公机构。

2. 办公空间的功能构成

各类办公空间的功能主要由以下几个部分构成。

(1)主要办公空间

主要办公空间是办公空间的核心,分为小型办公室、中型办公室和大型办公空室三种。小型办公室私密性和独立性较好,面积在40平方米左右,适合一些专业管理型的办公需求;中型办公室对外联系方便,内部联系密切,面积为50~150平方米,适合一些组团型的办公方式;大型办公室即有一定的独立性又有较为密切的联系,各部分的分区相对灵活自由,面积在150平方米以上,适合一些组团共同作业的办公方式。

(2)交通联系空间

交通联系空间主要指用于联系办公楼内交通的空间,分为水平交通联系空间和垂直交通联系空间。水平交通联系空间指门厅、大堂、走廊和电梯厅等空间;垂直交通联系空间指电梯、楼梯和自动扶梯等。

(3)公共接待空间

公共接待空间主要指用于办公楼内进行聚会、展示、接待和会议等活动需求的空间,包括接待室、会客室、会议室及各类展示厅、资料阅览室、多功能厅等。

(4)配套服务空间

配套服务空间是为主要办公空间提供服务的辅助空间,包括资料室、档案室、文印室、电脑机房、晒图室、员工餐厅、茶水间、卫生间、空调机房、电梯机房、保卫监控室、后勤管理办公室等。

3. 办公空间的设计要求

办公空间设计的宗旨是创造一个良好的办公环境。一个成功的办公空间设计,需要认真考虑平面功能布置、采光与照明、空间界面处理、色彩的选择、家具与空间氛围的营造等问题,具体如下。

(1)平面功能的布置应充分考虑家具及设备的尺寸,以及人员使用家具及设备时必要的活动尺度。

(2)根据通风管道及空调系统的使用,以及人工照明和声学方面的要求,办公空间的室内净高一般为2.4~2.6米,使用空调的办公空间不低于2.4米,智能化办公空间净高为:甲级2.7米、乙级2.6米、丙级2.5米。

(3)办公空间室内界面处理宜简洁、大方,着重营造空间的宁静气氛。应考虑到便于各种管线的铺设、更换、维护和连接等需求。隔断屏风不宜太高,要保证空间的连续性。

(4)办公空间的室内色彩设计宜朴素、淡雅,各界面的材质选择应便于清洁,室内照明一般采用人工照明和混合照明的方式来满足工作的需求。

(5)要综合考虑办公空间的物理环境,如噪音控制、空气调节和遮阳隔热等问题。

4. 办公室设计原理

(1)办公室的空间区域划分

根据办公机构设置与人员配备的情况来合理划分、布置办公室空间是设计的重要任务。在我国,多年来无论是企业、学校、机关等办公场所都采用全隔断方法,即按机构的设置来安排房间。这种方法有它一定的优点：注意力集中，不受干扰，而且设计方法也比较简便。但它的缺点是缺乏现代办公室工作的灵活性。有鉴于此，目前许多银行、公司开始兴起一种共享空间的设计方法，并按功能、机构等特点划分，这是一种先进的办公室形式，它能适应现代工作的需要，宜于提高企业的生产力。

日本著名的 VOICE 公司多年来极力维护一种新型的办公室空间环境——个人与集体结合方式。这种方式在兼顾集体空间时又重视个人环境。作为一个企业的特征分析，不难发现这种交流布局的办公室是一种集团主义的组织形式，它既避免了集体办公室容易使人分散注意力的缺陷，又解决了现代办公室工作时必需的灵活性。

VOICE 公司在总结这种共享空间中的小集体空间的办公优点时得出如下几点优点：

①每个成员参与筹划的意识得到提高，有利于工作效率的提高；

②保证了每个成员的最大的工作自由；

③集中了大量的不同意见和建议；

④具备解决问题的能力；

⑤可以随时更换成员；

⑥有利于积蓄集体内的信息；

⑦信息的综合化，归纳出了利用价值大的信息；

⑧集体内信息的审核，"得出了较为正确的判断；

⑨集体工作可多快好省地提高生产率（工作效率）。

该公司在其产品推销书中介绍了一个商行办公室的设计，在设计中为实现兼顾集体与个人空间以及小集体空间的目标，它采用了三种不同的高度的壁板，这种多元组合将现代办公设置与条件推向新环境。

采用办公整体的共享空间与兼顾个人空间与小集体组合的设计方法，是现代办公室设计的趋势，在平面布局中应注意如下几点：

①设计导向的合理性。设计的导向是指人在其空间的流向。这种导向应追求"顺"而不乱，所谓"顺"是指导向明确，人流动向空间充足。当然也涉及到布局的合理。为此在设计中应模拟每个座位中人的流向，让其在变化之中寻到规整。

②根据功能特点与要求来划分空间。在办公室设计中，各机构或各项功能区都有自身应注意的特点。例如：财务室应有防盗的特点；会议室应有不受干扰的特点；经理室应有保密等特点；会客室应具有便于交谈、休息的特点。我们应根据其特点来划分空间。因此，在设计中可以考虑将经理室、财务室规划为独立空间，让财务室、会议室与经理室的空间靠墙来划分；让洽谈室靠近于大厅与会客区；将普通职工办公区规划于整体空间中央等等（图 8-6）。这些都是我们在平面布置图中应引起注意的。

（2）关于办公家具的布置

现在许多家具公司设计了矮隔断式的家具，它可将数件办公桌以隔断方式相连，形成一个小组，我们可在布局中将这些小组以直排或斜排的方法进行巧妙地组合，使其设计在变化中达到合理的要求。

另外，办公柜的布置应尽量依靠"墙体效益"，即让柜尽可能靠墙，这样可节省空间，同时也可使办公室更加规整、美观。

图 8-6　根据功能特点来划分办公空间

（3）办公室隔断

要重视个人环境，提高个人工作的注意力，就应尽可能让个人空间不受干扰，根据办公的特点，应做到人在端坐时，可轻易地环顾四周，伏案时则不受外部视线的干扰而集中精力工作。在VOlCE 公司中，空间壁板有以下三种形式：有高度大约在 1080mm，在一个小集体中的桌与桌相隔的高度可定为 890mm，而办公区域性划分的高隔断则定为 1490mm。这些尺寸值得我们在设计中参考、借鉴。

目前，市场上销售的办公室配套设备中的隔断多数采用面贴壁毯等材料，这些材料有吸声、色彩与材质美观的效果。在办公室装饰工程中，如自制隔断除了注意尺寸之外，还应注意材料的选用，另外还要注意办公隔断的收口问题。购置与定制较高级木质（如榉木）的木线来收口。这样可给自制的办公室隔断带来高级之感。

（4）办公室吊顶

在办公室的设计中一般追求一种明亮感和秩序感，为此目的，办公室吊顶设计有如下几点要求：

①在吊顶中布光要求照度高，多数情况使用日光灯，局部配合使用筒灯。在设计中往往使用散点式，光带式和光棚式来布置灯光；

②吊顶中考虑好通风与恒温；

③设计吊顶时考虑好便于维修；

④吊顶造型不宜复杂，除经理室、会议室和接待室之外，多数情况采用平吊（图 8-7、图 8-8、图 8-9）；

图 8-7　会议室吊顶

图 8-8　大堂吊顶

图 8-9　办公走道吊顶

⑤办公室吊顶材料有很多种,多数采用轻钢龙骨石膏板或埃特板,铝龙骨矿棉板和轻钢龙骨铝扣板等,这些材料有防火性,而且有便于平吊的特点。

(四)办公室设计导入 CI

1. CI 及其发展

CI 是英文 Corporate Identity 的缩写。Corporate 是指企业团体,Identity 则是指身份、个性或特征。这一词组在 20 世纪 60 年代就开始在美国使用。中文可译成"企业识别体系"。

20 世纪 60 年代,美国的企业家意识到视觉识别计划的重要性,于是纷纷建立自己公司的企业识别形象,当时的设计公司大多为个人设计师,市场顾问公司和广告公司等。

20 世纪 70 年代后半期,企业识别(Corporate Identity),视觉识别(Visual Identity),统一设计体系(Coordinate Design System)及设计策略(Design Strategy)等名词在企业的宣传品中及市场经销人员与设计师之间成为时髦的词汇。根据《美国新闻与世界报道》杂志的记载,1970 年,在纽约股票上市的公司之中,已有 60％左右的公司导入 CI。"CI"是一种计划,也是一种企业发展的战略。目前许多国家和地区,相继成立了研究和规划"CI 战略"的机构,并对企业进行服务,以加强本国、本地区企业对外竞争能力。例如,我国台湾地区的"自东公司",1971 年经过台湾外贸协会产品设计处对"CI 战略"进行规划后,企业面貌焕然一新,第二年经营额比上年同期增长163％,使该公司的商标很快地成为了台湾地区的三大名牌之一。

"CI"一词在 20 世纪 70 年代才传入我国,80 年代有些企业开始尝试将企业导入 CI,并获得了较好效果,90 年代 CI 战略已为多数企业所熟悉,并逐渐为我国企业界与设计界接受。

在室内装饰行业中，引入 CI 战略的方法，也对该行业的设计产生很大的影响。例如，广外一花园酒店就制定酒店的专体色为咖啡色与米黄色，其酒店的墙面、信封、信纸、酒店介绍、各类包装等都采用米黄与咖啡两色。这种专体色的计划与应用，使室内装饰设计，也逐步进入到 CI 战略之中。

2. CI 战略的内容

现代企业已逐渐认识到企业自身形象在社会、大众中体现的必要性。CI 设计正是以企业"识别体系"为主导，在室内装饰中，它以专体色、商标宣传和能体现企业特色的东西来装饰，以体现企业新颖的、有特征的个性的形象。这种形象的规范化、整体化，正是 CI 战略在室内装饰中的部分内容之一。

所谓"企业的识别体系"使公司通过其标志宣传和专体色等视觉要素在大众中建立起自己的形象，从而产生影响及所造成的效果的总和。这种识别体系的建立，除了加深人们对其印象之外，还可激励职工工作的积极性和加强企业或酒店在市场上的竞争力。

CI 战略的基本内容十分多，它包括：视觉综合战略、情报战略、交流战略，而室内装饰艺术体现在 CI 战略之中多数为视觉综合战略。它是一种整体设计。其内容见表 8-1。

表 8-1　CI 的整体设计

基本设计体系	应用设计体系
公司标准体系	产品、门面装饰、广告牌等
商标	包装、室内外招牌、建筑物、车辆等
公司标准色	办公用具、信笺、室内外等
公司特征	制服、工具、室内外装饰等
铅印字	展览会、广告、说明书等

从以上这一整体设计策划内容来看，它要求所策划的视觉形象有一个鲜明的形象和强烈的个性，同时在使用中应具有一贯性，以便使公司的整体特征反复出现在人的面前，造成不易磨灭的印象，它是一种融宣传与交流为一体的策略，并由此创造企业整体的形象。

CI 战略是一种创名牌，维护名牌的手段，在视觉整体计划里涉及到室内装饰方面的内容也有不少，用商标、专体色和标准字来体现公司特征，这都是装饰业配合导人 CI 战略的体现。我们应该组织力量，配合有关 CI 策划人员来进行室内装饰设计，从而创造公司的美好视觉整体形象。现代办公室讲究效率化和合理化，并不断充实其办公功能，力求使每个人感到舒适与满足。提高空间效率和人员的办公效率已成了办公室设计一个重要研究的内容。

另外，提高工作人员和来访人员的心理满足感，把办公室导入 CI 计划，将是办公室设计的方向。

（五）不同类型办公室的装饰设计

根据办公室的使用对象可将办公室分为如下三种类型：高级管理人员办公室、白领职员办公室及内务办公室。

1. 高层管理人员办公室的装饰设计

高层管理人员是指行政单位的高级别的行政人员,或是指公司或企业的高级职员如董事长、总经理等,他们是行政单位、企业或公司的领导核心。因此这类办公室应设在显要的地段,其装饰设计也是整个写字楼的重点。

完整的高层管理人员办公室在空间布局上应为三进式,即秘书办公室、接待室、高层管理人员办公室三个空间层次。除此之外,还应留有适当的休息及展示空间。因空间的限制等原因,有的高层管理人员办公室将三进式改为二进式,即秘书办公室和高层管理人员办公室,而将接待空间归于高层管理人员办公室内作为一个局部空间(图8-10)。

图 8-10　高层管理人员办公室

在高层管理人员办公室的空间处理上,无论是空间界面材料,还是空间的色彩配置、家具的造型、光照的处理、装饰及陈设等都要围绕营造一种庄重、高雅的气氛。在装饰风格上既可以是古典的,也可以是现代的。在界面装饰材料的选用上,地面可为实铺或架空木地板,也可在水泥粉光地面铺以优质塑胶地毯,较高档的装饰则在木地板上铺羊毛工艺地毯;墙体则可以采用在胶合板面层上用实木线条作几何式图案装饰;也可以在胶合板面层上作软包装饰;吊顶采用轻钢龙骨石膏板作两层吊顶或是平顶。对于高层管理人员办公室的照明处理,除了保证必要的照度外,还应发挥其装饰功能,作好办公室内艺术品的照明及灯具的选择等。

由于高层管理人员在公司或企业的特殊地位,使其办公室成为企业形象对内和对外的良好展示场所。因此,在进行这类办公室的装饰时应将企业形象的视觉识别标志摆在重要位置,如公司的标志、企业的经营宗旨或经营体验、企业的精神和文化内涵等均应在醒目的地方加以适当的表达。

2. 白领职员办公室的装饰设计

白领职员指公司或企业的业务骨干。这类办公室的装饰设计应力求体现简洁、高效的气氛,在平面布置上要做到布局合理、科学,交通路线流畅。

从办公体系和管理功能要求出发,结合办公建筑结构布置提供的条件,白领职员办公室在空间布局方面可分为如下几种类型：

(1)小单间办公室，即较为传统的间隔式办公室，一般面积不大(常用的开间为 3.6m、4.2m、6.0m，进深为 4.8m、5.4m、6.0m 等)，空间相对封闭。这类办公室的优点是环境宁静，干扰少，办公人员具有安定感，而且同室人员之间易建立较为密切的人际关系；缺点是空间不够开畅，办公人员与相关部门及办公组团之间的联系不够直接与方便。

小单间办公室适用于需要小间办公功能的机构或公司，如机构或公司规模较大，也可以把若干小单间办公室相组合，构成办公区域。

(2)单元型办公室。单元型办公室在写字楼中，除晒图、文印、资料展示等服务用房为公共使用之外，单元型办公室具有相对独立的办公功能。通常单元型办公室内部空间分隔为接待会客、办公(包括高层管理人员办公)等空间，根据功能需要和建筑设施的可能性，单元型办公室还可设置会议、盥洗、厕所等用房。

由于单元型办公室既充分运用大楼各项公共服务设施，又具有相对独立、分隔开的办公功能，因此，近年来兴建的高层出租办公楼的内部空间设计与布局，单元型办公室占有相当的比例(图 8-11)。

图 8-11 单元办公空间

(3)公寓型办公室。公寓型办公室配置的使用空间除与单元型办公室相类似，即具有接待会客、办公(有时也有会议室)、厕所等，其主要特点为具有类似住宅、公寓的盥洗、就寝、用餐等使用功能。

公寓型办公室提供白天办公、用餐，晚上住宿就寝的双重功能，给需要为办公人员提供居住功能的单位或企业带来方便。

(4)大空间办公室。大空间办公室起源于 19 世纪末工业革命后。由于生产开始集中，企业规模不断增大，这样便要求各成员之间、各部门之间加强联系以提高工作效率(图 8-12)。而传统间隔式的小单间办公室已难以适应上述要求，由此便逐渐形成少量高层管理人员仍使用小单间，一般办公人员使用大空间办公室的格局。

图 8-12 大空间办公室

　　大空间办公室有利于工作人员与组团之间的联系,有利于提高办公室设施的利用率。相对于间隔式的小单间办公室而言,大空间办公室减少了公共交通和结构面积,从而提高了写字楼主要使用功能的面积率。但大空间办公室也有不尽人意之处,特别是在环境设施不完善的时期,大空间办公室内声音嘈杂、混乱、相互干扰较大。近年来,随着空调、隔声、吸声以及办公家具、隔断等设施、设备的优化,大空间办公室的室内环境质量有了很大的提高。特别是以电脑为中心的办公家具布局以及大型绿化植物的引入为大空间办公室注入了新的活力(图 8-13)。

图 8-13 大办公室内的绿化装饰

　　(5)景观办公室。景观办公室(Landscape Office)兴起于 20 世纪 50 年代末的德国,它的出现是对早期现代主义写字楼建筑忽视人际交往的一种摆脱,是对单纯唯理观念的一种反思。在 20 世纪 50 与 60 年代已日趋成熟的建筑技术设施条件下(如不断完善的室内空调,照明系统,大开间、大进深的结构柱网布置等），现代办公设备的出现使办公性质由事务性向创造性发展，加之当时已开始重视作为办公行为主体的人在提高办公效率中的主导作用和积极意义，这诸多因素使景观办公室应运而生。1963 年建于德国的尼诺弗莱克斯（Ninoflax）办公管理大楼，即为景观办公室。

　　景观办公室具有便于工作人员与组团成员之间的联系、创造和谐的人际关系和工作关系等特点。这种办公室在家具与办公设施的布置上灵活自如，并设有柔化室内氛围、改善室内环境质量的绿化与小品。这种布局是借鉴早期大空间办公室过于拘谨划一、片面强调"约束与纪律"的不足而加以发展的（图 8-14）。

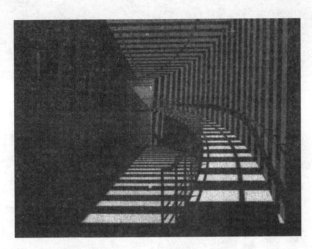

图 8-14　景观办公室的环境设计

　　（6）智能办公室。智能办公室是随着近年来智能办公建筑的问世而出现的一种大空间办公室。其办公空间布置的特点是采用工作站式布置，即将计算机、打印机、传真机及其他设备同人有机地结合在一起，形成一个个人办公空间，这个办公空间就是工作站。

　　工作站之间是以低隔断构成，以弹性状态布置在办公室的空间之中。为了方便相互之间的交流，在工作站之间留有供休息和会议用的空间。这种布置方式与景观办公室有许多相似之处，是在景观办公室的基础上结合智能办公设备布置的需要而形成的格局。其优点是借助先进的智能办公设备来更好地提高工作效率，复杂的工作能够在工作站内处理。由于各种设备的有机结合，空间使用上比景观办公室更为节省（图 8-15、图 8-16）。

3. 内务办公室的装饰设计

　　内务办公室是指高层管理人员和白领职员以外的内务工作人员办公室，包括保安人员、清洁工、维修工、值班人员以及内部食堂管理人员等办公室。这类办公室一般只与企业或公司的内部人员有关系，而不对外发生联系。

　　内务办公室主要强调满足使用功能，应充分节省和利用空间，尽可能做到整洁卫生。在设计风格上应以自然朴实为主，色调要单纯，材料不必讲究。

图 8-15　智能办公室

图 8-16　智能办公公共空间

三、银行办公设计

如今银行的室内设计虽趋向于现代化,但仍显示威严、庄重,而且更重视光和色的视觉展示效果。一些最有影响的银行,都有极好的室内设计效果,甚至具有标志性的地位。这些银行在保留和尊重传统银行所具有的格调的同时,对其内部空间加以改造,以提高使用的方便性和突出强调现代办公的生动感。

除了最主要的公共大厅之外,银行建筑通常还包括一些半公共的空间,如安全储藏区域、管理办公区域和"后台"办公区域。所有这些地方,都可为室内设计提供良好的物质条件。

银行的设计综合了有关商业办公环境设计的特点和银行自身的设计特点。典型的银行或分行的主要空间是一个公共的区域——在这个区域里,客户可以在柜台上填写票单,在出纳员的窗口排队,并且用尽可能短的等候时间在服务台上进行交易。在引进了自动取款机之后,客户可以在没有人接待的情况下处理大量的银行交易,大大改变了传统的银行模式。同时,大多数银行还提供一些特殊的服务,如借贷、抵押、经纪和保险业务,这些业务通常在服务台、私密或半私密的办公室或者会议室完成。

　　设计银行空间,事先应预测其顾客的人流量和业务的种类。自动化设备的使用一般与人工服务的要求不同。尽管计算机化已极大地减少了银行非公共空间的面积,但这些区域仍需存在,它们的设计要求与其他办公区域一样。不过,直接位于出纳柜台后的办公区域需要特别考虑安全性,注意内部的监控和对外的保密(图 8-17、图 8-18)。

图 8-17　银行空间的公共区域

图 8-18　银行空间公共接待区域

　　许多银行提供的保险箱业务,要求有一条通向保险库的公共通道。这些地方(通常是在地下室)要有特殊的监控设施,并在接近保险库的地方设一小空间,供顾客使用。在规模较小的银行里,应设置一条比较复杂的环绕型的安全通道,并必须将其与其他区域隔开。

四、交易所办公设计

交易所是一个特殊的办公空间种类。它集公共服务和内部办公于一体。典型的交易所一般在一个显眼的地方（沿街的正立面或上面楼层的外层面上）设置一块显示屏，顾客可以观看和查询有关资料，然后到柜台上获得服务或要求与某个经纪人或代理人谈话。通常是在一个开放的空间里，设有经纪人的工作区域，包括一张桌子，上面摆着一排电子显示屏和键盘，还有一把可供顾客就坐的椅子。其他还有一些顾客免进的区域，包括管理办公室、私人办公室以及交易场所。规模较大的交易所需要高度专业化、科技化的设计（图 8-19）。

图 8-19 交易所环境设计

五、公共事业办公空间

政府大厦和国家机构大楼等公共事业办公空间的室内设计通常含有强烈的庆祝和纪念意义，在同一建筑空间里的办公室和公共服务空间，如问讯台、出纳窗口、登记处等往往显得很沉闷，使用也不方便，没有吸引力。近几年来，出现了设计更为现代化的公共事业建筑。它们都有着更合理、更全面的功能，更舒适、更具吸引力的室内空间（图 8-20）。在许多传统公共事业建筑里，通过室内更新，也使它们的面貌发生了很大变化。在一些地方，使用要求激发了室内的更新，极大地改善了建筑环境，同时也继承了传统的设计元素。

图 8-20　公共事业办公空间

六、工作功能较强的厂房车间

　　厂房、操作间、实验室等室内空间很少受到职业室内设计师的关注,它们严格的功能要求,使这类空间一直是工程师和技师涉及的领域,只有当某些特例出现时才会考虑这些空间的美学效果。在工厂里,色彩和灯光能用来帮助提高视觉效果,调节心态情绪以及增加安全感,因此如果有意识地对这类空间进行处理,肯定会提高工人的工作效率。

　　应当认识到,工作空间设计也是一项很好的对外宣传策略。如纽约肯尼迪机场的发电厂是一幢全部用玻璃建造的建筑,能向路过的人们展示它内部各种漂亮色彩的设备,给人留下深刻的印象。当然在所有这些工作空间设计的例子中严谨的工程技术是首要的,但对于视觉形象设计的关注能够帮助其技术性部分更加吸引人们对其的关注,充满趣味而激动人心,这些不仅能帮助公众去认识它,而且会成为其自身工作人员的骄傲。

第九章　公共空间设计

第一节　商业空间设计

在现代社会,购物是人们日常生活的一个重要的环节。商业环境成为一个巨大的竞争市场,经营者希望能吸引客人去购物,而客人则希望在购物的过程中得到实惠和享受,所以现代商业空间环境的机能已不仅仅包含展示性和服务性,还需要具有休闲性和文化性。

一、百货店

百货店源自 19 世纪中叶法国巴黎的产业革命,由于工业化机器代替了手工制造,于是以前专为贵族服务的产品被扩展,让普通市民也能得到享受。1850 年,在英国举办第一次世界博览会时,逢马尔榭商业街上出现了第一个百货店。其特点是:

(1)具有丰富的商品种类;

(2)明码标价,足价销售;

(3)可以自由退换商品;

(4)部分商品可以免费运送;

(5)免费提供包装;

(6)服务优良。

作为百货店通常必须满足下列规范性条件:

(1)营业面积为 600~1000m²;

(2)设置五大类商品的销售部门;

(3)商品明码标价,有注册商标,规格、尺码齐全。

二、超级市场

20 世纪 60 年代中期,随着计算机技术的应用,为了降低商品成本,美国率先开设了超级市场。至今它已风靡世界各国(图 9-1)。其特点是:

(1)自选购物形式,以生活用品为主,具有一定的规模;

(2)价格低廉,一般设在人群集中区,郊外、新型住宅区等。对家庭主妇、学生最适用;

(3)服务时间延长,有的甚至通宵开业。

图 9-1 超级市场的室内环境

三、购物中心

购物中心是由一个集团化企业控制的商业场所,20 世纪 70 年代中期产生于美国,为的是追求一种高层次、高享受的商业环境(图 9-2)。它规定:

(1)营业面积。都市型在 3000m² 以上,地区型在 1500m² 以上;

(2)必须设有商业同盟会;

(3)同一场所设有十个以上的店铺;

(4)餐饮、美容及娱乐设施占相当比重;

(5)有足够的停车场;

(6)创造一种崭新的商业环境。

图 9-2 购物中心

四、综合式商业中心

综合商业中心是一种档次较高,功能齐全的,集购物、娱乐、休闲、办公、住宿于一体的大型商业环境空间。它已迅速地成为非常受人们欢迎的公共聚集场所,其良好的设施和全方位的服务,在竞争激烈的商业环境中,特别具有吸引力(图9-3)。

图9-3 综合式商业中心

商店的设计需要给顾客传递广泛的信息,包括商品的质量、档次和室内环境的风格以及服务态度等,同时也要为商品的陈列、储藏和销售等提供实用功能。商店的设计者应抓住商店的特点,有时甚至还要去创造一种特色,并用具体的手法把它表现出来,以使已有的和潜在的客人能够被其感悟、熟悉并得到享受。

所有这些特色都可以在世界上许多大城市里古老的商店中找到,它们是依靠传统的商业观念来吸引某一类特定顾客的经营方针来实现的。商业空间设计者必须想办法去领悟这些特色,以吸引更多的不受个人情感影响的购物者。

商店出售商品的类别,价格和式样都会影响商店的设计。一个商店可以给人留下保守或前卫、阳刚或阴柔,以及快捷便利或悠闲细致的服务等各种印象,尤其是小商店更能够创造出一种与众不同而极具个性化的环境,而大商店如大型百货店则必须为不同部门提供各种不同环境,并需体现一种能抓住顾客心理的整体特征。另外,展示方式、色彩、照明也应使商品体现最理想的视觉效果;服装店或相关的商店,还应该在方便顾客方面有更多的考虑,甚至是在外部看不见的试衣间等。

对于一个商店,无论是小型专卖店,还是大型百货店的某一局部,设计者都需要预先考虑顾客对这些空间的体验,以及工作人员和管理人员与空间的关系。顾客最先感触的是商店的外部环境,商店的沿街正立面和展示橱窗可让顾客对商店的特征有一个预览,堆着货物的大橱窗会让人觉得这是一个批发市场；封闭橱窗里商品摆放得如同舞台布置则表明这是一个典型的专卖店。即使是一个带着既定目标到一个所熟悉的商店去购物的顾客，也希望能通过外部环境了解这个商店的价格和质量。所以商店沿街正立面的外观效果是一种重要的广告宣传，它能吸引偶然的过客，刺激其购物欲望。

一旦走进商店，如果顾客所希望得到的信息（如商品的种类及其分布等）就在身边，并且人流通道很清楚明了的话，顾客的直觉将会更加有利于购物。大型商品的价格昂贵或专业时，顾客需要售货员的帮助，那么商店的设计必须留有顾客可以活动的空间，可以通过柜台、展示品和其他边界来划分工作人员的工作区域。如今许多商店正在不断扩大顾客自己寻找、挑选商品的开架式售货范围。

收款员的位置需要妥当地安排，并要有很清楚的标识，特殊服务的区域也是如此，如包装处、订货处、问询处等。某些种类的商品还要求有与之相关的配套设施，如鞋店要有顾客试穿的座具，服装店要有试衣间，并且应装有试衣镜，甚至是三个方位的。食品店通常设置开架区和闭架区，闭架区常常是销售不易保存的商品，需要放在冰柜里。另外还要考虑服务员在柜台内的操作活动空间。

商店里各种功能所占的面积，需要根据顾客购物的速度、商品的价格和档次以及商店预期的销售量而定。降价商店里的零乱和匆忙的快节奏，可以鼓励顾客快速作出决定是否购买商品；而在豪华商店里购买贵重商品的时候，就需要为他们提供进行选择比较和深思熟虑的时间与空间，这会对商品的销售有所促进。在任何情况下，高效率和井然有序的环境对顾客和管理都会有帮助，杂乱的环境只会让人感到不安和失望。

所有的商店都有后场，用作储藏、工作人员的更衣和休息，以及办公、包装等。设计中，除了考虑顾客的人流布局，还应重视商品的运输流线。商品到货后在哪儿卸货、储藏在哪里、如何陈列、如何与顾客接触、售出后又怎样离开商店、安装哪些安全设施、如何减少偷窃、恶作剧的发生和雇员的损耗等。这些因素，在设计中均需要考虑。

第二节 展览空间设计

一、展览馆

展览馆是展出临时性陈列品的公共建筑，它通过实物、照明、模型、电影、电视、广播等手段传递信息，有时还与商业及其他文化设施并存，成为一种综合性的建筑。当然，有许多国家举办的规模宏大的产品、技术、文化、艺术展览及娱乐活动的临时性建筑——国际博览会也属此范畴。展厅的规模数量应视展览内容和管理的需要而定。参观路线的安排是展厅平面布置的关键。如展览内容多且相关，应采用连续性强的串联式；展览内容独立、选择性强，则易采用并行式或多线式。对于休息区，照明设施也需作周密的考虑。

展销会是现代商业和贸易活动中的重要组成部分。展馆的设计已成为产品和材料制造商重要的销售窗口，它不仅需要展示产品，还要展示企业的服务和形象。所以对销售商来说，展示空间的设计几乎和商品本身的设计同等重要。

展览空间设计是一种高度专业化的室内设计。它首先考虑的是空间的人流组织,其次是展品的平面设计,包括展板、标志等。这些设计不仅具有一定的创意还应是能够迅速建成的室内环境设施,而这些设施又能在竞争性强,甚至使人眼花缭乱的环境中有效地交流。这些设施大都有标准化模数,并有重新使用的价值。展览空间的临时性和短期行为有时会给设计者提供较大的自由度,以尝试一些带有刺激性的方案。但这些方案对其他一些使用期较长的工程来讲,很可能是不合适的。可以断想,展览空间设计会是未来室内设计的主要内容之一。

二、博物馆

作为展览的公共场所,博物馆在过去的设计中较重视纪念性,而忽视了它的实用性。许多新建的博物馆真正从陈列和服务考虑而提供了富有创造性的空间,但大多数旧馆往往需要极大地改进内部空间的结构,使之具有吸引力。

近些年来,许多博物馆为了吸引观众和适应时代需要进行了改建或重建,创造性的设计手段使得它们可与商业空间相媲美,戏剧性的布局和色彩可以把一个布满灰尘的仓库变成一个既有教育价值又富有娱乐性的展览空间。

博物馆主要由五种空间类型构成:入口厅堂(广场)、展示空间、保管空间、研究空间和办公空间。在流线设计上,一般是顺时针方向(从左至右),如果陈列中国古代书画则可以逆时针方向(从右向左),并要求连贯性强、鲜明易辨,不交叉、不逆流及不漏看。其次是照明设计,应避免有直射的日光,以免使名画及织物产生褪色现象,使雕刻、油画等艺术品产生大的阴影,不要产生暗光,以免影响观感。在安全性方面,馆内一定要考虑耐震、耐火、防湿及防盗措施。最后是舒适度问题,由于人们在博物馆内逗留时间较长,故对于温度、湿度要求相对较高。而不同的地面采用不同弹性的材料,以减轻足部疲劳,也是现代博物馆室内设计应予关注的问题之一。另外,现代博物馆的室内设计还应注意以下三个方面:

(1)展品陈列形式应灵活,如实物、图像、电视、电影、电脑及模型等。

(2)应引导参观者主动参与,使其可以随便使用及操作复制的设施和器具。

(3)展示内容贴近社会最新发展,展品经常更新。

三、画廊

画廊在规模上比博物馆要小一些﹒其服务的对象也相对比较集中,但它们的共同特点是通过空间、色彩和灯光的合理安排来展示陈列的艺术品。

画廊有两种形式:一种是独立的;另一种是依附于大型商业或文化建筑之中的。它经常更新各种展品,以展示当前流行的各种艺术流派作品为主。平面的有油画、国画,立体的有陶艺、雕塑等。因其展品形式多样,故展览方式与展柜形式也随之多样,单一方式难以满足其功能需要。在界面处理上,要求墙面简洁平整,局部设壁龛或一般设隔断来分隔空间,以展示书画,悬挂展品。地面以地毯、地板等高档柔性材料为主,吊顶力求满足设备功能,如灯光效果、轨道装置等。展台设计以积木式为主,造型可变,便于适应不同形式的展品。此外画廊一般设有休息空间,一方面便于参观者交流,另一方面亦便于商业洽谈。

第三节 休闲娱乐空间设计

这是室内设计师比较喜欢参与的一种空间类型,因为它有着较大的自由度,便于设计师发挥自己的个人色彩。

一、礼堂

礼堂是一种特殊而有趣的室内设计项目。它的总体要求是使成百上千的观众能够在提供良好的照明和满意的音响条件的空间里舒适地就坐。每排座位的间隔、过道的宽度、台阶的分布和出入口的设置都有严格的规范限制。

除了这些技术问题,设计师还要创造一个适合的观看环境。传统的剧院通常具有一种节日的喜庆和繁盛的装饰风格。现代的设计观点则是,使观众大厅呈现一种完全自然和简洁的环境,从而使所有的注意力都集中到表演上去。一些辅助空间如门厅、休息室,酒吧和咖啡厅的设计也应满足上述要求。在处理灯光音响以及后台机械设备等舞台装置时应由专业顾问起重要作用。

二、舞厅

舞厅也是一种常见的娱乐设施,设计这类空间,首先要处理好舞台、舞池、卫生间等空间关系。其次,视觉重点应以舞台为中心,突出空间的主题,以达到欢快、活泼的动态氛围。而灯光、音响的处理所突出的是暗光源下的设计效果。

交谊舞厅的舞池一般采用硬木拼花地板或磨光花岗岩石料地面,室内装饰风格多样,光线明朗柔和。迪斯科舞厅因音量与节奏强烈,舞池上方有彩灯旋转扫描,多有刺激感。为减少噪声,在内壁一般设计大面积的吸音面,入口处的前厅则起声锁作用。舞池亦为硬质材料,有的用钢化玻璃,以便在其下方铺设彩灯,更显扑朔迷离的气氛(图 9-4)。

图 9-4 娱乐设施空间

总之舞厅是娱乐性场所,空间布局应尽量活泼,也应有明确的分区,尺度处理应使人有亲切感,可利用家具或其他手法设计出一些尺度宜人的小空间。

三、洗浴中心

洗浴中心是人们娱乐、休闲、享受的场所,很受人们的欢迎。从功能上讲,它主要分为洗浴区和休息区。洗浴区的设计偏重于实用功能,包括设备要求、流线安排,而休息区则侧重于精神享受,首先要有相对安静的座位区,还要有可供观赏的界面,当然最好是靠近主干道,如果还有其他小型的娱乐设施如棋牌室、台球房等,则需要单独的隔离空间。

洗浴空间因长时间处于潮湿状态,因此墙面、地面处采用大理石、花岗石、瓷砖等材料,也可选用不锈钢板、玻璃、塑料等耐潮湿、腐蚀的材料。材料的色彩力求明快。“绝对清洁”是洗浴空间的首要准则,因此所有排水的系统必须畅通无阻,可采用地漏排水或地沟排水,地沟上可铺设不锈钢穿孔盖板,这样可得到干净、整齐的外观效果。洗浴空间还应有足够的休息用椅,并设吧台供应饮品,因很多客人有在洗浴间休息的习惯,应避免客人在水力按摩浴池中视线正对淋浴间,如无法躲避则必须设淋浴挡门。洗浴空间必须有良好的通风条件,避免出现凝结水而损坏吊顶。吊顶宜选用耐潮湿的金属穿孔板或 PVC 扣板等。

休息大厅大多选用天然木质材料及纺织品作为装饰材料,以营造出一个浪漫自然的空间环境;应巧妙地组合好灯光、音响、色彩、陈设品、壁画、雕塑,天然植物等,使空间增加乐趣,让客人获得更多精神上的满足。大厅的灯光不宜过亮,宜采用多点局部照明方式为好。大厅地面可用地毯或局部地板铺面。如果设置与休息大厅相关联的房间必须方便客人使用。出入口、隔断墙等均需精心处理(图 9-5)。

图 9-5　休闲中心入口大堂空间

按摩房的灯光要设置在墙体上,光线向上照射,切忌在天棚上设置灯具。如设空调,则要避免冷气直接吹在床上。按摩房的色彩要柔和,避免使用纯度较高的颜色。

更衣室、储物柜可选择木质材料,如为方便清洁也可用其他材料,但必须保证有足够的空间。尤其北方地区冬季客人衣物较多,没有一定的空间难以满足客人的需要。吹风整发的空间,光线照度要亮。三面设镜子为好。总之洗浴中心的室内设计务必要处处注重人体工程学的应用,只有把握好这些与人体活动相关的环节,才能令客人满意。

目前,在评估饭店(酒店)星级的打分标准中,健身房最高可得 6 分;设备齐全较为先进的按摩房最高可得 4 分;桑拿浴室分男宾和女宾,并附设冲浪浴池、酒吧及休息室的最高可打 12 分;高尔夫球训练场及室内高尔夫球馆最高可得 3 分;保龄球道每道可得 1 分,最高可得 3 分。因此,对于涉外、旅游和会馆俱乐部这三类建筑内部的桑拿及其配套项目的装饰来说,都在向高档化、特色化发展。比如贵宾房内,力求装饰豪华,甚至营造独特的风格和情趣,如埃及式、意大利式、日本式等。另外对于各装饰部位,在设计中还应考虑防火、防蒸汽、防滑等安全设施,符合政府的有关政策和规定。

四、体育馆

体育馆设施虽然比较复杂,但从室内设计的角度讲,又是相对简单的空间环境。大型表演场所、会议大厅和运动竞技场都设有护拦,表演区和竞赛区是室内的视觉中心,观众席往往具有很强的功能性。然而在这些工程项目中,色彩、灯光和人流通道是设计的重点。

现代体育馆的内部设计表现出装配成型、施工方便安全、工期大大缩短的趋势。在地界面设计中应设置各种预留件,以便安装,固定各种器械。另外,为适应各种电动设备,电子计分、计时装置及临时照明等需要,应预留电器接线盒,预留件和接线盒应方便维修。材料上一般采用薄壁型钢骨架。木地板易采用长条形弹性较好的,席纹型地板弹性较差,易使视觉紊乱,并需用双层,重量较大。顶棚一般设吊顶空间作为设备层,以薄壁型钢为格栅,它具有自重轻、整体刚性好,施工安装、检查、维修方便等特点。饰面材料应具有防火、耐久、吸声及内部更换的可能性。看台以活动看台为主,2000 年悉尼奥运会主会场即采用此种看台,它能按比赛项目巧妙地切换场地尺寸,并增加较佳视觉区观众的数量。与之相配的是折叠式有靠背无扶手的座椅,它坚固、轻便、灵活,便于清洁及维修,一般为成型产品。

五、宗教建筑

宗教建筑有着强烈的纪念性和纯建筑表现形式的传统,教堂或其他宗教建筑设施,几乎不可能脱离其基本的建筑结构形式。有趣的是现代室内设计在当今宗教建筑设计中扮演着一个重要角色,非宗教性室内空间采用的富有创意的室内设计已经很大程度地影响了许多新建的宗教建筑,旧建筑的改造和修复也要求对色彩、灯光和功能等重新作出思考。

许多宗教建筑还经常包括教学、社交以及类似的次要功能的空间,这些空间会出现一些与非宗教建筑类似的设计问题。设计上要注意使其既有服务功能,又在视觉上有引人向上的特征。

第四节　教育设施空间设计

越来越多的人意识到，没有理由让公共教育设施空间比其他建筑更缺少魅力，实际上，高质量的室内设计可以提高公共教育设施空间的使用功能和精神面貌。即使是如监狱、教养所等场所，当它们的室内设计避免了颓废而富有生气时，期间的教育也会更有效，甚至令人振奋，催人上进。

室内设计在许多公共教育设施中会碰到各种阻力，如经济效益方面的考虑等。然而根据调查显示，这些场所如果是高质量的设计，一方面能提高效率，使教育更富有成效，另一方面，它能为工作人员和专业人员提供愉快而有创造性的生活。

一、学校

学校建筑的室内设计，包括宿舍、休息室、教室、报告厅、礼堂、办公室。食堂和图书馆，应在满足这些空间的使用功能的基础上，还要提供良好的灯光、音响、色彩和就坐环境，甚至创造出一个值得怀念、令人激动和上进的空间。

宿舍设计的要点是，保证和提高住宿学生的学习能力，且为其带来舒适和方便，并在已建成的或是不可更改的设计元素与可调整变化的细节之间作出适当的平衡协调，从而提供一定程度的个人表达空间。在这些地方，生活质量会受到公共居住空间、公共休息室、食堂和道路设施等因素的影响。

图书馆的规模不等，空间比较复杂，它们一方面用作图书的储藏和保护，同时给其使用者提供看书、学习和记笔记的地方。专业图书馆（如法律、音乐或专为儿童服务的）需要为适应某种特殊要求而调整内部基础设施。

许多国家把图书馆、实验设备、教师队伍列为办好现代化学校的"三大支柱"。美国图书馆标准中指出："大学图书馆是大学的心脏"。图书馆的室内设计应以朴素大方、舒适美观为原则，注重创造良好的光环境、声环境、色环境，以及适宜的温度及自然通风环境。图书馆的家具布置及设计应注重符合人体工程学并具有灵活性。

在室内空间组织方面，现代图书馆已从藏、借、阅三大空间严格划分的模式向灵活多样的布局发展，更多地考虑读者借书及阅览的方便，以及管理人员咨询的方便。对于学校图书馆，由于上下课人流集中，借阅时间有阵发式特点，因此存包、出纳、监测等设施应有方便的位置、宽裕的数量及空间。

光环境方面，过强或过弱的亮度都易造成眼睛疲劳。阅览室白天应以自然光为主，以创造均匀、舒适的光线，并采用日光灯作为辅助照明。晚间是学生使用图书馆的黄金时间，因此保障良好的人工照明十分必要。照明灯具一般有顶光及台灯两类。由于借阅结合，现代图书馆室内净高比传统阅览室低，故采用顶光即可满足照度要求，同时也可为室内家具的布置提供灵活性。台灯利于提高光的照度，形成光的领域感，使人思想集中，但需设置地插，灵活性较差。

总之，应根据使用情况的不同，选择适当的照明方式(图 9-6)。

安静的环境是学习研究的基本要求之一。馆内行人较多的场所宜选择有一定弹性的塑料、软木等材料做地面，或者在硬质材料地面上铺设软质材料，如地毯、塑胶等。在大厅及走廊内还需结合装修设计，设置吸声材料，避免产生共鸣现象，如采用吸声吊顶及软质墙面装饰材料，均可大大提高室内声音环境的质量。

教室是传授知识、进行学术交流的场所，设计的优劣会直接影响教学效果。教室的室内一方面要为授课教师创造良好的讲、演或书写条件，为听课者创造良好的视、听及记录条件，同时还要有良好的室内气候条件及安全措施。教室是学校人员密集的场所，也为人们提供交流的机会。因此，在室内设计中创造各种层次的交往环境，是当代学校教室内部环境设计应注意的课题。

图 9-6　图书馆室内环境

教室一般分为普通教室和专业教室(图 9-7)。专业教室均有特殊要求，如艺术类专业的教室需要舒适的高侧光源，以朝北高窗为宜，音乐专业的琴房有隔声要求，烹饪专业的操作室要设置灶具等。而大量的普通教室在设计时一般应考虑以下因素：

(1)课桌椅摆放应便于学生听讲、书写，教师讲课、辅导以及安全疏散。

(2)平面布局应取决于教学人数、教学方式、课桌椅尺寸及排列方式。

(3)课桌椅的设计必须具备容纳远期及近期的规定使用方式。

(4)应具有良好的朝向、均匀的光线，避免直射光。

(5)应能隔绝外部噪声干扰及保证室内良好的音质条件。

(6)家具、设施、装饰均应考虑学生的特点及健康和安全的需要。

教室设计还应利于教学改革的需要及现代化高科技教学设施的应用。

图 9-7　专业教室的室内环境

二、幼儿园、托儿所

典型的幼儿园、托儿所包括以下的功能区：

入口处——这个区域是幼儿园或托儿所接送孩子的地方，往往设有传达室或称门卫室，还备有长凳或由凳组成的座位区，供孩子的父母等候时就坐。

玩耍区域——它要求有良好的照明、明快的色彩、足够的空间、适当的玩具、必需的搁物架和其他设备。根据儿童的年龄，需要有可移动的桌子或凳子。墙上应该有为孩子提供展览艺术作品和其他相关物品的地方。孩子的休息室里要有可移动的儿童床，以及用于存放床单、毯的储存空间。

厨房——摆放和设置冰箱、洗涤槽和食品的准备设施。

洗手间——至少每 15 个孩子需设有一个抽水马桶和一个洗手盆，高度要适宜。另外，对每个 1 岁以下的孩子，都应提供放置摇篮和尿布架的空间。

应特别注意台阶、物体的边角、门窗等处的细部设计。应按规范设置安全出口、灭火器、警报器、出口标志和其他安全设施。应保证室内空气的质量。

在选择材料和色彩时，设计者应该考虑明亮或愉快的环境氛围。同时，室内环境需要并便于清扫和保持。一般认为，为儿童选用明亮的颜色，是由于发现孩子容易识别和欣赏这样的色彩。但现在一些调查研究的报告却建议，少用一些太刺眼的颜色，以使孩子集中注意力，同时也能起到鼓励孩子用自己的作品来增添空间中色彩效果的作用。

第五节　医疗设施空间设计

医疗设施空间包含的范围很广，从相对简单的医生办公室到相当复杂的现代化综合性医院，它们都有一个共同的问题，这就是它们服务的用户群体的要求各不相同，有时甚至会相互抵触。

这些群体包括医生、护士和工作人员、管理人员,以及病人、陪伴人员、来访者和贸易人员等。

医疗办公室的基本单元包括接待桌、等待区域、诊断室、检查和治疗室、档案室以及洗手间和储藏室等。

医院治疗室的环境会强烈影响病人或陪伴人员的情绪,一间简陋或沉闷的等候室会增加病人的紧张和焦躁的感觉。尽管医术比环境更重要,但是良好的环境能加强医生的自信,调节病人的情绪。

医生办公室的种类很多,如住院部、门诊部和其他提供各种特殊服务的部门。许多大型医院还有急诊室、特殊护理病房、病人恢复室等。另外,一些医院还有附属医学院和护理学校,它们要为学生提供教室、报告厅等设施。医院的其他空间还包括等候室、实验室、储藏室、消毒室、更衣室和一些辅助功能空间如食堂、礼品店等。

设计医疗环境工程项目时,设计者必须明白其用户不仅是医生或管理人员,他们只是众多用户中的一类,虽然他们的要求有重要的参考价值。设计师还要考虑另外一些服务的对象,尤其是病人,他们常常感到自己所需要的除了医术和拥有这些医术的专业人员外就是治疗环境。设计师有必要去了解病人、工作人员、来访者和其他使用这些设施的人员的需求。

有两个问题应引起设计师的特别注意。第一个问题是,在设计时要解决有太多共用人流的通道与所占面积之间的矛盾。在医院的走廊、电梯厅里,医生、护士、来访者、工作人员、病人(自己走动的或者是躺在担架上的),以及食品和垃圾都可能会杂乱地混合在空间中,病人连续不断地进出病房或从一个病房转移到另一个地方进行检测或治疗,拥挤和由此带来的耽搁会增加其紧张程度,并影响治疗和恢复效果。第二个问题来自于人们不断增长的认识。根据调查,病人身体的恢复会受到一个场所提供的便利和舒适质量的影响。充满噪声和矛盾,单调而阴郁的医院空间往往会影响医生、护士和工作人员的行为,增加病人的焦虑和压力,而安静、愉悦、井然有序的环境和组织良好的治疗对病人的康复有重要的帮助。

医院的设计计划最好是通过对每种典型的用户的调查分析后得出。设计师需了解人们从来到医院,经过治疗、工作或拜访到离开医院的步骤是什么,这些步骤又是如何与空间相联系的。这些问题解决了,各种空间就有了各自的目的和任务,然后合理安排相关部位。通过平面图分析不同用户群体的行动及流线路径是简化循环方式和减小矛盾的主要手段(图9-8至图9-10)。

图 9-8 医院的大堂环境

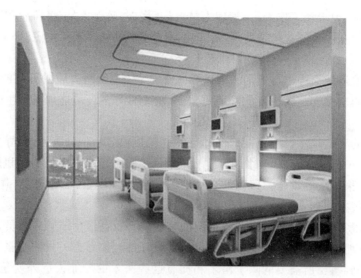

图 9-9　病房

图 9-10　护士站

第六节　旅游设施空间设计

一、宾馆

宾馆的规模包括从最简单的小客店到庞大的星级宾馆,以及带全套休闲设施的度假村。宾馆空间最基本的是要满足客人寻求舒适、得到娱乐的需要。而客人的来源有各种类型,从度假到出差,有希望他们的住处能衬托自己身份的名人,也有选择在这儿聚会的各种团体。这类空间实际上相当于客人的第二个家,故设计需要表达集众家之长的独特风格。一些古老宾馆的室内设计显示了良好的传统品位,而现代设计则多反映出时尚的风格。

宾馆内的空间主要由公用空间、私用空间和过渡空间构成。公用空间是旅客、服务人员聚散活动区域,包括门厅、中庭、休息厅、酒吧、茶座、接待厅、餐厅、美容美发等(图9-11)。私用空间是指客人单独使用的空间,如客房、各类服务用房等。过渡空间则是指连接公用空间与私用空间的走廊、庭园、楼梯等。在装饰设计时,应合理地组织空间,根据不同特性选择不同的设计风格、装饰材料及施工做法。

宾馆室内空间的设计要点包括以下几个方面。

一是,空间组合与处理手法。尽管不同人对宾馆的要求不同,但大家的共同点是接近自然,特别在南方炎热地区,一般喜欢通透开敞的空间及相对独立的小环境。美国建筑师波特曼创造"共享空间"以后,引起了宾馆设计的一场革命。超常尺度的多层共享大厅丰富生动的穿叉空间取得了物质功能和精神功能的双重效果。由此可以看出,宾馆设计只有满足人的心理和生理两方面的需求,才能创造适宜的环境。因此空间大小的组合与划分,绝不能离开人的需求,否则功能作用、精神价值就很难得到双重发挥。

图 9-11　宾馆门厅环境

二是,内外空间的融合与因借。室内环境常常被墙壁等不透明的界面围合成封闭空间,现代宾馆的室内设计常利用各种手法使这类空间变得开放,使室内外环境融成一体,或利用透光的方法将外界的自然景色引入室内。

三是,内部环境的主题与风格。室内各个面、各个形体相互关联,形式与色彩相互作用,形态与情感连锁反应,这是室内环境整体综合考虑的内容。如何达到预期的效果,给人以美的享受,通常的手法是在设计时给予环境一个带有地方特色的主题,以体现地域风情及富有时代感(图9-12、图9-13)。

(1)充分反映当地自然和人文特色;

(2)表现民族风格及参与文化;

(3)创造返璞归真,回归自然的环境;

(4)营造充满人情味及思古之幽的情调。

图 9-12　宾馆客房室内的设计一

图 9-13　宾馆客房室内的设计二

二、交通设施

交通设施分两种室内空间,一种是为交通提供服务的固定室内空间,如车站、码头、空港的售票处、等候大厅等,另一种是交通工具本身的室内空间,如汽车、火车、轮船,飞机等自身的内部空间。其中的某些空间,可能看起来应属于工业设计的范围。然而,作为内部空间,它们也应受到了职业室内设计师的关注。

随着大型游轮的豪华程度不断提高,船舱的室内空间设计也与度假旅馆一样受到设计师的关注。而尽管飞机机舱的室内空间受到自身的形状、大小、乘客人数、载重量以及安全条款的限制,但随着航线之间的激烈竞争和未来私人飞机使用的增多,也促使人们不断努力以让其变得有吸引力并尽可能豪华。客运火车、汽车同样呈现出相似的设计问题。

汽车内部装饰常被称为“工业设计”,它能对产品的商业成功起很大作用。除了基本装备和外部造型外,汽车内部设施是购买选择和用户是否满意的一个重要因素。聘请著名的室内设计师参与汽车设计在汽车制造业已有许多成功的范例。

一些旧时的火车站,其室内艺术性的设计表达现已成为设计史中的经典作品,而现代铁路和公路车站则在美学、实用功能、安全方面都极富时代特征。机场空港从单纯的实用性到那些具有纪念意义的表达形式与传统的铁路车站形成了鲜明的对比,其对功能、经济、安全方面新问题的解决方式,使这些令人关注的工程既能打动人,又能令使用者满意。如果长时间地待在狭窄、封闭的船舱里,人们会产生心理压力,通过精心的设计,美学的处理,能使其得到很大程度的改善。也就是说,室内设计既增加了功能上的便利和心理上的舒适,也提高了使用效率。

第七节　餐饮空间设计

　　餐饮空间设计的目的是创造一种良好的用餐氛围,以突出供应的食物和服务的特点,让用餐的经历值得怀念,从而鼓励顾客再次光顾并推荐给其他人。餐饮空间的规模从简单到庞大、从正式到随意、从低档到高档,它们都有其存在的必然性及相应的顾客群体,这当中某种熟悉的行为可能使预期的顾客认识到餐馆的特点并帮助满足他们的愿望。快餐店应该有明亮的光线和色彩,以体现快节奏、高效率的气氛。豪华餐馆要求亮丽的颜色、昂贵的材料,柔和的灯光以及安静的气氛。供应食物的特色也可以通过颜色、材料和细节的选择表达出来。在瑞典餐馆可看到蓝色和黄色,而在丹麦餐馆则可看到红色和白色,海鲜餐厅可以用硬栎木桌面和航海装饰品点缀,而正规服务和高档食品则可通过优雅的环境来表达,也可以尝试把餐馆布置得很怪异甚至疯狂。如此种种都可把餐馆的主题表达得淋漓尽致。

一、一般餐厅

　　一般餐厅的功能分析如图 9-14 所示。

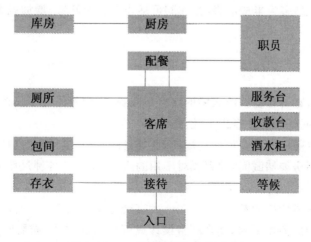

图 9-14　一般餐厅的功能分区

空间处理要点：

(1)入口应宽敞,避免人流阻塞；

(2)入口尽量直通接待或服务台；

(3)服务台的位置应根据客席布局而定；

(4)正式餐馆可设客人等候席；

(5)正式餐馆的出菜口应与收碗口分开。

二、快餐厅

快餐厅的功能分析,如图 9-15 所示。

快餐厅的交通显得尤为重要,因为人员流动较大,所有的顾客均与服务台发生关系。服务台的设置,主要从功能方面考虑,台面及前后活动空间要求宽敞、醒目。

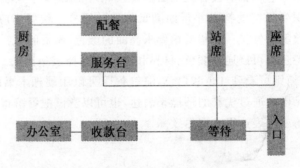

图 9-15　快餐厅的功能分析

快餐厅的设计要以"快"为原则,在内部空间的处理上应简洁,但要有特点,光照条件要好。另外,快餐厅因食品多为半成品,故操作间可适当向客席开敞,增加就餐气氛。

三、宴会厅

现代城市宾馆中,宴会在餐饮收入中的比例不断提升,导致了许多宾馆都在增加宴会厅的数量。宴会厅的室内空间处理应注意以下几点：

(1)宴会厅应设置前厅作为会前活动场所,此处设衣帽间、电话、休息椅、卫生间等。

(2)应配备辅助用房如储藏间,储存暂时不用的座椅、桌子和各种尺度的台面,以便宴会布置形式的变动。

(3)小宴会厅的净高应控制在 2.7～3.5m,大宴会厅净高在 5m 以上。

(4)为了适应不同的使用要求,宴会厅常设计成可分离的空间,需要时可利用活动隔断分隔成几个小厅。

①帷幕式隔断。以两道有一定间距的活动帷幕作隔断,其间距可隔声。

②折叠式隔断。以相连接的折叠式门扇作隔断,平时可藏在墙内,需要时拉出,上部悬挂于吊顶骨架内,下部有可落地的横挡固定位置隔声良好,开间宽度可达 20m 以上,最大高度为 6m。

这是使用最普遍的一种方式。

③手风琴式隔断。外表如手风琴般可伸缩,用皮革或织物等软性材料作饰面,内有铝合金百叶、连杆滑轮等,平时藏于墙内,可呈弧形分隔空间,但距地面有缝隙,隔声较差。

(5)宴会厅有时设置小型舞台,一般分为固定式和活动式。注意形成视觉中心。宴会厅的功能分析(图9-16)。

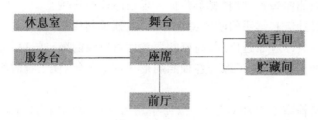

图9-16　宴会厅的功能分析

比较正规的用餐内部空间,可适当设立中轴线,座位的摆放应有主次之分,平面上无需做太多的变化。内部设计主要是界面处理和活动分割的摆放,吊顶的设计应大气,便于营造气氛。多功能厅的风格应主要考虑满足人们的情感需要(图9-17)。

图9-17　宴会厅的室内环境

四、西餐厅

现代饮食服务业向豪华与方便两端发展的趋势也体现在餐厅设计中,既满足希望在短时间内用餐客人的要求,设快餐或自助式服务;也满足视用餐为享乐的客人的要求,设高档餐厅。这里指的西餐厅属高档餐厅范畴。尤其在欧美旅馆中,西餐厅是主餐厅,空间最大,常以方桌或长桌为主,在靠墙或隔断处可布置成更具私密感的火车座等。当一组客人超过四位时,可临时将方桌拼成长桌。

西餐厅设计要点：

(1)餐厅空间应与厨房相连,以利提高服务质量。备餐间的出入口宜隐蔽,以免客人看到厨房内部。备餐间与厨房相连的门与其到餐厅的门在平面上应错位,以提高餐厅的风压,避免噪声及油烟窜入餐厅。

(2)餐座排列应保证客人流线、服务流线的通畅,避免服务流线过长穿越其他用餐空间。

(3)靠窗的餐桌应侧向布置,以利观景并扩大场景座椅的比例。

(4)餐厅的室内设计应有鲜明的欧式特征,入口应预示其风格、内容。

(5)使用频繁的西餐厅应靠近门厅,高档的西餐厅可以较隐蔽,通过引导到达。

(6)西餐厅应强调光的运用,可综合各种照明形式创造气氛,便于长时间用餐,色调以中性偏冷居多。

(7)西餐厅的餐桌椅高度差相对较小,以便于用刀叉时胳膊用力。西餐厅家具设计需周密考虑。

五、酒吧

酒吧的设计比较随意,通常体现一种娱乐的气氛。室内空间可分成两个区域,吧台和座位区。设计一般以吧台为中心,吧台应自成体系并带有一定的动感,灯光相对比较柔和。也有以座位区为设计中心的。

六、咖啡厅、茶馆

咖啡厅、茶馆是很随意、轻松的场所,空间处理应尽量使人感到亲切。一个大的开敞空间较宜分成几个小的空间。家具应成组布置,形式应有变化,尽量为顾客创造一些亲切的独立空间。由于咖啡厅、茶馆属休闲空间,所以更注重空间的艺术处理,大多成功的室内设计作品,均有其独到之处。如：

(1)以经营内容为主题的处理手法；

(2)以地方特色为主题的处理手法；

(3)以时代风格为主题的处理手法；

(4)以突出特定环境为主题的处理手法；

(5)以自然景色为主题的处理手法。

总之,无论何种处理手法都是为了营造轻松、愉快的空间氛围。

在餐厅的室内设计内容中,通常仅限于公共使用空间,包括等候处、衣帽间或挂衣处,酒吧、柜台边的座位、服务台、就餐区、单独的包间、休息室、收银台、卫生间等。餐厅的厨房和其他服务部分,虽然顾客不能进入,但是这些地方却是室内设计师需要考虑的部分。餐厅空间中有 20%～50% 的空间要分配给后台服务,这一部分的详细设计常由厨房设备的制造商来提供,并且与餐馆的管理人员和厨师的工作紧密相关。

在设计中必须强化一个餐厅最好的方面,以提高功能效率,使客人对就餐感到放心,并满足管理及经济方面需要。

第十章　特殊人群的室内设计

第一节　残疾人室内设计

如果我们仔细观察一下身边的日常生活,便会发现不少建筑的内部空间都存在这样或那样的问题。例如,窗开关够不着、储藏架太高、楼梯转弯抹角、找不到电器开关、电插座位置不当、门把手握不住、厕位太低……这些问题对于健康人而言可能仅仅带来一些麻烦,但对于残疾人而言就可能是个挫折,有时甚至对他们的安全构成了直接的威胁。因此,消除和减轻室内环境中的种种障碍就成为研究"残疾人室内设计"的主要目的。

这里我们主要以知觉残疾(听力和语言残疾、视力残疾)和肢体残疾,尤其是轮椅使用者为对象来进行探讨。这是因为,这两类人的使用要求是最难以满足的。如果室内空间在使用过程中可以使他们感觉方便,那其他残疾人一般也不会感觉有障碍,这样就能逐步缩小残疾人与正常人的差距,使他们与正常人一起共享社会文明的成果。

一、残疾人对室内环境的要求

由于残疾人存在各种不同的功能障碍,其行为能力及方式也各不相同,因此对于室内空间的使用要求也各有特点。有的设计对某些人有利,却可能给另一些人带来使用困难,能使各类残疾人都感到方便的室内环境是不多的。如对轮椅使用者来说坡道是必不可少的,但对于步行困难者来说,台阶有时可能会更方便一些,坡道使得他们难以控制自己的重心而随时存在摔倒的危险。但是,如果我们能够对残疾人的要求一项一项认真考虑的话,可以逐渐总结出一定的经验,从而设计出方便大多数残疾人使用的室内空间。

一般认为,根据残疾人伤残情况的不同,室内环境对残疾人的生活及活动构成的障碍主要包括以下三大类型。

(一)行动障碍

残疾人因为身体器官的一部分或几部分残缺,使得其肢体活动存在不同程度的障碍。因此,室内设计能否确保残疾人在水平方向和垂直方向的行动(包括行走及辅助器具的运用等)都能自由而安全,就成为了残疾人室内设计的主要内容之一。通常,在这方面碰到困难最多的肢体残疾人有以下几种。

1. 轮椅使用者

在现有的生活环境中,公共建筑中的服务台、邮局和银行的营业台以及公用电话等,它们的高度往往不适合乘轮椅者使用;小型电梯、狭窄的出入口或走廊给乘轮椅者的使用和通行带来困难;大多数旅馆没有方便乘轮椅者使用的客房;影剧院和体育场馆没有乘轮椅者观看的席位;很多公共场所的洗手间没有安全抓杆和轮椅专用厕位……这些都是轮椅使用者会碰到的困难与障碍。此外,台阶、陡坡、长毛地毯、凹凸不平的地面等也都会给轮椅的通行带来麻烦。

2. 步行困难者

步行困难者是指那些行走起来困难或者有危险的人,他们行走时需要依靠拐杖、平衡器、连接装置或其他辅助装置。大多数行动不便的高龄老人、一时的残疾者、带假肢者都属于这一类。他们因为水平推进的能力较差,所以行动缓慢,不适应常规运动的节奏。不平坦的地面、松动的地面、光滑的地面、积水的地面、旋转门、弹簧门、窄小的走道和入口、没有安全抓杆的洗手间等,都会造成步行困难者在通行和使用上的困难。他们的攀登动作也比较僵硬,那些没有扶手的台阶、踏步较高的台阶及坡度较陡的坡道,对步行困难者往往都构成了障碍。此外,他们的弯腰、曲腿动作亦有困难,改变其站立或者坐的位置都很不容易,因此扶手、控制开关、家具、电冰箱、厨房器具等的设置都应该考虑在站立者伸手可及的范围之内。

3. 上肢残疾者

上肢残疾者是指一只手或者两只手以及手臂功能有障碍的人。他们手的活动范围及握力小于普通人,难以承担各种精巧的动作,灵活性和持续力差,完成双手并用的动作十分费力。他们常常会碰到门把手的形状不合适、各种设备的细微调节困难、高处的东西不好取等种种行动障碍。

除了肢体残疾人之外,视力残疾者由于其视觉感知能力的缺失导致在行动上同样面临很多障碍。对于视力残疾者来说,柱子、墙壁上不必要的突出物和地面上急剧的高低变化都很危险,应予以避免。总之,室内空间中不可预见的突然变化,对于残疾人来说,都是危险的障碍。

上述行动不便者一般都需要借助手动轮椅或电动轮椅来完成行走,有些则需要借助手杖、拐杖、助行架行走(图 10-1)。

(二)定位障碍

在室内空间中的准确定位将有助于引导人们的行动,而定位不仅要能感知环境信息,还要能对这些信息加以综合分析,从而得出结论并作出判断。视觉残疾、听力残疾以及智力残疾中的弱智或某种辨识障碍都会导致残疾人缺乏或丧失方向感、空间感或辨认房间名称和指示牌的能力。

(三)交换信息障碍

这一类障碍主要出现在听觉和语言障碍的人群中。完全丧失听觉的人为数不多,除了在噪声很大的情况下,大多数听觉和语言障碍者利用辅助手段就可以听见声音,此外还可以通过手语或文字等辅助手段进行信息传递。但是,在发生灾害的情况下,信息就难以传达了。在发生紧急情况下,警报器对于听觉障碍者是无效的,点灭式的视觉信号可以传递信息,但在睡眠时则无效,在这时枕头振动装置较为有效。另外,门铃或电话在设置听觉信号的同时还应该有明显的易于识别的视觉信号。

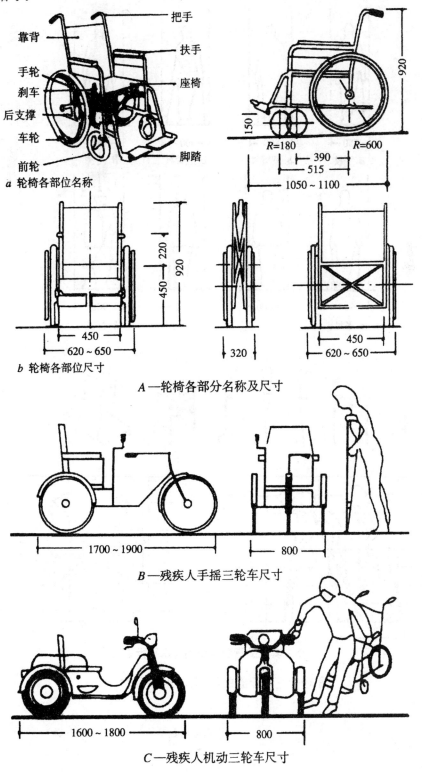

a 轮椅各部位名称

b 轮椅各部位尺寸

A—轮椅各部分名称及尺寸

B—残疾人手摇三轮车尺寸

C—残疾人机动三轮车尺寸

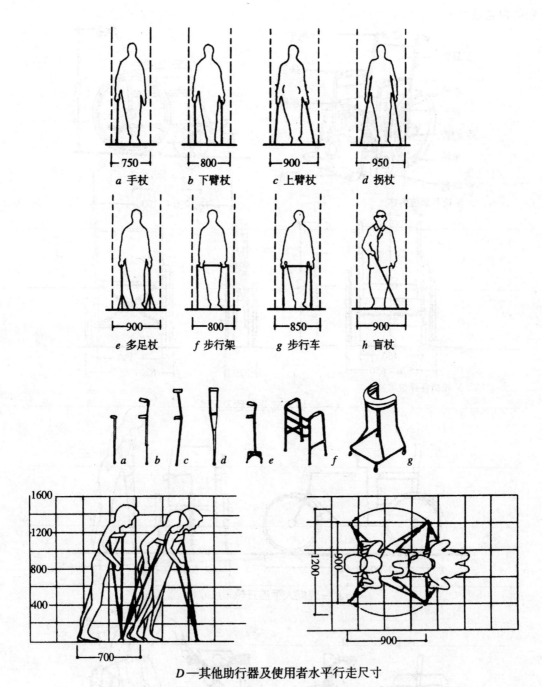

D—其他助行器及使用者水平行走尺寸

图 10-1 助行器的类别及规格(单位:mm)

二、残疾人的尺度

残疾人的人体尺度和活动空间是残疾人室内设计的主要依据。在过去的建筑设计和室内设计中,都是依据健全成年人的使用需要和人体尺度为标准来确定人的活动模式和活动空间,其中许多数据都不适合残疾人使用,所以室内设计师还应该了解残疾人的尺度,全方位考虑不同人的行为特点、人体尺度和活动空间,真正遵循"以人为本"计原则。

据不完全统计,全世界约有 4 亿残疾人,但是可以供室内设计师使用和参考的残疾人人体测量数据却比较缺乏。根据现有的资料,欧美和日本有比较全面的人体测量数据,其中有些包括了残疾人、老年人和儿童。在我国,1989 年 7 月 1 日开始实施的国家标准《中国成年人人体尺寸》(GB 1000—88)中,没有关于残疾人的人体测量数据。所以目前我们仍需借鉴国外资料,在使用时根据中国人的特征对尺度作适当的调整。由于日本人的人体尺度与我国比较接近,因此这里将主要参考日本的人体测量数据对我国残疾人人体尺度和活动空间提出建议。

表 10-1　健全人与残疾人尺度比较(男性均值)

类别	身高 (mm)	正面宽 (mm)	侧面宽 (mm)	眼高 (mm)	水平移动 (m/s)	旋转180° (mm)	垂直移动 (台阶踢面高度) (mm)
健全成人	1700	450	300	1600	1	600 × 600	150 ~ 200
乘轮椅的人	1200	650 ~ 700	1100 ~ 1300	1100	1.5 ~ 2.0	φ 1500	20
拄双拐的人	1600	900 ~ 1200	600 ~ 700	1500	0.7 ~ 1.0	φ 1200	100 ~ 150
拄盲杖的人	1700	600 ~ 1000	700 ~ 900	1600	0.7 ~ 1.0	φ 1500	150 ~ 200

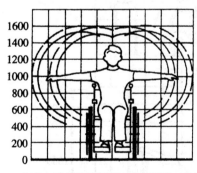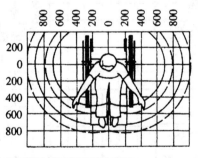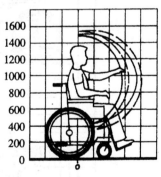

• 实线表示女性手所能达到的范围;虚线表示男性手所能达到的范围;
• 内侧线为端坐时手能达到的范围;外侧线为身体外倾或前倾时手能达到的范围。

图 10-2　轮椅使用者上肢可及范围(单位:mm)

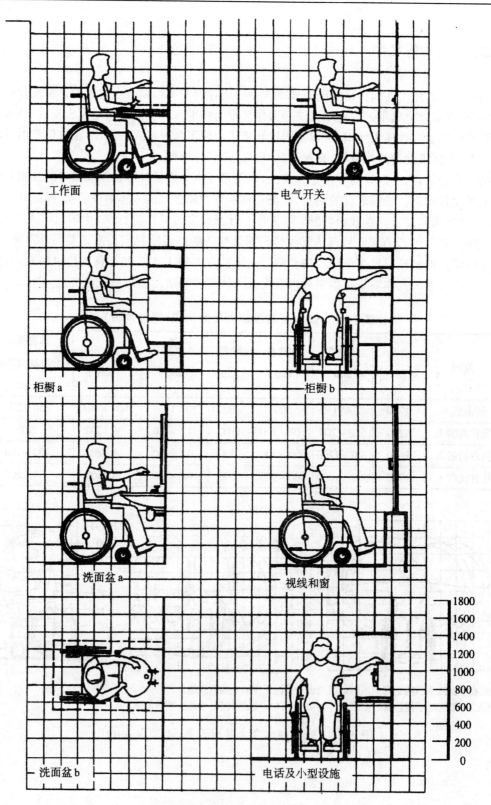

图 10-3　轮椅使用者使用设施尺度参数（单位：mm）

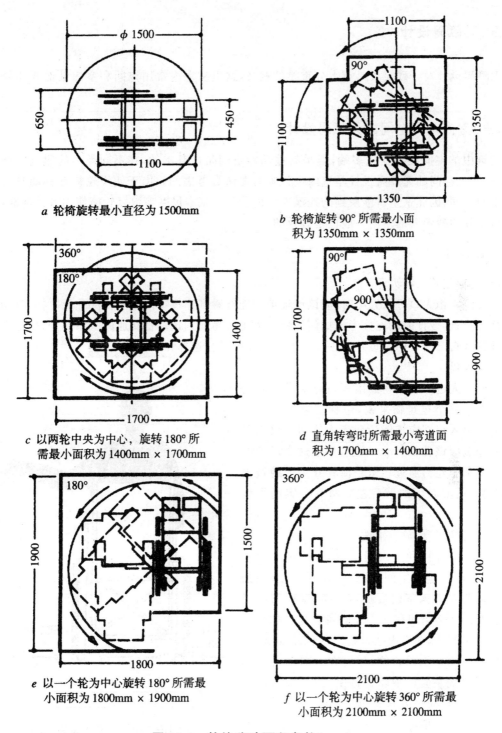

图 10-4 轮椅移动面积参数(mm)

三、无障碍设计

无障碍设计对于残疾人具有十分重要的意义,这里从室内常用空间和室内细部两部分进行介绍。

(一)室内常用空间的无障碍设计

建筑中的空间类型变化多端,但是有些功能空间是最基本的,在不同类型的建筑中都会存在,这些室内空间的无障碍设计是室内设计师需要认真考虑的。由于使用轮椅在移动时需要占用更多的空间,因此这里所涉及到的残疾人室内设计的基本尺度参数以轮椅使用者为基准,这个数值对于其他残疾人的使用一般也是有效的。

1. 出入口

(1)公共建筑入口大厅

当残疾人由入口进入大厅时,应该保证他们能够看到建筑物内的主要部分及电梯、自动扶梯和楼梯等位置,设计时应充分考虑如何使残疾人更容易地到达垂直交通的联系部分,使他们能够快速地辨认自己所处的位置并对去往目的地的途径进行选择和判断。

①出入口

供残疾人进出建筑物的出入口应该是主要出入口。对于整个建筑物来说,包括应急出入口在内的所有出入口都应该能让残疾人使用。出入口的有效净宽应该在 800mm 以上,小于这个尺度的出入口不利于轮椅通过。坐轮椅者开关或通过大门的时候,需要在门的前后左右留有一定的平坦地面。

②轮椅换乘、停放及清洗

轮椅分室外用和室内用(各部分的尺寸都较小,可以通过狭小的空间)两种。在国外,有些公共建筑需要在进入室内后换车。换车时,需要考虑两辆车的回转空间和扶手等必备设施。如果是不需要换车的话,在进入建筑物以前就需要洗车。为了清洗掉轮椅上的脏物,需要在入口门前的雨篷下设置水洗装置。乘轮椅进来,按开关自动出水,一边移动轮椅一边清洗(图 10-5)。

③入口大厅指示

入口大厅的指示非常重要,因此服务问讯台

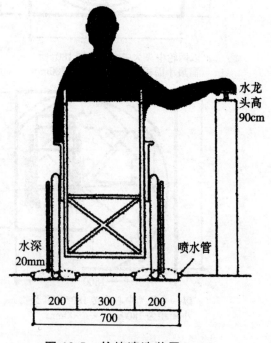

图 10-5　轮椅清洗装置(mm)

应设置在明显的位置,并且应该为视觉障碍者提供可以直接到达的盲道等诱导设施。在建筑物内设置明确的指示牌时,要增加标志和指示牌本身自带的照明亮度,使内容更容易读看。此外,指示牌的高度、文字的大小等也应该仔细考虑,精心设计。

④邮政信箱、公用电话等

公共建筑入口大厅内的邮政信箱、公用电话等设施,应考虑到残疾人的使用,需要设置在无障碍通行的位置。

(2)住宅出入口空间

①户门周围

残疾人居住的住宅入口处要有不小于 1500mm×1500mm 的轮椅活动面积。在开启户门把手一侧墙面的宽度要达到 500mm,以便乘轮椅者靠近门把手将门打开。门口松散搁放的擦鞋垫可能妨碍残疾人,因此擦鞋垫应与地面固结,不凸出地面,以利于手杖、拐杖和轮椅的通行。

现在,大多数居住建筑中信箱总是集中设置,但是对于残疾人,尤其是轮椅使用者和行动困难者来说,信箱最好能够设在自家门口,以方便他们取阅。门外近旁还可以设置一个搁板,以供残疾人在开门前暂时搁放物品,这对于手部有残障的病人及其他行动不便的人也是很需要的。门内也可以设一搁板,同样能使日常的活动更加方便。

②门厅

门厅是残疾人在户内活动的枢纽地带,除了需要配备更衣、换鞋、坐凳之外,其净宽要在1500mm 以上,在门厅顶部和地面上方 200～400mm 处要有充足的照明和夜间照明设施。从门厅通向居室、餐厅、厨房、浴室、厕所的地面要平坦、没有高差,而且不要过于光滑。此外还要考虑电子门警系统,使残疾人能够方便、安全地掌握门外的情况(图 10-6)。

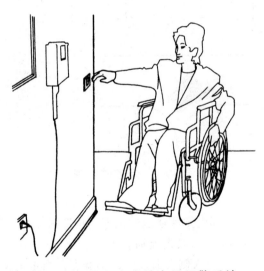

图 10-6　方便安全的电子门警系统

2. 走廊和通道

残疾人居住的室内空间中,走廊和通道应尽可能设计成直交形式。像迷宫一样或者由曲线构成的室内走廊和通道,对于视觉残疾者来说,使用起来将非常困难。同样,在考虑逃生通道的时候,也应尽可能设计成最短、最直接的路线,因为残疾人在发生紧急事件逃生时需要更多外界的帮助。

（1）公共建筑中的走廊和通道

①形状

在较长的走廊中，步行困难者、高龄老人需要在中途休息，所以需要设置不影响通行而且可以进行休息的场所。走廊和通道内的柱子、灭火器、消防箱、陈列橱窗等的设置都应该以不影响通行为前提；作为备用而设在墙上的物品，必须在墙壁上设置凹进去的壁龛来放置。另外，还可以考虑局部加宽走廊的宽度，实在无法避免的障碍物前应设置安全护栏。

当在通道屋顶或者墙壁上安装照明设施和标志牌时，应注意不能妨碍通行；当门扇向走廊内开启时，为了不影响通行和避免发生碰撞，应设置凹室，将门设在凹室内，凹室的深度应不小于900mm，长度不小于1300mm。

此外，由于轮椅在走道上行使的速度有时比健全人步行的速度要快，所以为了防止碰撞，需要开阔走廊转弯处的视野，可以将走廊转弯处的阳角墙面作圆弧或者切角处理，这样也便于轮椅车左右转弯，减少对墙面的破坏（图10-7）。

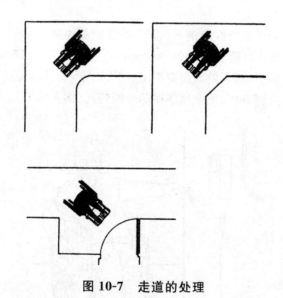

图10-7　走道的处理

②宽度

供残疾人使用的公共建筑内部走廊和通道的宽度是按照人流的通行量和轮椅的宽度来决定的：一辆轮椅通行的净宽为900mm，一股人流通行的净宽为550mm。因此，走道的宽度不得小于1200mm，这是供一辆轮椅和一个人侧身而过的最小宽度。当走道宽度为1500mm的时候，就可以满足一辆轮椅和一个人正面相互通过，还可以让轮椅能够进行1800的回转。如果要能够同时通过两辆轮椅，走廊宽度需要在1800mm以上，这种情况下，还可以满足一辆轮椅和拄双拐者在对行时对走道宽度的最低要求。因此，大型公共建筑物的走道净宽不得小于1800mm，中型公共建筑走道净宽不应小于1500mm，小型公共建筑的走道净宽不应小于1200mm。

③高差

走廊或者通道不应有高差变化，这是因为残疾人不容易注意到地面上的高差变化，会发生绊脚、踏空的危险。即便有时高差不可避免，也需要采用经防滑处理的坡道，以方便残疾人使用。

（2）住宅中的走廊

在步行困难者生活的住宅里，内走廊或者通道的最小宽度为 900mm；在供轮椅使用者生活的住宅里，走廊或通道的宽度则必须不小于 1200mm；走廊两侧的墙壁上应该安装高度为 850mm 的扶手。面对通道的门，在门把手一侧的墙面宽度不宜小于 500mm，以便轮椅靠近将门开启；通道转角处建议做成弧形并在自地面向上高 350mm 的地方安装护墙板（图 10-8）。

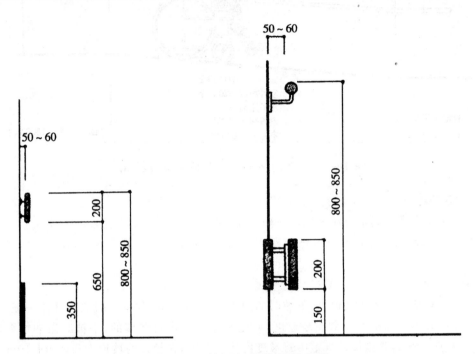

图 10-8　扶手与护墙板的位置

在考虑门与走廊的关系时，要充分考虑轮椅的活动规律。例如，当轮椅使用者需经常从一个房间穿过走廊到达另一个房间时，走廊两侧的房间门需要直接对开；如果各个房间之间并非经常往来，为避免相互干扰，走廊两侧的门可以交错排列。

3. 坡道

建筑物一般都会设有台阶，但是对于乘坐轮椅的人来说，哪怕是一级台阶的高差也会给他们的行动造成极大的障碍。为了避免这一问题，很多建筑物设置了坡道。坡道不仅对坐轮椅的人适用，而且对于高龄者以及推着婴儿车的母亲来说也十分方便。当然，坡道有时也会给正常人和步行困难者的行走带来一些困难和不便，因此建筑中往往台阶与坡道并用。

（1）坡度

坐轮椅者靠自己的力量沿着坡道上升时需要相当大的腕力。下坡时，变成前倾的姿态，如果不习惯的话，会产生一种恐惧感而无法沿着坡道下降，还会因为速度过快而发生与墙壁的冲撞甚至翻倒的危险。因此，坡道纵断面的坡度最好在 1/14（高度和长度之比）以下，一般也应该在 1/12 以下（图 10-9）。坡道的横断面不宜有坡度，如果有坡度的话，轮椅会偏向低处，给直行带来困难。同样的道理，螺旋形、曲线型的坡道均不利于轮椅通过，应在设计中尽量避免。

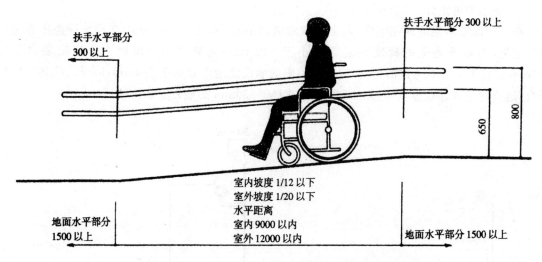

扶手水平部分 300 以上

扶手水平部分
300 以上

800

650

室内坡度 1/12 以下
室外坡度 1/20 以下
水平距离
室内 9000 以内
室外 12000 以内

地面水平部分
1500 以上

地面水平部分 1500 以上

图 10-9 坡道的坡度设计及扶手位置(mm)

(2)坡道净宽

坡道与走廊净宽的确定方法相同。一般来说,坐轮椅的人与使用拐杖的人交叉行走时的净宽应该确保 1500mm;当条件允许或坡道距离较长时,净宽应该达到 1800mm,以便两辆轮椅可以交错行驶。

(3)停留空间

在较长而且坡度较大的坡道上,下坡时的速度不容易控制,有一定的危险性。一般来说,大多数轮椅使用者不是利用刹车来控制速度,而是利用手来进行调节的,手被磨破的情况时有发生。所以,按照无障碍建筑设计规范中对坡度的控制要求,在较长的坡道上每隔 9~10m 就应该设置一处休息用的停留空间。轮椅在坡道途中做回转也是非常困难的事情,在转弯处需要设置水平的停留空间。坡道的上下端也需要设置加速、休息、前方的安全确认等功能空间。这些停留空间必须满足轮椅的回转要求,因此最小尺寸为 1500mm×1500mm。当停留空间与房间出入口直接连接时,还需要增加开关门的必要面积。

(4)坡道安全挡台

在没有侧墙的情况下,为了防止轮椅的车轮滑出或步行困难者的拐杖滑落,应该在坡道的地面两侧设置高 50mm 以上的坡道安全挡台(图 10-10)。

4. 楼梯

楼梯是满足垂直交通的重要设施。楼梯的设计不仅要考虑健全人的使用需要,同时更要考虑残疾人和老年人的使用需求。

(1)位置

公共建筑中主要楼梯的位置应该易于发现,楼梯间的光线要明亮。由于视觉障碍者不容易发现楼梯的起始和终点,因此在踏步起点和终点 300mm 处,应设置宽 400~600mm 的提示盲道,告诉视觉残疾者楼梯所在的位置和踏步的起点及终点。另外,如果楼梯下部能够通行的话,应该保持 2200mm 的净空高度;高度不够时,应在周围设置安全栏杆,阻止人进入,以免产生撞头事故。

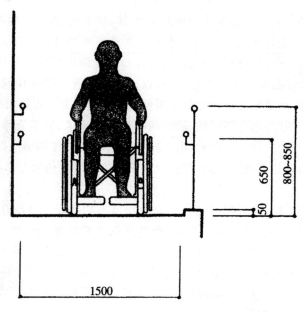

图 10-10　坡道两侧扶手和安全挡台的高度要求

（2）形状

楼梯的形式以每层两跑或者三跑直线形梯段最为适宜，应该避免采用单跑式楼梯、弧形楼梯和旋转楼梯。一方面旋转楼梯会使视觉残疾者失去方向感，另一方面，其踏步内侧与外侧的水平宽度都不一样，发生踏空危险的可能性很大，因此从无障碍设计角度而言不宜采用。

（3）尺寸

住宅中楼梯的有效幅宽为 1200mm，公共建筑中梯段的净宽和休息平台的深度一般不应小于 1500mm，以保障拄拐杖的残疾人和健全人对行通过。每步台阶的高度最好在 100～160mm 之间，宽度在 300～350mm 之间，连续踏步的宽度和高度必须保持一致。

（4）踏步

当残疾人使用拐杖时，接触地面的面积很小，很容易打滑。因此，踏步的面层应采用不易打滑的材料并在前缘设置防滑条。设计中应避免只有踏面而没有踢面的漏空踏步，因为这种形式会给下肢不自由的人们或依靠辅助装置行走的人们带来麻烦，容易造成拐杖向前滑出而摔倒致伤的事故。此外，在楼梯的休息平台中设置踏步也会发生踏空或绊脚的危险，应尽量避免。

（5）踏步安全挡台

和坡道一样，楼梯两侧扶手的下方也需设置高 50mm 的踏步安全挡台，以防止拐杖向侧面滑出而造成摔伤。

5. 电梯、自动扶梯和其他升降设备

（1）电梯

电梯是现代生活中使用最为频繁的理想垂直通行设施，对于残疾人、老年人和幼儿来说，通过电梯可以方便地到达每一层楼，十分方便。

①电梯厅

乘轮椅者到达电梯厅后,一般要进行回旋和等候,因此公共建筑的电梯厅深度不应小于1800mm。正对电梯门的电梯厅为了能使大家容易发现它的位置,最好加强色彩或者材料的对比。在电梯的入口地面,还应设置盲道提示标志,告知视觉障碍者电梯的准确位置和等候地点。电梯厅中显示电梯运行层数的标示应大小适中,以方便弱视者了解电梯的运行情况。而专供乘坐轮椅的人使用的电梯,通常要在电梯厅的显著位置安装国际无障碍通用标志。

当几台电梯同时使用时,运行情况的显示(如哪台电梯来了,准备去哪个方向等),在设计时应予以考虑,并有比较明确的指示。此外,由于轮椅使用者不能使用紧急疏散楼梯,因此在人流密集的公共建筑和高层居住建筑中,需要考虑设置紧急疏散用电梯和电梯厅。

②电梯的尺寸

为了方便轮椅进入电梯,电梯门开启后的有效净宽不应小于800mm,电梯轿厢的宽度要在1100mm 以上,进深要不小于1400mm。但是,在这样的电梯轿厢内轮椅不能进行 180°的回转。为了使轮椅容易向后移动,还需要在电梯间的背面安装镜子,以便乘轮椅者能从镜子里看到电梯的运行情况,为退出轿厢做好准备。如果要使轮椅能在轿厢内作 180°的回转,其尺寸必须满足宽 1400mm,深 1700mm 的要求,这样轮椅正面进入后可以直接旋转 180°,再正面驶出电梯。

③电梯厅和电梯轿厢按钮

电梯厅和电梯轿厢内的按钮应设置在轮椅使用者的手能触及的范围之内。一般在距离地面800～1100mm 高的电梯门扇的一侧或者轿厢靠近内部的位置,如果能同时设置两套高度不同的选层按钮,将方便处在不同位置上的人们使用。轮椅使用者专用电梯轿厢的控制按钮最好横向排列。控制按钮的配置或设计最好统一,但是到达一层大厅的按钮应尽量与其他楼层的按钮在形状和色彩上有所区别。按钮的表面上应有凸出的阿拉伯数字或盲文数字标明层数,按钮装上内藏灯,使其容易判别,视觉障碍者也容易使用。此外,在公共建筑中,最好每层都有直接广播。

④安全装置

残疾人一般动作都比较缓慢,因此电梯门的开闭速度需要适当放慢,开放时间需要适当延长。警报按钮和紧急电话等在设置时也要考虑到轮椅使用者的操作方便,应该设在他们手能够得着的地方。电梯轿厢内三面都应设置高 850mm 的扶手,扶手要易于抓握,安全坚固。

(2)自动扶梯

众所周知,自动扶梯对步行困难者、高龄者和行动不便者是一种有效的移动手段,自动扶梯在当今的商业建筑、交通建筑中已得到广泛使用。但是很少有人知道,如果轮椅使用者接受一定的自动扶梯搭乘训练,他们就能够单独乘坐自动扶梯,如果同时还能得到接受过这方面训练的照看者的帮助,那么轮椅使用者利用自动扶梯的频率会更高。

(3)其他升降设备等

除了电梯、自动扶梯之外,考虑供残疾人利用的其他移动设备也在不断开发之中。在进行室内设计时,如何选用这些设备是一个很重要的课题。这方面,国外的很多成功经验值得学习和借鉴。

①坡道电梯:坡道电梯设置在台地的斜坡上,一般在难以使用垂直电梯的情况下采用。这一设备操作容易,但不能像自动扶梯那样有很大的运送能力,它的大小和装备与垂直电梯几乎相同。

②升降台:升降台是把水平状态的平台通过机械使它升高或降低的一种平台,适用于高差不

大的情形(图 10-11)。

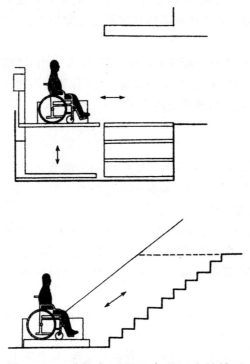

图 10-11　升降台适用于高差不大的情形

　　③楼梯升降机:楼梯升降机是在不能安装电梯的小型建筑物中设置的。升降机的传送轨道固定在楼梯的侧边或者楼梯的表面。升降机则在传送轨道上作上下移动,升降机有座椅型和盒箱型两种。座椅型可以安装在旋转式梯段处,盒箱型的升降机只能安装在直线梯段的地方(图 10-12)。

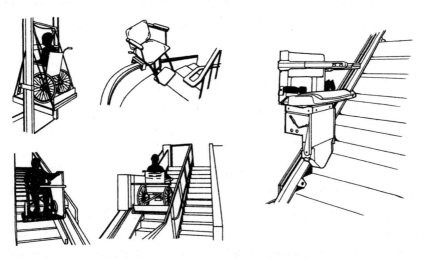

图 10-12　各种类型的楼梯升降机

④移动步道：移动步道是在水平或只稍微倾斜的坡面轨道上移动的装置。在移动步道上，行人、婴儿车、轮椅、自行车等一般都感到比较舒适。设计时要留意残疾人能够使用的有效幅宽、运行速度、弯曲度、地面材料等。因为在乘降地点容易发生翻倒事故，所以要十分注意固定地面和可动地面的连接。

⑤升降椅：较严重的残疾者在升降或移动时，常常需要使用升降椅。升降椅的短距离移动十分有效，上床、入浴、上汽车等经常使用，一般来说，其操作需要有他人协助。但悬挂在屋顶轨道上的升降椅通过遥控操作，残疾人独自也能完成移动。

6. 厕所、洗脸间

残疾人外出时碰到较多的一个困难就是能够使用的厕所太少。在各类建筑物中，至少应该设置一处可供轮椅使用者使用的厕所。根据建筑的种类及使用目的，轮椅使用者能够利用的厕所数量也要相应调整，并考虑其使用上的方便。

可供轮椅使用者利用的厕所，需要在通道、入口、厕位等处加上标志，最好是视觉障碍者也能够理解的盲文或用对比色彩做成的标志。这些标志一般在离地面 1400～1600mm 处设置。此外，为了避免视觉障碍者判断错误而误入它室，建筑物内各层的厕所最好都在同一位置，而且男女厕所的位置也不要变化。

厕所、洗脸间的出入口处应该有轮椅使用者能够通行的净宽，不应设置有高差的台阶，最好不要设门。遮挡外部视线的遮挡墙也需要考虑轮椅通行的方便。

在厕所中，各种设施都应该便于视觉障碍者容易发现、易于使用，并保证其安全性。地面、墙面及卫生设施等可以采用对比色彩，以易于弱视者区分。一些发光的材料会给弱视者带来不安，尽量不要使用。地面应采用防滑且易清洁的材料。

(1)轮椅使用者的厕位

从轮椅移坐到便器座面上，一般是从轮椅的侧面或前方进行的。为了完成这一动作，便器的两侧需要附加扶手，并确保厕位内有足够的轮椅回转空间(直径 1500mm 左右)。当然这样一来，就需要相当宽敞的空间，如果不能够保证有这么大的空间，就应该考虑在轮椅能够移动的最小净宽 900mm 的厕位两侧或一侧安装扶手，这样轮椅使用者能够从轮椅的前方移坐到便器座面上。这一措施对于步行困难的人也十分方便。

①厕位的出入口

厕位的出入口需要保证轮椅使用者能够通行的净宽，不能设置有高差的台阶。厕位的门最好采用轮椅使用者容易操作的形式。横拉门、折叠门、外向开门都可以。如果是开关插销的形式，需要考虑上肢行动不自由的人能够方便地使用，并在关闭时显示"正在使用"的标志。

②座便器

座便器的高度最好在 420～450mm。当轮椅的座高与座便器同高时，较易移动，所以在座便器上加上辅助座板会使利用者更加方便，同时还能起到增加座便器高度的作用。轮椅使用者最好采用座便器靠墙或者底部凹进去的形式，这样可以避免与轮椅脚踏板发生碰撞。

③冲洗装置和卫生纸

冲水的开关要考虑安装在使用者坐在座便器上也能伸手够到的位置，同时还应采用方便上肢行动困难的使用者使用的形式，有时可以设置脚踏式冲水开关。卫生纸应该放在座便器上可以伸手够到的地方，最好放在座便器的左侧或者右侧。

④扶手

因为残疾人全身的重量都有可能靠压在扶手上,所以扶手的安装一定要坚固。水平扶手的高度与轮椅扶手同高是最为合理的;竖向扶手是供步行困难者站立时使用的。地面固定式扶手需要考虑不妨碍轮椅脚踏板移动的位置和形式。扶手的直径通常为 320～380mm。

⑤紧急电铃

紧急电铃应设在人坐在坐便器上手能够到的位置,或者摔倒在地面上也能操作的位置。另外最好可以采用厕位门被关上一定时间后,能自动报告发生事态的系统,以保证残疾人的使用安全。

(2)小便器及其周围的无障碍设计

男性轻度残疾者可以使用普通的小便器,但考虑到可能站立不稳,所以仍需安装便于抓握的扶手。

①扶手

小便器周围安装上扶手可以方便大多数人使用。小便器前方的扶手是让胸部靠在上面的,高度在 1200mm 左右较为合适;小便器两侧的扶手是让使用者扶着使用的,最好间隔 600mm,高 830mm 左右。扶手下部的形状要充分考虑轮椅使用者通行的畅通,也应该考虑挂拐杖者使用的方便。当然,扶手还必须安装牢固。

②冲洗装置与地面材料

为了使上肢行动不便的使用者也容易操作,最好使用按压式、感应式等自动冲洗装置。小便器周围很容易弄脏,地面要可以用水冲洗,要设排水坡度和排水沟等。同时,也要注意材料的防滑。

(3)洗脸间

洗脸及洗手池需要考虑轮椅使用者及行动不便的人使用方便。在同一个厕所内设置多个洗脸盆时,应为轮椅及行动不便的人分别设置一个以上的洗脸盆。

①安装尺寸

轮椅使用者一般要求洗脸盆的上部高度为 800mm 左右、盆底高度为 650mm 左右、进深 550～600mm 左右,这样使用较为方便。另外,也可以采用高度可调的洗脸盆。行动不便的人使用的洗脸盆与一般人使用的高度一样。

②扶手

如果行动不便者使用壁挂式洗脸盆,需要在洗脸盆的周边安装扶手。如果是镶嵌式的最好也要安装上扶手。扶手的高度要求高出洗脸盆上端 30mm 左右,横向间隔 600mm 左右。洗脸盆前端与扶手间隔 100～150mm 左右。扶手的下部形状最好考虑到不妨碍轮椅的通行。另外还需要考虑扶手可以靠放拐杖。扶手要能够承担身体的重量,需要安装牢固。

③水龙头开关与镜子

上肢行动不便的人不能够使用旋转式开关,因为很难全部关上。最好采用把手式、脚踏式或者自动式开关。如果是热水开关,需要标明水温标志和调节方式,热水管应采用隔热材料进行保护,以免烫伤。轮椅使用者的视点较低,因此镜子的下部应距离地面 900mm 左右,或者将镜子向前倾斜。

7. 浴室、淋浴间

为了让残疾者能够洗澡,应该在浴室的一端设置轮椅的停放空间,并且留出照料者的操作空间。私人住宅可以根据残疾者的情况设计浴室,多数人使用的公共浴室设施应考虑满足各种不同情况下供残疾人使用的多功能设施。

(1)浴池、淋浴

为了便于残疾人使用,浴池应该出入方便,高度要与轮椅座高相同,并设有相同高度的冲洗台。在浴池的周边要装上扶手,这样可以使从轮椅到冲洗台更加容易,同时从冲洗台也可以直接进入浴池。残疾者在淋浴时,最简单的方法就是利用带有车轮的淋浴用椅子直接进入没有门槛的淋浴间。

(2)材料、铺装

浴池内及浴室的地面容易打滑,要在铺装材料上多加注意。擦洗场所应采用防滑材料,同时应该考虑排水沟和排水口的位置,尽量避免肥皂水在地面上漫流。

(3)扶手

浴室及淋浴室的扶手起到保持身体平衡、方便站立等重要作用。不同方向的扶手有着不同的功能,一般来说,水平扶手是用来起支撑作用的;而垂直扶手是用来起牵引作用的;弯曲或倾斜的扶手具有支撑及牵引两种功能。在进出浴池时,最好是用水平和垂直两种形式组合的扶手。较大的淋浴室最好在四周墙面上都安装扶手。

(4)淋浴器

根据残疾人的不同情况,可以使用可动式或固定式淋浴器。例如,轮椅使用者不能站起来的话,希望在较低处安装可动式淋浴器。如果是腿不能弯曲的半瘫者,安装位置不到一定的高度使用上会不方便。在公用的残疾者使用的大浴室中,最好把半瘫者和轮椅使用者分开,设置多种不同规格的淋浴器。为了方便上肢行动不便的残疾者,宜设置把手式的供水开关。

(5)紧急呼救

在浴室里有可能发生身体不适、摔倒等事故,需要设置通知救护者的紧急呼救装置。这种装置最好设置在浴池中用手够得到的位置。

8. 厨房

现在的厨房有越来越向机械化和电子化发展的趋势,由于残疾人不能使用复杂的器具并常常因误用而引发一些事故,因此,厨房最好有大小合适的空间,在设计时尽可能选择安全的、使用方便的设备。另外,厨房的设计既要适合一般人使用,又要能满足行走不便的人或轮椅使用者利用,因为这三种使用者的活动范围和活动方式各不相同。

(1)平面形式

由于轮椅不能横向移动,而对于使用拐杖或行走不便的人来说,则最好能利用两侧的操作台支撑身体。因此在配置厨房设施时,最好采用L形或者U形,并在空间上保证轮椅的旋转余地。

步行困难者如果离开了拐杖,保持直立就会有一定的困难,因此需要加上扶手或可以安装安全带的设施。

(2)操作台高度

为了使轮椅使用者坐在轮椅上也能方便地进行操作,操作台的高度应在 750～850mm 之间。这个高度对于普通人来讲，就显得低矮了，于是我们还需设置其他操作面、翻板或抽拉式的操作台，这样就可以满足不同人的使用需要了。

（3）水池与灶台

底部可以插入双腿的浅水池能够让轮椅使用者靠近并使用它，而行走困难的人在水池前放上椅子也可以坐着洗涤。温水和排水管应加上保护材料，使那些脚部感觉不很敏感的人碰到发热的管子时也不至于受伤。另外在这个空间不使用时，可以考虑作为可移动式贮藏厢的存放场所。

由于轮椅使用者伸手可及的范围有限，灶台的高度对轮椅使用者来说 750mm 左右最为合适。灶台的控制开关宜放在前面，各种控制开关按功能分类配置，调节开关应有刻度并能标明强度。对视觉障碍者来说，最好是通过温度鸣响来提示。为避免被溢出来的汤烫伤的危险，在灶台的下方，应避免设置可让轮椅使用者腿部伸入灶台下的空间。

（4）储藏空间

平开门的柜子，打开时容易与人体发生碰撞，因此在狭窄的空间里宜采用推拉门。特别是在容易碰到头部的范围，必须安装推拉门。

9. 起居室和用餐空间

（1）起居室

起居室是人们居家生活使用时间最多的空间之一，起居室具有学习、用餐、休息、团聚及观景、看电视等多种功能。在残疾人家庭起居室设计时，需要安排好轮椅的通行与回旋。因此，空间规模要略大于一般标准，使用面积达到 18m² 较为合适。起居室通往阳台的门，在门扇开启后的净宽要达到 800mm，门的内外地面高差不应大于 15mm。阳台的深度不应小于 1500mm，阳台栏板和栏杆的形式和高度要考虑轮椅使用者的观景效果。

（2）用餐空间

住宅内的用餐空间最好在厨房或者临近厨房位置，使用空间最小应能容纳 4 人进餐的餐桌，宽度为 900mm。如果要保证轮椅使用者横向驶近餐桌时，地面要有至少 1000mm 的净宽。座位后如果有人走动，则需要预留 1300～1400mm 净空；如座位后有轮椅推过，座后需留 1600mm 的净空。

10. 卧室

残疾人使用的卧室考虑到轮椅的活动，其空间大小在 14～16m² 较为实用。考虑到在床端要有允许轮椅自由通过的必要空间，矩形卧室的短边净尺寸应不小于 3200mm。

为了避免不舒适的眩光，床与窗平行安置为宜，不要垂直于窗的平面。卧室床下的空间要便于轮椅脚踏板的活动，封闭的下部是不利于轮椅靠近的。对于轮椅使用者，床垫的高度需要与轮椅座高平齐，约 450～480mm。较高的床垫则有利于步行困难者从床上站起来。

11. 客房

由于残疾人的行动能力和生理反应与健全人有一定差距，因此供残疾人使用的客房一般宜设在客房区的较低楼层，靠近楼层服务台、公共活动区及安全出口的地方，以利于残疾人方便到达客房、参加各种活动及安全疏散。

客房的室内通道是残疾人开门、关门及通行与活动的枢纽,其宽度不应小于1500mm,以方便轮椅使用者从房间内开门,在通道内取衣物和从通道进入卫生间。客房内还要有直径不小于1500mm的轮椅回转空间。客房床面的高度、坐便器的高度应与标准轮椅的座高一致,即450mm,可方便残疾人进行转移。

为节省卫生间的使用面积,卫生间的门宜向外开启,开启后的净宽应达到800mm。在坐便器的一侧或两侧安装安全抓杆,在浴缸的一端宜设宽400mm的洗浴座台,便于残疾人从轮椅上转移到座台上进行洗浴。在座台墙面和浴盆内侧墙面上要安装安全抓杆。洗脸盆如果设计为台式,在洗脸池的下方应方便轮椅的靠近(图10-13)。此外,在卫生间和客房的适当位置,要安装紧急呼叫按钮。

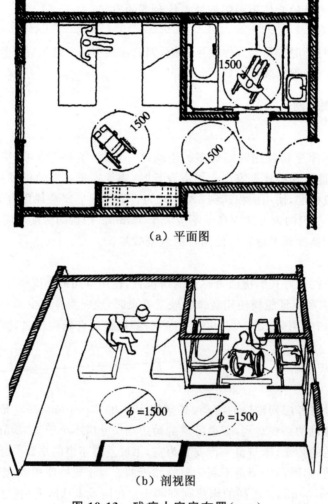

(a) 平面图

(b) 剖视图

图10-13　残疾人客房布置(mm)

12. 轮椅座席

在大型公共建筑内,如图书馆、影剧院、音乐厅、体育场馆、会议中心的观众厅和阅览室等地,应设置方便残疾人到达和使用的轮椅座席。轮椅座席应该设在这些场所中出入方便的地段,如靠近入口处或者安全出口处,同时轮椅座席也不应影响到其他观众的视线,不应对走道产生妨碍,其通行的线路要便捷,能够方便地到达休息厅和厕所。

轮椅席的深度一般为1100mm,与标准轮椅的长度基本一致。一个轮椅席的宽度为800mm,是轮椅使用者的手臂推动轮椅时所需要的最小宽度。两个轮椅席位的宽度约为三个观众固定座椅的宽度。通常将这些轮椅席位并置,以便残疾人能够结伴和服务人员的集中照顾。当轮椅席空闲时,服务人员可以安排活动座椅供其他观众或工作人员就座,保证空间的利用率。为了防止轮椅使用者和其他观众席座椅的碰撞,在轮椅席的周围宜设高400~800mm的栏杆或栏板。在轮椅席旁和地面上,应设有无障碍通用标志,以指引轮椅使用者方便就位。

(二)室内细部的无障碍设计

随着越来越多的人认识到无障碍室内设计的重要作用,室内设计师还需要关注残疾人使用的室内空间中的细部设计和细部处理,从全局观点考虑这些细微之处的人性化设计。

1. 门

供残疾人使用的门,设计时要注意门的宽度,门的形式,开闭时是否费力,门扇的内开或外开,铰链、门锁及手柄的位置等,必须从残疾人,特别是轮椅使用者对门的要求出发进行考虑。

(1)门的形式

门的形式多种多样,各有优缺点,需要根据不同情况合理地加以选择。从使用难易程度来看,最受欢迎的是自动推拉门,其次是手动推拉门,最后是手动平开门。折叠门的构造复杂,不容易把门关紧;自动式平开门存在着突然打开门而发生碰撞的危险,通常是沿着行走方向向前开门,需要区分出口和入口的不同;而旋转门对轮椅不能适用,对视觉障碍者或步行困难者也比较容易造成危险,如必须设置的话,应在其两侧另外再设平开门。

①自动门

自动门的开关有很多种类,残疾人是否容易使用还需要根据具体的情况来进行判断。对于轮椅使用者来说,手可以接触到的有限范围,以及坐在轮椅上脚比前轮要多出500mm等情况都应充分考虑;对于步行困难者来说,因为行动缓慢,一定要注意避免在还没有完全通过大门时门就关闭起来;而对于视觉障碍者来说,需要明确的是门开关的位置和方向,与此同时也希望能够听到门开关的声音。

②推拉门

推拉门能够保证安全操作,但门越大重量也就越大,有可能发生靠残疾人自身的力量很难打开的情况。下导轨式的推拉门容易发生故障,下导轨也会给轮椅的进出带来一定的障碍。所以设计时应考虑采用悬吊式的上导轨,但要做好门扇的固定工作,如果由于支点的不稳定使门扇发生摇晃,则会给使用者带来一定的危险。

③平开门

平开门的开闭方向和开口部分的大小是根据走廊的宽度、墙壁的位置等因素来共同协调决定的。在一般情况下,室内空间中大多数门的开关方向以内开启为好,这样能够避免外开门妨碍走廊、通道或其他交通场所的使用面积。但是在残疾人使用的居室里,对于面积较小的房间,例如浴室和厕所的门则不宜内开。因为如果有人在小房间内跌倒,门便被堵住,这将是很危险的。如果门的内侧与外侧都没有障碍的话,可以采用双向式门,这样出入门时都可以按前进的方向打开门扇,这对坐轮椅的人来说是比较理想的。

公共建筑中使用频繁的走廊和通道中,需经常开启的门扇最好装上自动闭门装置,以此避免视觉障碍者碰上打开着的门。同时,我们也要考虑到步行困难者和视觉障碍者行动缓慢的行为特点,不应使用强力的闭门器,因为那样会使他们在出入时发生危险。

(2)门的净宽

残疾人使用的门的净宽最低为 800mm 以上,但最好能保持在 850mm 以上。坐轮椅的人开关或者通过大门时,需要在门的前后左右留有一定的平坦地面。根据安装方式的不同,需要的空间大小也不一样。

(3)门的防护

通常来说,轮椅的脚踏板最容易撞在门上,为了避免门被轮椅或助行器碰撞受损,残疾人住宅、残疾儿童的特殊学校、老人中心、残疾人活动中心等处的门,要在距离地面 350mm 以下安装保护板。

(4)透明大门

为避免在门打开时不同方向的残疾人发生碰撞,需要安装能看到对面的透明玻璃门。同时考虑到视觉残疾者的使用,一般在距离地面 1400～1600mm 高的地方粘贴带颜色的色带。对于一些有私密性要求的房间,以及只允许向内打开的单向房门,局部的透明也可以减少发生碰撞事故。

2. 窗

窗户对不能去外面活动的残疾人来说是他们了解外界情况的重要途径。有人认为视觉障碍者不需要窗户,实际上这是错误的。相反,他们对于窗户的要求更为强烈,因为他们可以通过窗外传来的声音和气味等来感受外面的世界。总的说来,窗户应该尽可能容易操作,而且又很安全。

(1)窗台高度

窗台的高度是根据坐在椅子上的人的视线高度来决定的,最好在 1000mm 以下,高层建筑物需要设置防护扶手或栏杆等防止坠落的设施。

(2)窗的开关

对于离不开轮椅的人独立使用的住宅中,窗的启闭器不能高出地面 1350mm,虽然坐轮椅的人伸手摸高超出此值,但由于窗前可能有盆花或其他阻挡,所以最高为 1350mm,最适宜的值为 1200mm。窗的启闭器必须让残疾人伸手可以摸到,并且易于操作,必须避免设置爬上桌椅才能开关的高窗。

(3)窗帘

为了能够调节室内的环境条件,需要设置遮阳板、百叶窗、窗帘等,这些应尽量选择操作容易、性能安全的装置。在经济条件允许的情况下,可以选择使用方便的遥控窗帘。

3. 扶手

扶手是为步行困难的人提供身体支撑的一种辅助设施,也有避免发生危险的保护作用,连续的扶手还可以起到把人们引导到目的地的作用。

扶手安装的位置、高度和选用的形式是否合适,将直接影响到使用效果。即使在楼梯、坡道、走廊等有侧墙的情况下,原则上也应该在两侧设置扶手。同时尽可能比梯段两端的起始点延长一段,这样可以起到调整步行困难者的步幅和身体重心的作用。在净宽超过 3000mm 的楼梯或者坡道上,在距一侧 1200mm 的位置处应加设扶手,使两手都能够有支撑。对下肢行走不便的人来说,一直到可以使身体稳定的场所,一路上都需要扶手。扶手应该是连续的,柱子的周边、楼梯休息平台处、走廊上的停留空间等处也应该设置。此外,视觉障碍者不容易分辨台阶及坡道的起始点,所以也需要将扶手的端部再水平延长 300～400mm。扶手的颜色要明快而且显著,让弱视者也能够比较容易识别。

(1)形状

扶手要做成既容易扶握又容易握牢的形状,给使用者带来安全和方便,扶手的各种断面形式。一般扶手的端部都做成圆滑曲面或者直接插入墙体之中。当沿墙设置扶手时,将扶手凹进墙内也是可以采取的形式。

(2)尺寸

扶手的尺寸应该以能被残疾人握紧为宜,供抓握的部分应采用圆形或椭圆形的断面。考虑坐轮椅的人能方便地使用扶手,其高度应在 800～850mm 之间。扶手与墙面要保持 40mm 的距离,以保证突然失去平衡要摔倒的人们不会因为有扶手而发生夹手现象,同时也能保证很容易地抓住扶手。

(3)安全性

由于扶手需要承受一部分的体重,所以要求有一定的坚固性,在任何一个支点都要能承受 100kg 以上的重量。在栏杆式扶手的下方,应设置 50mm 高的挡台。

4. 墙面

轮椅通常不易保持直行,轮椅的车轮及脚踏板碰到墙壁上,或者手指被夹在轮椅和墙壁之间的事时有发生。为避免这类事件,应设置保护板或缓冲壁条。这些设施在转弯处容易出现直角,设计时要考虑做成圆弧曲面的形式,或通过诸如金属、木材、复合材料等进行转角保护,避免墙面损伤和人身伤害。

5. 地面

大部分公共建筑和高层住宅的入口大厅地面往往采用磨光材质,这样会造成使用拐杖的残疾人行走困难,下雨天地面被弄湿后就更容易打滑。因此,最好是采用弄湿后也不容易打滑的材料,如塑胶地板、卷材等。在走廊和通道地面材料的选择上,也应该使用不易打滑、行人或轮椅翻倒时不会造成很大冲击的地面材料。当在高档酒店、商业空间等地面使用地毯时,以满铺为好,面层与基层也应固结,防止起翘皱折,还要避免因为地毯边缘的损坏而引起的通行障碍或危险,而且其表面应该与其他材料保持同一水平高度。另外,表层较厚的地毯,对靠步行器、轮椅和拐杖行走的人们来说,会导致行走不便或引起绊脚等危险,应慎重选择。

6. 色彩和照明

巧妙地配置色彩可以让残疾人比较容易在大空间中行走,也可以比较容易的识别对象。在容易发生危险的地方,通过对比强烈的色彩或照明,能提醒人们注意。连续的照明设施配置,还可以起到诱导的作用。此外,贴上普通的标志,把色带贴在与视线高度相近(1400～1600mm)的走廊墙壁上,也可以帮助弱视的人们识别方位。在门口或门框处加上有对比的色彩,则能够明确表示出入口的位置。

为了使近视的人们能够从远处辨别楼梯的位置,在楼梯部分加一些对比的色彩是很理想的。另外,为了使踏步水平向的踏面和垂直面的踢面有明确的区别,也可以在考虑色彩的同时考虑照明的角度。

7. 控制按钮

室内空间中各类控制按钮的设计需要考虑便于残疾者操作。由于轮椅使用者与行动不便者的手能够到的范围要比站立者低,所以主要控制按钮的高度必须设置在轮椅使用者和站立行动不便者都可以够到的范围之内。同一用途的控制开关,在同一建筑物的内部空间中要尽可能保持统一,采用同一种设计。

电灯开关、中央空调调节装置、电动脚踏开关、火灾报警器、紧急呼叫装置、窗口的关闭装置、窗帘开关等所有的控制系统都需要做成容易操作的形状和构造(如大键面板或搬把式开关),并设置在距离地面1200mm的高度以下。电器插座的高度也要适宜,便于使用。随着现代科技的不断发展,我们也可以将遥控装置和声控装置等技术应用和推广到残疾人室内空间设计中去,从而使他们的生活更方便、更安全。

8. 门把手

门把手应该考虑轮椅使用者使用的高度和形状。横向长条状把手高度为800~1100mm之间,其他的把手标准高度为850~900mm。圆形的门把手对于上肢或手有残疾的人来说使用起来有困难,最好用椭圆形的把手。门表面和把手之间的净空以40mm为宜,这样可以方便手指僵硬和畸形的人使用。门框到把手的净距离也要在350~400mm之间,避免开门时擦伤手指。轮椅使用者在关闭平开门时,把手上下方建议设安全玻璃的观察窗,在门扇的另一面设关门拉手,这样开关会比较容易。

9. 家具

家具也是无障碍室内设计的重要内容,家具设计应该以残疾人使用方便为前提,避免因家具而引发的对残疾人的伤害或危险。

(1)服务台,一般需要满足对话、传递物品、填表登记等要求,其对应的内容不同,形式也不一样。对于轮椅使用者来说,服务台的高度如果不在800mm左右,下部不能插入轮椅脚踏板的话,使用起来会很不方便。对于使用拐杖的人来说,也需要设置座椅及拐杖靠放的场所。

(2)桌子,下部要求留有轮椅使用者脚踏板插入的必要空间。为了使桌子能起到支撑身体的作用,最好做成固定式或不易移动式,以免残疾人不慎碰撞后因桌子的移动而摔倒。

(3)橱柜类家具,残疾人使用的橱柜类家具要做得大一些,要有一定的备用空间,所有东西的存放位置应该相对固定,这样即使是视觉障碍者寻找起来也会方便许多。橱柜的高度、深度需要根据轮椅使用者、步行困难者以及健康人的各种情况来综合考虑,以适应不同人的使用。例如,书架类的进深最好在400mm以下。设计时,轮椅使用者经常使用的部分不要放在橱柜的角落或转角处,同时还要考虑到确保轮椅使用者开关橱柜类家具时需要的空间。碗柜上部的门最好采用横拉门或者上下拉门,这样就不会发生打开的门撞头的危险。为了便于清洁,橱柜表面宜做成硬质,表面以不反光或反光较少的材料为宜。

(4)公用电话,公共建筑物内至少应该有一个公用电话可以让轮椅使用者使用。对于轮椅使用者来说,要保证坐在轮椅上可以投币,话筒能够以很舒适的姿势操作,电话机的中心就应设置在距离地面900～1000mm的高度,电话台的前方要有确保轮椅可以接近的空间。对于行动不便的人来说,为了站立时的安全,两侧要设置扶手,并提供拐杖靠放的场所。

(5)饮水器,国外的公共场所内,饮水器是常见的室内设施。为了使轮椅使用者喝水更加容易,饮水机的下方要求留出能插入脚踏板的空间。通常在离开主要通行路线的凹壁处设置从墙壁中突出的饮水器。开关统一设置在前方,最好是既可用手又可用脚来操作的,高度通常在700～800mm之间。

(6)自动售货机,常常被作为一种附加的功能性设施在室内设计结束后进行设置。如果有可能,最好是在设计之初就有计划地进行配置。自动售货机的操作按钮高度为1100～1300mm,同时为了确保轮椅使用者能够接近,其前方要留有一定的空间。取物口及找钱口的位置应高于地面400mm以上。

10. 标识设计

残疾人行动能力有限,在一座大的建筑里或者第一次进入的建筑中,会产生好像被困在雾中山林的感觉。此时出现的问题有:自己现在所在的地点是哪儿? 自己想要去的目的地在哪儿? 要到达目的地所要经过的路线在哪儿? 以及为避免出现错误自己应该怎样做? 等等,对这些问题不作出交代,他们是无法行动的。因此,这些信息应该用易于理解、尽可能简单的语言表达,如果可能的话,还要用视觉的、听觉的、触觉的手段重复告知来访者。诱导信息应该像锁链一样形成系统,否则人们在途中就会产生一种不能安心的感觉,导致行动上出现错误。国际上对残疾人的标识设计有统一的规定,详细内容请参考相关资料,在此不再详述。

四、为视残者考虑的室内设计

(一)视残者的感觉补偿

人的感觉方式分为视觉、听觉、触觉、嗅觉和味觉五种,其中,视觉占有很大的比重。视觉有了缺陷,会给人们的生活和工作带来很大的障碍。视觉残疾者为了获得必要的信息,往往要充分利用其他感觉器官,以此补偿视觉障碍,经过各种感觉包括残余视力在内的重新组合,使他们能在不同程度上感知和适应所生活的环境。

视觉残疾者的听力通常很发达,对方向十分敏感。他们通过回声来判断距离;通过脚步声及周围环境对声音的反射来辨别障碍;通过声音的类别来判断所处环境的性质等,以便从熟悉的声音中找到安定的感受,在危险的信号中能够及时保护自己的安全。

视觉残疾者的触觉也很发达。手主要感知精确的空间环境和操作行为,可以感知大小、形状、质感、传热程度、动静状态以及其他细小的变化。脚的触觉则用于对所处环境特性的整体判断,通过感知不同地面的不同质感,来知晓自己所处的大概位置及环境状况,并决定下一步的行动。

从嗅觉获得的信息虽然不如听觉和触觉,但可以弥补触觉的不足,并配合听觉从不能接触到的地方嗅知事物的情状,如花的香味、食物的气味等,这些都可以用来帮助辨别事物和环境。

除了毫无光感的盲人之外,视觉残疾人仍具有不同程度的视觉。对于有残余光感的人,明朗的光线、鲜明的色彩,有助于他们对环境的辨识,并产生愉快的感觉。反之,光线阴暗、色彩昏沉,会使他们感到信息不明确,容易混淆,使人沮丧、止步不前,或因此分辨错误,发生碰撞而产生危险。

视觉残疾者的感觉系统构成虽然不同于正常人,但包括残余视觉在内的感觉仍然可以成为相互补充和相互影响的感知系统,帮助他们来辨别环境。因此,我们在设计时要充分利用人的各种感觉器官,使视觉残疾者最大限度地感知所处环境的空间状况,缩小各种潜在的心理上的不安全因素,环境中也应尽可能提供较多的信息源,以适应不同需要。

(二)视残者的活动方式及尺度

视觉残疾者在熟悉环境的过程中,首先利用听觉和触觉等其他健康感官来认识环境,所以需要比正常人更大的活动空间并有其特殊的尺度要求。

1. 触摸尺度

视觉残疾者通常采用手的触觉来获得准确的信息,其触摸范围的上限以成年女子身高为基础,取 1600mm;下限以成年男子身高为基础,上臂自然下垂,前臂斜伸向地面成 45°角,手指尖距地面高度为 700mm。在这个范围内,可以布置所有为视觉残疾者设立的各种信号标识或设施,以便他们能顺利地触摸到。在此范围以外的符号或设施,将不易被利用并容易引起失误。

2. 行走尺度

视觉残疾者在室内的行走方式有三种:徒手行走、手持盲杖行走以及依靠电子仪器行走。

(1)徒手行走:在熟悉的环境中,除非出现特殊或临时的障碍,视残者通常能行动自如。在新环境中,他们徒手前进时往往手臂伸展,上臂向前倾约 45°,以成年男子计,自人体中心线伸出约 650mm。

(2)手持盲杖:室内环境中,视残者在盲杖的辅助下往往会沿墙壁或栏杆行走,他们的脚离墙根处约 300～350mm。而在宽敞的公共建筑大厅或交通空间中行走时,他们会用盲杖做左右扫描行动,了解地面情况,扫描的幅度约为 900mm。

(3)靠电子仪器:电子仪器有眼镜式、耳机式、怀表式、探杖式等,或利用红外线感应、光电感应等传感器将外界的障碍物信息转变为声音信号、电脉冲刺激,乃至人造的形象视觉等来指导行动。

(三)视残者的环境障碍

通常视残者对障碍物、危险物难以预知,特别是这些东西位置不固定的时候,就更难以预料。他们手持的盲杖往往只能探知地面的状况及腰部以下的距离身边很近的对象物,而墙面、顶棚的突出物却不容易被发现。视残者踩空楼梯的危险很大,特别在楼梯的起始和结束的地方,他们还容易将下楼梯的台阶误看成是一块板。弱视者通常不太容易看清大的透明玻璃面,特别是在逆光的地方如果有透明门时,因为不容易分辨出它的存在,就会发生碰撞事故。而色盲和色弱者对彩色的标志则难于辨认。

(四)与视残者有关的室内细部设计

1. 引导视残者的设施

视觉障碍者是靠脚下的触感和反射声音来步行前进的,改变地面材料可以使他们更容易识别方位,发现走廊和通道,或者容易发现要到达的地点。在室内设计中,利用不同特性来达到不同目的的材料被称为触感物或触辨物。我们可以用不同粗细、软硬的材料作为触感物或触辨物,以此来表示不同的区域,例如通道与一般地面,厨房与客厅的划分等;或用粗面材料作为标志,例如楼梯踏步前的粗面材料作为上下楼梯的预告,或大门口的室内室外的分界等;还可以用粗面材料或花纹表面作为导盲系统的路面标志,构成盲道,沿着这种标志前进可以到达预定的目标。通常,视觉障碍者对斜面的识别有一定的困难,一般采用在坡道的开始和终止处的地面上铺上盲道砖或改变铺装材料来提示视觉障碍者。当然,触感物不仅仅限于地面,它还可以是墙面、门的饰面、扶手、指示牌的表面等。

2. 地面的处理

对于盲人来说,地面的防滑是最为重要的。在浴室、卫生间和厨房里,必须使用防滑地砖;对于客厅、卧室等处,即使是富于弹性的木地板,使用时也要格外小心,有压纹的弹性卷材往往是不错的选择。

由于近视者从台阶上方向下看时不易分清每段台阶,所以需要明确每步台阶的端部。为了防止踏空,踏板与边缘防滑部分应该采用对比的颜色。在有大面积直射阳光存在时,踏步表面会反射很多倒影,并产生强烈反光,给弱视者上下楼梯带来困难。因此,要避免楼梯踏步表面采用一些反光的、光滑的材料。

3. 符号标志和发声标志

视觉残疾者可通过触摸式的标志或符号来获得必要的信息,这些标志可以设置在墙面、地面、栏杆扶手、门边柱杆上或其他可以触及的地方。

(1)盲文与图案

利用盲人能够摸清的盲文和图案来区分空间的用途,如房间名称,盥洗室、问询处的指向牌,走廊的方向,房间的出入口所在地等等。文字与图案凸出高度应在 5mm 左右,设置高度在离地面 1200～1600mm 之间,使盲人得到一个明确的信息。此外,可以在楼梯、坡道、走廊等处的扶手端部设置盲文,表示所在位置和明确踏步数,让视力残疾者做到心中有数,避免踏空的危险。

(2)可见的符号标志

给弱视的人提供信息,可以采用可见的符号标志,如公共建筑中的层数、房间名称、安全出口、危险区域界线等,这些符号标志对于视力正常的人也是需要的。只是要注意到弱视者的限制,对文字、图案的大小、对比度、亮度、色彩予以适当的调整。标志的位置一般在 2000mm 以上,以免拥挤的时候被人流挡住视线。

（3）发声标志

声音能够帮助视觉残疾者辨别环境特点，确定所在的位置。从直接声、反射声、共鸣声、绕射声等的大小和方向，视觉残疾者能够知道障碍物的距离和大小。所以设计师可以在室内环境中有意识地布置声源来引导视残者。

（4）触摸式平面图

建筑物的出入口附近，若能设置表达建筑内部空间划分情况的触摸式平面图（盲文平面图），视觉障碍者就比较容易确定自己的位置，也可以弄清楚要去的地方。如能同时安装发声装置就更好了。

4. 光环境

有残余视觉的人特别喜欢光线，所以应该在室内充分利用自然光。自然采光比人工照明对保护视力更具有积极作用，应尽量充分利用。

第二节　老年人室内设计

老年人随着年龄的增长，身体各部分的机能如视力、听力、体力、智力等都会逐步衰退，心理上也会发生很大的变化。视力、听力的衰退将导致眼花、耳聋、色弱、视力减退甚至失明；体力的衰退会造成手脚不便，步履蹒跚，行走困难；智力的衰退会产生记忆力差，丢三落四，做事犹豫迟疑，运动准确性降低。身体机能的这些变化造成了自身抵抗能力和身体素质的下降，容易发生突然病变；而心理上的变化则使老年人容易产生失落感和孤独感。对于老年人的这些生理、心理特征，应该在室内设计中特别予以关注。随着我国人口结构的逐步老龄化，老年人的室内设计更应引起我们的高度重视。

一、老年人对室内环境的特殊需求

（一）生理方面

生理方面，老人对室内环境的需求应该考虑下述几个特殊问题：

（1）室内空间问题：由于老年人需要使用各种辅助器具或需要别人帮助，所以要求的室内空间比一般的空间大，一般以满足轮椅使用者的活动空间大小为佳。

（2）肢体伸展问题：由于生理老化现象，老人经常有肢体伸直或弯曲身体某些部位的困难，因此必须依据老年人的人体工效学要求进行设计，重新考虑室内的细部尺寸及室内用具的尺寸。

（3）行动上的问题：由于老年人的肌肉强度以及控制能力不断减退，老人的脚力及举腿动作较易疲劳，有时甚至必须依靠辅助用具才能行动，所以对于有关走廊、楼梯等交通系统的设计均需作重新考虑。

(4)感观上的问题:老年人眼角膜的变厚使他们视力模糊,辨色能力尤其是对近似色的区分能力下降。另外,由于判断高差和少量光影变化的能力减弱,室内环境中应适当增强色彩的亮度。70岁以后,眼睛对光线质量的要求增高,从亮处到暗处时,适应过程比青年人长,对眩光敏感。老年人往往对物体表面特征记得较牢,喜食风味食品,对空气中的异味不敏感,触觉减弱。

(5)操作上的问题:由于年龄的增长,老年人的握力变差,对于扭转、握持常有困难,所以各种把手、水龙头、厨房及厕所的器具物品等都必须结合上述特点重新考虑。

(二)心理方面

人们的居住心理需求因年龄、职业、文化、爱好等因素的不同而不同,老年人对内部居住环境的心理特殊需求主要为:安全性、方便性、私密性、独立性、环境刺激性和舒适性。

老年人的独立性意味着老人的身体健康和心理健康。但随着年龄的增长,老年人毕竟或多或少会受到生理、心理、社会方面的影响,过分的独立要消耗他们大量的精力和体力,甚至产生危险,因此老人室内居住环境设计要为老人的独立性提供可依托的物质条件,创造一个实现独立与依赖之间平衡的环境。这种独立与依赖之间平衡的环境应该依据老人的生理、心理及社会方面的特征,能弥补老人活动能力退化后的可移动性、可及性、安全性和舒适性等;弥补老人感知能力退化的刺激性;弥补老人对自身安全维护能力差的安全感及私密性;弥补老人容易产生孤独感和寂寞感的社交性,对老人室内居住环境实施"以人为本"的无障碍设计。但是,弥补性又不能太过分,过分的弥补会使老人丧失机体功能。这种环境既要促使老人发挥其最大的独立性,又不能使老人在发挥独立性时感到紧张和焦虑。

二、中国老年人体尺度

老年人体模型是老年人活动空间尺度的基本设计依据。欧美和日本都制定了自己的标准,从而可以推导出各种活动空间,如老人个人居住空间和家具的合理尺度范围等。我国目前虽然还没有制定相关规范,但根据老年医学的研究资料也可以初步确定其基本尺寸。老年人由于代谢机能的降低,身体各部位产生相对萎缩,最明显的是身高的萎缩。据老年医学研究,人在28—30岁时身高最大,35—40岁之后逐渐出现衰减。一般老年人在70岁时身高会比年轻时降低2.5%～3%,女性的缩减有时最大可达6%。老年人体模型的基本尺寸及可操作空间如下图所示(图10-14、图10-15)。

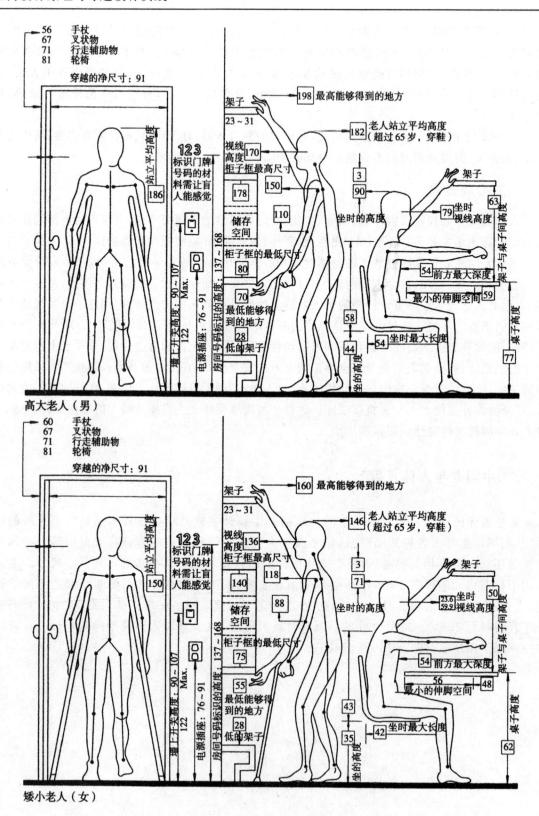

图 10-14　老年人人体尺度空间（单位：cm）

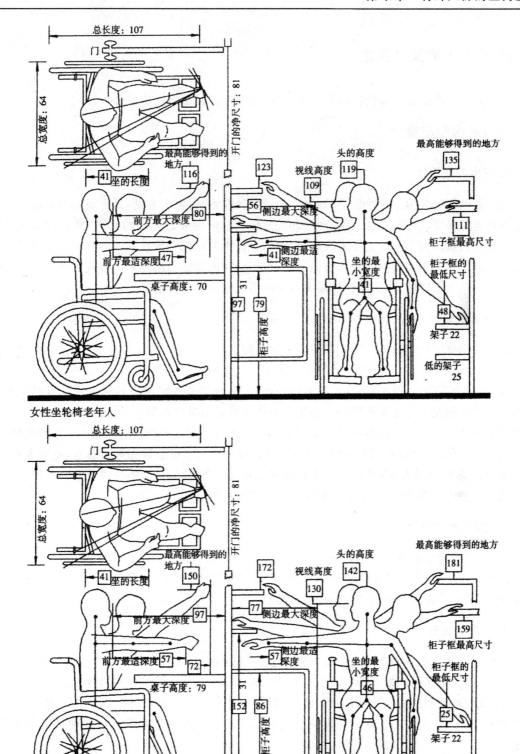

女性坐轮椅老年人

男性坐轮椅老年人

图 10-15　坐轮椅老年人人体尺度（单位：cm）

三、老年人的室内设计

老年人的室内设计主要包括内部空间设计、细部设计和其他设施设计。

（一）室内空间设计

1. 室内门厅设计

门厅是老人生活中公共性最小的区域，门厅空间应宽敞，出入方便，具有很好的可达性，可以方便地直达起居室、卧室、餐厅、厨房和户外。门厅设计中应考虑一定的储物、换衣功能，提供穿衣空间和穿衣镜。为了方便老年人换鞋，可以结合鞋柜的功能设置换鞋用的座椅。此外，门厅设计中还应考虑到老年人居室的安全防盗问题，保证老年人能够与门外来访者进行听觉接触，并可以对其在视觉上加以监视，如通过猫眼和可视电话来查看门外的情况等。

2. 卧室的设计

卧室是老年人的休息场所，由于经济条件有限，目前我国大多数住宅中老人没有单独的卧室、起居室、餐厅及书房，老人唯一的卧室兼备了上述各种房间的基本功能。由于老年人生理机能衰退、免疫力下降，一般都很怕冷，容易感染疾病，因此老人的卧室应具有良好的日照和通风，并在有条件的情况下考虑冬季供暖。老年人身体不适的情况时有发生，因此居室不宜太小，应考虑到腿脚不便的老年人轮椅进出和上下床的方便。床边应考虑护理人员的操作空间和轮椅的回转空间，一般都应至少留宽 1500mm。老人卧室的床头应安装应急铃和电话装置，使老人在困难时能够召人前来，床头柜应存放药品、手纸及其他物品。老年人出于怀旧和爱惜的心理，对惯用的老物品不舍得丢弃，卧室应该为其提供一定的储藏空间。

3. 客厅、餐厅的设计

客厅、餐厅是全家团聚的中心场所。老年人一天中的大部分时间是在这里度过的。为了使全家人感觉舒适，应充分考虑客餐厅的空间、家具、照明、冷暖空调等因素。另外，为了方便去往其他房间，还应该注意地面铺设和门的设计等。

4. 厨房的设计

我国老年人每天在厨房所花的时间相当多，一般来说，老人使用的厨房要有足够大的空间供老人回转，对于使用辅助器械的老人更是重要。老人因为生理上的原因导致四肢渐变僵硬，反应迟缓，手向上伸或身体弯向低处都感到吃力，再加上视力减弱等原因，在尺寸上有特殊要求，不仅厨房的操作台、厨具及安全设备需做特别考虑，还应考虑老人坐轮椅通行方便及必要的安全措施。

（1）操作台

老人厨房操作台的高度较普通住宅低，以 750～850mm 为宜，深度最好为 500mm。操作面应紧凑，尽量缩短操作流程。灶具顶面高度最好与操作台高度齐平，这样只要将锅等炊具横向移动就可以方便地进行操作了。操作台前宜平整，不应有突出，并采用圆角收边。操作台前需有

1200mm 的回转空间,如考虑使用轮椅则需 1500mm 以上。对行动不便的老年人来说,厨房里需要一些扶手,方便老年人的支撑。在洗涤池、灶具等台面工作区应留有足够的容膝空间,高度不小于 600mm。若难以留设,还可考虑拉出式的活动工作台面(图 10-16)。由于老年人的视觉发生衰退,他们对于光线的照度要求比年轻人高 2～3 倍,因此操作台面应尽量靠近窗户,在夜间也要有足够的照明,并防止不良的阴影区,以保证老年人操作的安全与方便。

图 10-16 厨房内拉出式的活动桌面

(2)厨具存放

由于老年人保持平衡比较困难,当伸手取物时,身体重心会改变,所以对老年人来说,低柜比吊柜好用。经常使用的厨具存放空间应尽可能设置在离地面 700～1360mm 间,最高存放空间的高度不宜超过 1500mm。如利用操作台下方的空间时,宜设置在 400～600mm 之间,并以存放较大物品为宜,400mm 以下只能放置不常用的物品,以避免经常弯腰。操作台上方的柜门应注意避免打开时碰到老人头部或影响操作台的使用,所以操作台上方的柜子深度宜在操作台深度的二分之一以内(250～300mm)。

(3)安全设施

安全的厨房对于老年人来说应当是第一位的。老年人反应迟钝,嗅觉较差,行动也较为迟缓,对于煤气泄漏和火灾之类的事故不一定能及时处理,无论使用煤气或电子灶具均应设安全装置,煤气灶应安装燃气泄漏自动报警和安全保护装置。另外,厨房应利用自然通风加机械设施排除油烟,还应考虑采用自动火警探测设备或灭火器以防油燃和灶具起火。装修材料也应注意防火和便于老年人打扫,地面避免使用光滑的材料。

此外,设计老年人使用的厨房时,应注意不要将其作为一个封闭的单间来考虑,因为老人并不喜欢把自己封闭在这个工作间里。他们希望尽量看到房间里的其他人,或能够被其他人看到。这样不仅给老年人带来心理上的莫大安慰,消除孤独感,还可以在遇到突发事件时能够得到及时救护。

5. 卫生间的设计

老年人随着年龄的增加,夜间上厕所的次数也随之增加,因此卫生间最好靠近卧室,同时最好也靠近起居空间,方便老人白天使用。供老人使用的卫生间面积通常应比普通的大些。这是由于许多老人沐浴需要别人帮助,因此卫生间浴缸旁不仅应有 900mm×1100mm 的活动空间供老人更换衣服,还要有足够的面积,以容纳帮助的人。与厨房一样,卫生间的地面也应避免高差,更不可以有门槛。如果老人使用轮椅,卫生间面积还应考虑轮椅的通行,并且门的宽度应大于 900mm。

老年人对温度变化的适应能力较差,在冬天洗澡时冷暖的变化对身体刺激较大而且有危险,所以必须设置供暖设备并加上保护罩以避免烫伤。老年人在夜间上厕所时,明暗相差过大会引起目眩,所以室内最好采用可调节的灯具或两盏不同亮度的灯,开关的位置不宜太高或太低,要适合老年使用者的需求。

卫生间是老人事故的多发地,为防止老人滑倒,浴室内的地面应采用防滑材料,浴缸外铺设防滑垫。浴缸的长度不小于 1500mm,可让老人坐下伸腿。浴缸不得高出卫生间地面 380mm,浴缸内深度不得大于 420mm,以便老人安全出入。如果采用特殊浴缸,则不受此限制。浴缸内应有平坦防滑槽,浴缸上方应设扶手及支撑,浴缸内还可设辅助设施。对于能够自行行走或借助拐杖的老年人,可以在浴缸较宽一侧加上坐台,供老人坐浴或放置洗涤用品。对于使用轮椅的老年人,应当在入浴一侧加一过渡台,过渡台和轮椅及浴缸的高度应一致,过渡台下应留有空间让轮椅接近。当仅设淋浴不设浴缸时,淋浴间内应设坐板或座椅。

老人使用的卫生间内宜设置坐式便器,并靠近浴盆布置,这样当老人在向浴缸内冲水时,亦可作为休息座位。考虑到老人坐下时双脚比较吃力,座便器高度应不低于 430mm,其旁应设支撑。有条件的情况下座便器宜带有加热座圈和热水自动冲洗的功能。乘轮椅的老人使用的座便器坐高应为 760mm,其前方必须有 900mm×1350mm 的活动空间,以容轮椅回转。

老年人用的洗脸盆一般比正常人低,高度在 800mm 左右,前面必须有 900mm×1000mm 的空间,其上方应设有镜子。坐轮椅的老人使用的洗脸盆,其下方要留有空间让轮椅靠近。洗脸盆应安装牢固,能承受老人无力时靠在上面的压力。毛巾架应与抓手杆考虑同样的强度和质量,以防老人突然用作把手。

卫生间内应设紧急呼叫装置,一般在浴缸旁设置从顶棚至地面的拉铃,拉绳末端距地不超过 100mm,以使老人跌倒在地时仍可使用。

6. 储藏间的设计

老人保存的杂物和旧物品较多,需要在居室内设宽敞些的储藏空间。储藏空间多为壁柜式,深度在 450~600mm 之间,搁板高度应可调整,最高一层搁板应低于 1600mm,最低一层搁板应高于 600mm。

7. 阳台、庭院与走廊的设计

许多老人由于性格爱好或受身体条件的限制,常年在家闭门不出,如果能为他们提供一个可由自己控制的户外区将非常理想。在那里,可以呼吸新鲜空气、改变生活气氛、种植花木、享受阳光、锻炼身体,居住单元中的私人阳台和庭院就是一个能供活动不便的老年人舒适和安全地观赏室外风景和活动的空间,也是一个可供独处和进行私人交往的空间。在设计上应把它当作室内起居空间的延续来处理,阳台宜有适当的遮盖,庭院也宜有遮阳的地方。地面出入平坦,利于排水,保证轮椅回转的最小净宽1500mm。老人特别关心安全与高度,阳台栏杆应感觉结实、安全,栏板最好用实心的,如不可能时,也应采用结实的栏杆加上较大的实心扶手,高度不小于1000mm。阳台和庭院应考虑照明和插座,并在室内设控制开关。

8. 楼梯、电梯

老人居室中的楼梯不宜采用弧形楼梯,不应使用不等宽的斜踏步或曲线踏步。楼梯坡度应比一般的缓和,每一步踏步的高度不应高于150mm,宽度宜大于280mm,每一梯段的踏步数不宜大于14步。踏步面两侧应设侧板,以防止拐杖滑出。踏面还应设对比色明显的防滑条,可选用橡胶、聚氯乙烯等,金属制品易打滑,不应采用。住宅楼梯间应有自然采光、通风和夜间充足的照明。各楼层数均应利用文字或数字标明,或是用不同的色彩来区别不同的楼层。

对于多层或高层的老年住宅来说,适宜采用速度较慢、稳定性高的电梯,以免引起老年人的不适或突发病症。在轿厢设备的选用上也要注意适合老年人动作迟缓、反应不灵的特点,选择门的开关慢而轻的电梯。考虑到坐轮椅的老人可以使用,电梯的轿厢尺寸应不小于1700mm×1300mm,电梯门的净宽应大于800mm。轿厢内应设置连续扶手,以保持身体在操作按钮和电梯升降时的平衡。

电梯控制面板的高度应适合坐轮椅的老人操作,按钮应采用触摸式,轻触即可反应。表明按钮功能的符号、字体均应中文化,并用突起可触摸的字体,有条件时还应配有盲文和语言提示功能。电梯门对面应安装镜面以利于老人通过镜子看到各楼层信号指示灯及后退时了解背后的情况;轿厢内应设置电视监控系统以随时注意电梯升降和老年人的身体变化情况等等。

(二)室内细部设计

1. 扶手

由于老年人体力衰退,在行路、登高、坐立等日常生活起居方面都与精力充沛的中青年人不同,需要在室内空间中提供一些支撑依靠的扶手。扶手通常在楼梯、走廊、浴室等处设置,不同使用功能的空间里,扶手的材质和形式还略有区别:如浴室内的扶手及支撑应为不锈钢材质,直径18~25mm,安装牢固足以承受约50kg的拉力。扶手位置应仔细设计,位置不当将不仅不利于使用,还可能在人滑倒时造成危险。而楼梯和走廊宜设置双重高度的扶手,上层安装高度为850~900mm,下层扶手高度为650~700mm(图10-17)。下层扶手是给身材矮小或不能直立的老年人、儿童及轮椅使用者使用的。扶手在平台处应保持连续,结束处应超出楼梯段300mm以上,末端应伸向墙面(图10-18),宽度以30~40mm为宜,断面要易于老年人抓握,宜设计成L形。扶手与墙体之间应有40mm的空隙(图10-19),必要时还可增加竖向的扶手,以帮助高龄者、残疾人的自立行走。扶手的材料宜用手感好、不冰手、不打滑的材料,木质扶手最适宜。为方便有视觉障碍的老年人使用,在过道走廊转弯处的扶手或在扶手的端部都应有明显的暗示,以表明扶手结束,当然也可以贴上盲文提示等(图10-20)。

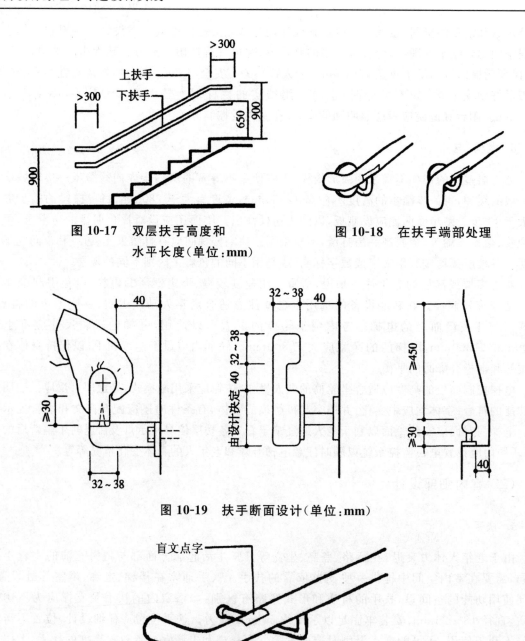

图 10-17 双层扶手高度和
水平长度（单位：mm）

图 10-18 在扶手端部处理

图 10-19 扶手断面设计（单位：mm）

图 10-20 扶手端部盲文点字安装位置（单位：mm）

2. 龙头

　　水龙头开关的形式应考虑老人用手、腕、肘部或手臂等均能方便地使用，而且不需太大的力气，因此宜采用推或压的方式。若为旋转方式，则需为长度超过 100mm 的长臂杠杆开关，以保证老人使用的方便。冷热水要用颜色加以区分。龙头开关上方需有足够供手、手臂、肩膀活动的空间，同时还应注意开关位置的安排，万一使用者不慎跌倒，也不至于撞到开关而发生危险。有条件的情况下，还可以采用光电控制的自动水龙头或限流自闭式水龙头。

3. 把手

门的把手的形式有多种多样,为了让老人能用单手握住,不应采用球形把手,宜选用旋转臂长大于100mm的旋转力矩较长的把手。此外,扶手式把手也有横向和纵向两种(图10-21)。把手的高度应在离地850~950mm之间,最佳高度宜在870~920mm之间。

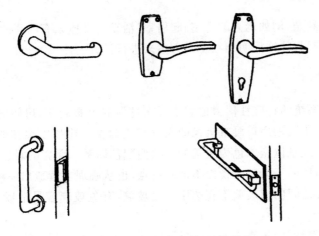

图 10-21　适合老年人使用的门把手

4. 电器开关及插座

为了便于老年人使用,灯具开关应选用大键面板,电器插座回路的开关应有漏电保护功能。

5. 门、窗的处理

(1)门

老年人居住空间的门必须保证易开易关,并便于使用轮椅或其他助行器械的老年人通过。不应设有门槛,高差不可避免时应采用不超过1/4坡度的斜坡来处理。门的净宽在私人居室中不应小于800mm,在公共空间中门的宽度均不应小于850mm。门扇的重量宜轻并且容易开启,开启力应在老人开门力量的范围之内,一般室内门不大于1.7kg,室外门不大于3.2kg。公共场所的房门不应采用全玻璃门,以免老年人使用器械行走时碰坏玻璃,同时也应避免使用旋转门和弹簧门,宜使用平开门、推拉门。

(2)窗

对许多老人来说,坐在卧室的窗前向外观赏是其重要的日常生活,有些老人即便卧床也喜欢向外观望,因此老人卧室的窗口要低,甚至可低到离地面300mm。窗的构造要易于操作并且安全,窗台的宽度宜适当的增加,一般不应小于250~300mm,以便放置花盆等物品或扶靠观景。矮窗台里侧均应设置不妨碍视线的高900~1000mm的安全防护栏杆,使老人有安全感。

6. 地面材质的选择与处理

老人居室的地面应平坦、防滑、尽量避免室内外过渡空间的高差变化,出入口有高差时,宜采用坡道相连。地面材料应选择有弹性、不变形、摩擦力大而且在潮湿的情况下也不打滑的材料。一般说来,不上腊木地板、满铺地毯、防滑面砖等都是可以选择的材料。此外,随着技术的更新,许多新型的地面铺装材料也充分考虑了老年居住环境的需求。如德国的软胶纤维地板,有多层不同性能的胶垫组成,具有弹性、质地柔软坚韧,能承受压力,减小碰伤程度,适合老人的居室使用。而含有碳化硅及氧化铝的安全地板,表面虽比一般地板粗糙,较少用于起居空间,但由于其拥有高度的防滑性能,非常适合于铺设在老人使用的厨房和卫生间。

7. 自然光线与人造光源

应尽可能使用自然光,例如老人的卧室、起居室、活动室都应该有明亮的自然光线,人工光环境设计则应按基础照明与装饰照明相结合的方案来进行设计。

8. 色彩的应用

由于老年人视觉系统的特殊性使得他们不喜欢过强的色彩刺激,房间的配色应以柔和淡雅的同色过渡配置为主,也可采用以凝重沉稳的天然材质为主。比如以柔和的壁纸花色为色彩主题的淡雅型配色体系,或是以全木色为主题的成熟型配色体系。明亮的暖色调给人以热情朝气、生机勃勃的感觉,不但照顾了老年人视力不佳的特点,也从心理上营造出一种温馨、祥和的气氛。而卧室、起居室等主要房间的窗玻璃不宜选用有色玻璃,有色玻璃容易造成老年人的视觉障碍,影响视力。

色彩处理看起来很简单,但事实上却应反复推敲。例如,卫生间的洁具在一般家庭或公共场所(如宾馆)都可以根据设计的需要选择各种色彩,但老年人的卫生洁具却应以白色为宜,不宜选用带红或黄的色彩。因为白色不仅感觉清洁,还便于及时发现老年人的某些病变。

另外,针对一些需要引起注意的安全和交通标志,例如楼梯的起步、台阶、坡道、转弯等标志、安全出入口方向、楼层指示、一些重要房间的名称等都应该在醒目的位置以鲜亮的色彩标示出来,而且应该清晰明确,容易辨认。

9. 声响的控制

耳聋是人到老年后经常会发生的生理现象,因此在老年人室内设计中,一些声控信号装置,如门铃、电话、报警装置等都应调节到比正常使用时更响一些。当然,由于室内声响增大,相互间的干扰影响也会增加,因此卧室、起居室的隔墙应具有良好的隔声性能,不能因为老年人容易耳聋而忽视了这些细节。

10. 室内环境的无障碍设计

老年人由于生理机能的退化和行动能力的降低,设计时亦应考虑轮椅的使用,因而在不同程度上具有与残疾人相似的特点。有条件的情况下,设计时应尽可能考虑无障碍设计的原则,以促进老年人生活的独立(参见本章第一节中有关无障碍室内设计的内容)。

(三)老年人室内居住环境的其他要求

1. 陈设

老人经历了几十年漫长的生涯,积累下许多珍贵的纪念品、照片及其他心爱之物,并希望对别人展示。老人还普遍依恋熟悉的事物,在感情上给予大量的投入。这些事物不仅帮助老人回忆过去,也使老人在回味中得到欢乐、安全感及满足感。因此,在老人的生活空间内应提供摆放这些陈设的地方,如部分墙面可以让老人很容易地张贴或悬挂物品;在集居式老人公寓内不要干涉老人装饰他的居住生活空间,尽可能让老人使用部分自己原有的家具,并在公共空间内采用老人的作品、手工艺品等来做装饰,让老人觉得这些空间是属于他们自己的。

2. 智能化老年住宅

建立"智能化老年住宅"是目前住宅建设的发展趋势之一,以老年人家庭为单位,在住宅内部采用先进的家庭网络布线,将所有的家电(电视、空调、安全系统等)相连,以无线或有线的方式组网,完成对室内诸如盗窃、火情、有毒气体等的检测,同时控制各种电器、门、窗等。室内一旦发生异常情况(紧急病人、入室盗窃、失火、煤气泄漏等),各种报警器可以通过无线方式将警情发送到主机,主机判断警情类型后,自动拨号通知相关的部门或小区报警中心,以便及时采取措施加以解决。

第三节　儿童室内设计

儿童也属于特殊群体,他们的生理特征、心理特征和活动特征都与成人不同,因而儿童的室内空间是一个有别于成人的特殊生活环境。在儿童的成长过程中,生活环境至关重要,不同的生活环境会对儿童个性的形成带来不同影响。随着社会经济的发展,人们对儿童的重视程度正不断提升,对儿童教育环境、生活环境的营造已经升华为儿童成长过程中的必须环节。

一、儿童的成长阶段

儿童的心理与生理发展是渐进的,这种量与质的变化时刻在进行着。儿童在每个年龄阶段各有其不同于其他年龄阶段的本质的、典型的心理与生理活动特点,至于如何界定儿童期的不同阶段,在医学界、心理学界各有其不同的划分标准和方法。为了便于研究和实际工作的需要,在这里根据儿童身心发展过程,结合室内设计的特点,综合地进行阶段划分,把儿童期划分为:婴儿期(3岁以前)、幼儿期(3—6、7岁)和童年期(6、7—11、12岁),由于12岁以上的青少年其行为方式与人体尺度可以参照成人标准,因此这里不作讨论。当然,这种划分是人为的,在各阶段之间并没有严格的界限,更不是截然分开,应是连续不间断的,且相互之间有着密切联系。进行这样的划分,只是便于设计师了解儿童成长历程中不同阶段的典型心理和行为特征,充分考虑儿童的特殊性,有针对性地进行儿童室内空间的设计创作,设计出匠心独具、多姿多彩的儿童室内空间,给儿童创造一个健康成长的良好生活环境。

二、儿童的人体尺度

儿童的身体处于迅速生长发育的时期,身体各部分组织器官的发育和成熟都很快。为了创造适合儿童使用的室内空间,首先就必须使设计符合儿童体格发育的特征,适应儿童人类工效学的要求。因此,儿童的人体尺度成为设计中的主要参考依据。我国自 1975 年起,每隔 10 年就对九市城郊儿童体格发育进行一次调查、研究,提供了中国儿童的生长参照标准。最近的一次是在 1995 年,由卫生部组织我国儿童医学科研部门进行了 7 岁以下儿童身高及体重统计调查,同时还进行了学生体质健康的调查研究。综合现有的儿童人体测量数据与统计资料,我们总结了儿童的基本人体尺度,可作为现阶段儿童室内设计的参考依据(图 10-22、图 10-23)。

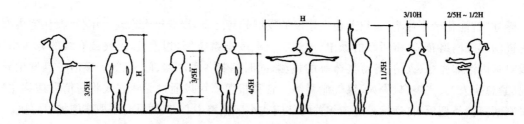

图 10-22　幼儿人体尺度(3—6 岁)

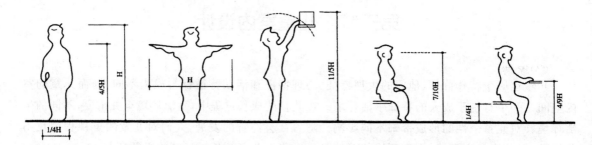

图 10-23　儿童人体尺度(7—12 岁)

三、儿童的室内空间设计

儿童的人体尺度、活动模式、行为习惯、空间的使用方式等都反映了儿童室内空间与儿童行为之间的相互关系;而领域性、私密性、人际距离、个人空间、拥挤感等又反映出儿童在使用空间时的心理需要。儿童室内空间是孩子成长的主要生活空间之一,科学合理地设计儿童室内空间,对培养儿童健康成长、养成独立生活能力、启迪儿童的智慧具有十分重要的意义。合理的布局、环保的选材、安全周到的考虑,是每个设计师需要认真思考的内容。

需要说明的是,这里仅从室内设计的角度出发,主要以家居设计中的儿童室内空间及其要素设计为主,提出基本的设计要求和设计原则。本节仅部分涉及了儿童类公共建筑中室内活动空间及附属设施的设计,其余内容请参考相关的托幼建筑和学校建筑设计资料,在此不再详述。

(一)婴儿的室内空间设计

1. 婴儿的特点和行为特征

(1)生理特点

婴儿期是指从出生到 3 岁这一段时间。婴儿躯体的特点是头大、身长、四肢短,因此不仅外貌看来不匀称,也给活动带来很多不便。研究显示,刚出生的婴儿在视觉上没有定形,对外界也没有太大的注意力,他们喜欢红、蓝、白等大胆的颜色及醒目的造型,柔和的色彩和模糊的造型不易引起他们的注意,色彩和造型比较夸张的空间更适合婴儿。

(2)行为特征

婴儿需要充足的睡眠,尤其是新生儿需要的睡眠时间非常长,要为他们布置一个安全、安静、舒适、少干扰的空间,才能使他们不被周围环境所影响。幼小的婴儿在操作方面的能力还很弱,他们多通过观看、听声音和触摸来体验这个世界。他们喜欢注意靠近的、会动的、有着鲜艳色彩和声响的东西,他们需要一个有适当刺激的环境。例如,把形状有趣的玩具或是音乐风铃悬挂在孩子的摇床上方,可刺激孩子的视觉、听觉感官;大幅的动物图像、令人喜爱的卡通人物造型则可以挂在墙上。

2. 婴儿室的设计

(1)位置

由于婴儿的一切活动全依赖父母,设计时要考虑将婴儿室紧邻父母的房间,保证他们便于被照顾。

(2)家具

对婴儿来说,一个充满温馨和母爱的围栏小床是必要的,同时配上可供父母哺乳的舒适椅子和一张齐腰、可移动、有抽屉的换装桌,以便存放尿布、擦巾和其他清洁用品(图 10-24)。另外,还需要抽屉柜和橱柜放置孩子的衣物,用架子或大箱子来摆玩具(图 10-25)。橱柜的门在设计时应安装上自闭装置,以免在未关闭时,婴儿爬入柜内,如果这时有风吹来把门关上,会造成婴儿窒息。

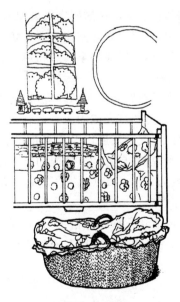

图 10-24　婴儿室的基本家具——婴儿床与换装桌

图 10-25　多用途的婴儿室橱柜

（3）安全问题

婴儿大多数时间喜欢在地上爬行，因此在婴儿的视线中，原本大人觉得安全的区域，反而潜藏许多致命危险，必须在设计中重新检查婴儿室及居家摆设的安全性。为避免活蹦乱跳的宝宝碰撞到桌脚、床角等尖锐的地方，应在这些地方加装安全的护套。为安全起见，婴儿室内的所有电源插座，都应该安上防止儿童触摸的罩子，房间内的散热器也要安装防护装置。当婴儿室靠近楼梯、厨房或浴室时，最好在这些空间的出入口置放阻挡婴儿通行的障碍物，以保证他们无法进入这些危险场地。此外，婴儿室窗口要有防护栅栏，以免母亲怀抱婴儿时，婴儿探视窗外不慎跌下。当婴儿会爬时，亦不要将桌椅放在窗下。

（4）采光与通风

在设计一个适合婴儿生活的环境时，通风采光良好是婴儿室的必备要件。房间的光线应当柔和，不要让太强烈的灯光或阳光直接刺激婴儿的眼睛，常用的有布帘、卷帘、百叶窗等。另外还须考虑婴儿室内空气的流通以及温湿度的控制，有需要时应安装适当的空气及温度调节设备。尤其对小婴儿来说，其自行调节体温的能力较弱，更应随时注意婴儿室的室温是否符合宝宝的需要，最佳的室温为 25℃～26℃左右，应避免太冷或太热让婴儿感觉不舒服而导致睡不安宁。

（5）绿化布置

在婴儿室内放置几株绿色植物，具有绿化、美化的功能，但在摆放之前必须详细了解植物有无毒性，且需勤加换水、照顾，以免滋生寄生虫。

（二）幼儿的室内空间设计

1. 幼儿的特点和特征

（1）生理特点

3 岁以后的孩子就开始进入幼儿期了，他们的身体各部分器官发育非常迅速，肌体代谢旺盛,消耗较多,需要大量的新鲜空气和阳光,这些对幼儿血液循环、呼吸、新陈代谢都是必不可少的。

(2)空间感受特点

幼儿对安全的需要是首位的,当他们所处的环境混乱、无秩序时就会感到不安。幼儿的安全感不仅形成于成人给予的温暖、照顾和支持,更形成于明确的空间秩序和空间行为限制。安全的环境对于幼儿来说是一种有序的、有行为界限的环境。幼儿还有着对领域空间的要求,即要求个人不受干扰、不妨碍自己的独处和私密性,他们不喜欢别人动他的东西,喜欢可以轻松、随意活动的空间。

此外,设计实践还表明层高对幼儿的心理有重要影响。对于幼儿来说,真正的亲切感仅有1200mm高。他们更喜欢那些能把成人排斥在外的小空间,钻进成人进不去的角落或洞穴般的空间里玩耍是幼儿共同的癖好。小尺度、多选择和富于变化的空间环境更符合幼儿兴趣转移快的特点,能增强他们的好奇心和游戏的趣味。他们力图为自己和伙伴找到或创造一个特殊的地方,发掘出一个具有儿童尺度的小天地。

(3)行为特征

幼儿处在发育的早期,这个阶段是感觉活动与智力形成相关联的时期,周围能接触到的环境对他们的认知和情感开发有重要作用。他们需要较大的空间发挥他们天马行空的奇思妙想,让他们探索周围的小小世界。房间里最好充满各种足以让孩子探索、发挥想象力的设计,比如双层床铺,安一个滑梯;床脚旁加个帐篷,让孩子玩捉迷藏;墙壁上可以布置活动式的几何色块或简单的连续图案,增加孩子认识周围环境的机会。如果条件允许,最好将他们的卧室和游戏室分开,幼儿爱玩的天性,决定了他们很难静下心来学习和休息。告别婴儿期的小孩,既需要有一个安静、舒适的学习环境,更需要有一个自由自在的游戏天地。

2. 幼儿卧室空间的设计

(1)位置

为方便照顾并在发生状况时能就近处理,幼儿的房间最好能紧邻主卧室。最好不要位于楼上,以避免刚学会走路的幼儿在楼梯间爬上爬下而发生意外。

(2)家具设计

幼儿卧室的家具应考虑使用的安全和方便,家具的高低要适合幼儿的身高,摆放要平稳坚固,并尽量靠墙壁摆放,以扩大活动空间。尺寸按比例缩小的家具、伸手可及的搁物架和茶几能给他们控制一切的感觉,满足他们模仿成人世界的欲望。由于幼儿有各种不同的玩具要经常拿进拿出,他们还喜欢把自己最喜爱的玩具展示出来,所以家具既要有良好的收纳功能又要有一定的展示功能,并可以随意搬动,以适应孩子成长所需(图 10-26)。

总之,幼儿家具应以组合式、多功能、趣味性为特色,讲究功能布局,造型要不拘常规。例如,床的选择,除考虑实用功能外,还应兼顾趣味性,比如做个小滑梯或小爬梯(图 10-27)。设计不要太复杂,应以容易调整、变化为指导思想,为孩子营造一个有利于身心健康的空间。

图 10-26　满足幼儿尺度的家具

图 10-27　幼儿卧室内的趣味性设计

（3）安全问题

出于对幼儿安全的考虑，幼儿的床不可以紧邻窗户，以免发生意外。床最好靠墙摆放，既可给孩子心理上的安全感，又能防止幼儿摔下床。当孩子会走后，为避免他到处碰伤，桌角及橱角等尖锐的地方应采用圆角的设计。除此之外，最好所有家具的棱边都贴上安全护套或海绵，以保障幼儿的安全。为防止幼儿使劲地拉出橱柜的抽屉，从而不小心被砸伤，在设计橱柜时要采用可锁定抽屉拉出深度的安全装置。

（4）采光与通风

幼儿大部分活动时间都在房里，看图画书、玩玩具或做游戏等，因此孩子的房间一定要选择朝南向阳的房间。新鲜的空气、充足的阳光以及适宜的室温,对孩子的身心健康大有帮助。

(5)启迪性设计

孩子都爱幻想、有理想,设计时不妨针对每个孩子的不同特点,给他们创造一个想象的空间、一座满足兴趣的乐园。学钢琴的孩子,钢琴前的布娃娃宛如听众在欣赏,使孩子的兴致更高。粉红色的窗帘就像舞台的前幕,为孩子揭开音乐生命的第一章。爱读书的孩子,天花板模拟宇宙太空的自然形态,光线通过吊顶造型的遮挡呈现放射状散落下来,千丝万缕似阳光普照,整个空间充满了想象的意味,吻合了常常看科幻小说的孩子的性格。想远航的孩子,靠床的整个壁面用蓝底墙纸做成水波纹样,夹板锯成太阳、月亮图案,暗喻在波涛汹涌的海面上,一轮红日与一钩弯月交替升起。这一幅蓝天碧海、近帆远影的图画,怎能不让小水手雀跃呢?

3. 幼儿游戏室的设计

爱玩是孩子的天性,对孩子活动的兴趣和爱好要因势利导,尤其对学龄前的幼儿来说,玩耍的地方是生活中不能缺少的部分。游戏室的设计主要强调启发性,用以启发幼儿的思维,所以其空间设计必须具有启发性,让他们能在空间中自由活动、游戏、学习,培养其丰富的想象力和创造力,让幼儿充分发展他们的天性(图 10-28)。

图 10-28　活泼有趣的幼儿游戏室

4. 玩具储藏空间的设计

玩具在幼儿生活中扮演了极重要的角色,玩具储藏空间的设计也颇有讲究。设计一个开放式的位置较低的架子、大筐或在房间的一面墙上制作一个类似书架的大格子,可便于孩子随手拿到;而将属性不同的玩具放入不同的空间,亦便于家长整理。经过精心设计的储藏箱不仅有助于玩具分类,更可让整个房间看起来整齐、干净。一些储藏箱除了可存放东西外,还可以当作小座椅使用,可谓相当实用。为安全起见,储藏箱多采用穿孔的设计,以防孩子在玩耍时,躲进里面而造成窒息的危险。

5. 幼儿园室内空间的设计

设计师应该"用孩子的眼光"、用"童心"去设计幼儿园室内空间,创造舒适、有趣,为幼儿所喜爱的内部空间。设计中宜使用幼儿熟悉的形式,采用幼儿适宜的尺度,根据幼儿好奇、兴趣不稳定等心理,对设计元素进行大小、数量、位置的不断变化,加上细部的处理和色彩的变幻,使室内空间生动活泼,使幼儿感到亲切温暖。这里重点介绍活动空间与储藏空间的室内设计。

(1)活动空间的设计

游戏是最符合幼儿心理特点、认知水平和活动能力,最能有效地满足幼儿需要,促进幼儿发展的活动。幼儿兴趣变化快,不能安静地坐着,这样的身心特点使他们不可能像小学生那样主要通过课堂书本知识的学习来获得发展,而只能通过积极主动地与人交往、动手操作物体、实际接触环境中的各种事物和现象等等,去体验、观察、发现、思考、积累和整理自己的经验。因此,幼儿园室内空间设计最重要的就是要塑造有趣而富有变化的活动空间,让幼儿在游戏中学习和成长(图 10-29)。

幼儿充满了对世界的好奇和对父母的依恋,他们比成人更需要体贴和温暖,需要关怀和尊重。"家"对于幼儿来说,意味着安全感和依恋,家充满了亲切愉快、和谐轻松的气氛。因此,活动空间应力图建成"幼儿之家",通过室内环境的设计,创造一种轻松的、活泼的、富有生活气息的环境气氛,增加环境的亲和力。从墙壁、天花吊顶到家具设备都成为充满家庭气氛与趣味、色彩丰富的室内空间元素,使空间显得更加亲切、愉快、活泼与自由。

在对自己活动空间的限定上,即使是年幼的孩子,也具有很活跃的想象力。幼儿总是尽力凭想象来布置他们的活动空间,他们会移开家具、重新放置坐垫、用床单把房间隔开,还会把线绳绕在门和家具的把手上隔开空间,会搜索空纸箱之类的东西作为房间的家具、隔断。他们总是在为想入非非的游戏制作背景,创作他们想象中的形式和尺度(图 10-30)。

图 10-29　寓教育于游戏中的设计　　　图 10-30　儿童在游戏中的创造性

(2)储藏空间的设计

幼儿园内的储藏空间主要包括玩具储藏、衣帽储藏、教具储藏与图书储藏空间。

由于幼儿的游戏自由度、随意性较大,因而需要为幼儿精心设计一些玩具储藏空间,使幼儿可以根据意愿和需要,自由选择玩具,灵活使用玩具,同时根据自己的能力水平、兴趣爱好选择不同的游戏内容。无论是独立式还是组合式玩具柜,都要便于儿童直接取用,高度不宜大于1200mm,深度不宜超过 300mm(幼儿前臂加手长),出于安全考虑,不允许采用玻璃门。

衣帽柜的尺寸应符合幼儿和教师使用要求,并方便存取。可以是独立式的,也可以是组合式的,高度不超过 1800mm,其中 1200mm 以下的部分能满足幼儿的使用要求,1200mm 以上的部分则由老师存取。

教具柜是供存放教具和幼儿作业用的,其高度不宜大于 1800mm,上部可供教师用,下部则便于幼儿自取。图书储藏空间供放置幼儿书籍,以开敞式为主,图书架的高度为满足幼儿取阅的方便,高度不宜大于 1200mm。

(三)小学儿童的室内空间设计

1. 小学儿童的特点和行为特征

童年期从 6 岁到 12 岁左右,这一段时期包括了儿童的整个小学阶段。与幼儿时期具体形象思维不同,小学儿童的思维同时具有具体形象的成分和抽象概括的成分,整个童年期是从以具体形象性思维为主要形式逐步过渡到以抽象逻辑思维为主要形式的时期。这个时期的儿童喜欢把学校里的作品或和同学们交换来的东西,带回家装饰房间,对房间的布置也有自己的主张、看法。这时候孩子的房间不单是自己活动、做功课的地方,最好还可以用来接待同学共同学习和玩耍。简单、平面的连续图案已无法满足他们的需求,特殊造型的立体家具会受到他们的喜爱。

2. 儿童居室的设计

让儿童拥有自己的房间,将有助于培养他们的独立生活能力。专家认为,儿童一旦拥有自己的房间,他会对家更有归属感,更有自我意识,空间的划分使儿童更自立。

在儿童房的设计中由于每个小孩的个性、喜好有所不同,对房间的摆设要求也会各有差异。因此,在设计时应了解其喜好与需求,并让孩子共同参加设计、布置自己的房间。同时也要根据不同孩子的性格特征加以引导,比如,好动的孩子的房间最好尽量简洁、柔和,性格偏内向的孩子的房间则要活泼一些等(图 10-31)。

图 10-31　儿童房内景

3. 教室的室内空间设计

教室的室内空间在少年儿童心中是学习生活的一种有形象征,设计要体现活泼轻快但又不轻浮,端庄稳重却又不呆板,丰富多变却又不杂乱的整体效果。这一阶段的儿童思维发展迅速,因此教室不仅要有各种空间供儿童游戏,更需要有一个庄重宁静的空间让儿童安静地思考、探索,发展他们的思维(图 10-32)。

图 10-32　空间划分合理的小学教室

四、儿童室内的细部设计

(一)安全性

由于儿童生性活泼好动、富于想象、好奇心强,但缺乏一定的生活常识,自我防范意识和自我保护能力都很弱,因此,安全性便成了儿童室内空间设计的首要问题。在设计时,需处处费心,预防他们受到意外伤害。

1. 门

开门、关门有时会有夹手的情况,所以门的构造应安全并方便开启,设计时要做一些防止夹手的处理。为了便于儿童观察门外的情况,可以在门上设置钢化玻璃的观察窗口,其设置的高度,考虑到儿童与成人共同使用需要,以距离地面 750mm,高度为 1000mm 为宜。此外,门的把手过高、门过重都会给儿童带来使用上的不便。我们知道,95％的 2 岁儿童,摸高可以达到 1150mm 左右,所以我们通常把门把手安装在 900～1000mm 的范围内,以保证儿童和成人都能使用方便。

对于儿童来说,玻璃门的使用要慎重。儿童活泼好动,动作幅度较大,尤其是在游戏中更容易忽略身边存在的危险,常常会发生摔倒、碰撞在玻璃门上的事故,并带来伤害,所以在儿童的生活空间里,应尽量避免使用大面积的易碎玻璃门。

2. 阳台与窗

由于儿童的身体重心偏高,所以很容易从窗台、阳台上翻身掉下去。因此在儿童居室的选择上,应选择不带阳台的居室,或在阳台上设置高度不小于 1200mm 的栏杆,同时栏杆还应做成儿童不便攀爬的形式。窗的设置首先应满足室内有充足的采光、通风要求,同时,为保证儿童视线不被遮挡,避免产生封闭感,窗台距地面高度不宜大于 700mm。高层住宅在窗户上加设高度在 600mm 以上的栅栏,以防止儿童在玩耍时,把窗帘后面当成躲藏的场所,不慎从窗户跌落。窗下不宜放置家具,卫生间里的浴缸也不要靠窗设置,以免儿童攀援而发生危险(图 10-33)。公共建筑内儿童专用空间的窗户 1200mm 以下宜设固定扇,避免打开时碰伤儿童。

图 10-33　窗的安全性

在窗帘的设计上也要特别注意安全。窗帘最好采用儿童够不到的短绳拉帘,长度超过 300mm 的细绳或延长线,必须卷起绑高,以免婴幼儿不小心绊倒或当作玩具拿来缠绕自己脖子导致窒息。

3. 楼梯

对儿童来说,上下楼梯时需要较低的扶手,一般会尽可能设置高低两层扶手。扶手下面的栏杆柱间隔应保持在 80～100mm 之间,以防幼儿从栏缝间跌下或头部卡住。

儿童喜欢在楼梯上玩耍,扶手下面的横挡有时会被当作脚蹬,蹬越上去会发生坠楼的危险,故不应采用水平栏杆。儿童使用的公共空间内,不宜有楼梯井,以避免儿童发生坠落事故。此外,楼梯的扶手也不能做成易被儿童当成滑梯的形式(图 10-34)。如果楼梯下能够通行的话,儿童在玩耍时通常不容易注意到,会发生撞头的事故。为此应在楼梯下附设安全设施,至少也应保持地面到梯段底部之间的高度为 2200mm;在高度不够的梯段下应设置安全栏杆,不让儿童进入。

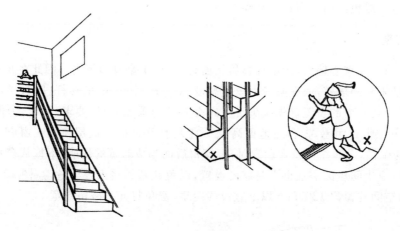

图 10-34　楼梯的安全性

4. 电器开关和插座

非儿童使用的电源开关、插座以及其他设备要安在儿童不易够到的地方，设置高度宜在1400mm 以上；近地面的电源插座要隐蔽好，挑选安全插座，即拔下插头，电源孔自动闭合，防止儿童触电；总开关盒中应安装"触电保护器"。

（二）色彩的选择

儿童室内空间的环境色彩主要是指对室内墙面、顶面、地面的背景色彩和家具、设施等主体色彩的选择。儿童对色彩特别敏感，环境的颜色对于他们的成长具有深远影响。色彩选择一般以明朗的色彩为主，以明亮、轻松、愉悦为选择方向，创造明快、欢愉、简洁的空间气氛。

儿童的天性活泼天真，对新奇的事物有着强烈的兴趣，对色彩也不例外。儿童喜爱的颜色单纯而鲜明，因为明快、饱和度高的色彩会带给儿童乐观、向上的感觉，让他们能够时常保持一种健康积极的心理。如橙色及黄色能给孩子带来快乐与和谐，有助于培养乐观进取的心理素质，培养坦诚、纯洁、活泼的性格。鲜艳的色彩除了能吸引儿童的目光，还能刺激儿童视觉发育，提高儿童的创造力，训练儿童对色彩的敏锐度。

墙面和家具是儿童室内空间中确定色彩的主要因素，色彩的整体基调应根据儿童的喜好来决定。儿童家具及其他饰物的色彩往往十分丰富，因此墙面的色彩作为整体空间的背景色，不宜太跳跃，应以柔美、雅致的色彩为宜，以免色彩太多产生视觉疲劳，不利于儿童的视力保护。至于大红、橘红等过于艳丽的颜色，最好不要在儿童室内空间中大面积使用，它会让儿童更加兴奋，但可小面积点缀。顶面为增强室内漫射光的反射效果，并使空间不致造成视觉和心理上的压力，宜采用反射系数较高的白色或浅色调。

儿童家具的色彩常作为室内空间的主体色彩，可以根据设计对象的不同个性与喜好进行选择，通过色彩的调节呈现出儿童空间活泼与明快的气息。同时，家具色彩的合理设计，不仅能烘托出空间气氛，创造视觉效果，还能对儿童进行潜移默化的教育，帮助儿童形成良好的生活习惯。如把抽屉漆成红、桔红、粉红、黄、绿等彩色，把物品分类后放入相应的抽屉里，就会给儿童带来便利与兴趣。一方面易于儿童记忆取放，另一方面也锻炼了孩子归纳、整理的能力。

（三）界面的处理

由于儿童的活动力强，所以在儿童室内空间的界面处理上，宜采用柔软、自然的材料，如地毯、原木、壁布或塑料等。这些耐用、容易修复、价格适中的材料，既可以为儿童营造舒适的生活环境，也令家长没有安全上的忧虑。

1. 地面

孩子离开摇篮后，地面自然成了他们接触最多的地方。不管为孩子提供什么座椅，他们仍然喜欢在地上爬、躺。地面是他们最自由的空间。在儿童生活的空间里，地面的材质都必须有温暖的触感，并且能够适应孩子从婴幼期到儿童期的成长需要。

儿童室内空间的铺地材料必须能够便于清洁，不能够有凹凸不平的花纹、接缝，因为任何不小心掉入这些凹下去的接缝中的小东西都可能成为孩子潜在的威胁，而这些凹凸花纹及缝隙也容易绊倒蹒跚学步的孩子，所以地面保持光滑平整很重要。大理石、花岗石和水泥地面等由于质地坚硬，易造成婴儿磨伤、撞伤，一般不宜采用；易生尘螨、清洗不便的地毯也不宜作为儿童生活空间的地面装饰材料。对于儿童来说，天然的实木地板是最好的选择（应配以无铅油漆涂饰，并且充分考虑地面的防滑性能），这样的地面易擦洗、透气性好，能极好地调节室内的温度和湿度，而且软硬度适中，能有效地避免儿童因跌倒而摔伤，或在玩耍时摔坏物品。

2. 顶面

根据孩子天真活泼的特点，儿童室内空间内可以考虑做一些造形吊顶，比如创造星星、月亮的吊顶造形等，让孩子拥有一片属于自己的梦幻天空。顶面材料可选用石膏板，因为石膏板有吸潮功能、保暖性好，能起到一定的调节屋内湿度的作用。

3. 墙面

好奇和好动是儿童的天性，为了避免幼儿抠、挖、损坏墙面，所选用的材料应坚固、耐久、无光泽、易擦洗。幼儿喜欢在墙面随意涂鸦，可以在其活动区域的墙面上挂一块白板或软木板，让孩子有一处可随性涂鸦、自由张贴的天地。孩子的照片、美术作品或手工作品，也可利用展示板或在墙角的一隅加个层板架摆设，既满足孩子的成就感，也达到了趣味展示的作用。因此，在设计时应预留墙面的展示空间，充分发掘儿童的想象力和创造力（图 10-35）。对于儿童室内空间来说，可清洗的涂料和墙纸是最适合的材料，最好选用一些高档环保涂料，颜色鲜艳，无毒无害，可擦洗，而且容易改装。

图 10-35　留有展示作品和启发儿童创造力的墙面布置

（四）室内家具

设计科学合理的家具,有利于儿童身心健康成长,是保证儿童室内空间不断"成长"的最为经济、有效的办法。

1. 床

（1）婴儿床

婴儿床要牢固、稳定,四周要有床栏,其高度应达到孩子身高的 2/3 以上。栏杆之间的空隙不超过 60mm,并在床的两侧放置护垫,以避免婴儿不慎翻落床外或身体卡进床栏中。床栏上应有固定的插销,安置在婴儿手伸不到之处。床架的接缝处应设计为圆角,以免刺伤婴儿。床的涂料必须无铅、无毒且不易脱落,不会使婴儿在啃咬时中毒。

（2）儿童床

儿童床的尺寸应采用大人床的尺寸,即长度要满足 2000mm,宽度则不宜小于 1200mm。儿童使用的床垫宜设计成较硬的结构,或者干脆使用硬板,这对孩子的背骨发育有好处。床的形式根据居室的大小有不同的设计,不同的组合方式占据的空间大小就不一样。如将床做在上面,下面做书桌,或将床下面做成衣柜,既可以节省空间,又能扩大儿童居室的活动区域（图 10-36）。如果两人共享一间,不要采用单纯的双层床铺,可以适当变化,图 10-37 就是几种布置的方案。另外亦可采用 L 形的布置,不但下面的空间可用来收藏,更能带来灵活多变的创作空间,还可避免下铺的压抑感。

图 10-36 床铺结合书桌的设计合理利用了空间

图 10-37 两个孩子共用卧室时的解决方案

2. 书桌和椅子

对于幼儿来说,家具要轻巧,便于他们搬动,尤其是椅子。为适应幼儿的体力,椅子的重量应小于幼儿体重的 1/10,约 1.5～2kg。

儿童桌椅的设计以简单为好,高度与大小应根据儿童的人体尺度、使用特点及不同年龄儿童的正确坐姿等确定所需尺寸。除了根据实际的使用情况度身定制外,使用高度可调节的桌椅也是一个经济实用且有利于儿童健康的选择。使用时将椅子调整到脚刚好可以踩到地上的高度,书桌则配合手肘的高度来调整,这样可以让儿童保持端正健康的姿态,有益健康。另一方面因为儿童成长的速度较快,使用可调节式的家具可以配合儿童急速变化的高度,延长家具的使用时间,节约费用。

3. 储物柜

储物柜的高度应适合孩子身高。沉重的大抽屉不适合孩子使用,最好选用轻巧便捷的浅抽屉柜(参阅储藏空间设计的有关内容)。

4. 挂衣钩

儿童居室内利用空间一隅设置挂衣钩,上部还可以设隔板,不仅可存放帽子、手套和挂衣物,还可以帮助儿童从小养成良好的生活习惯。挂衣钩的高度在 1000～1200mm 之间为宜,形式多样,可以结合儿童喜爱的卡通形式,配以鲜明的色彩,既实用又美观。

5. 家具的安全性

家具作为儿童居室中不可缺少的硬件,必须充分考虑其安全性。为了保证儿童的安全,家具的外形应无尖棱、锐角,边角最好修成触感较好的圆角,以免儿童在活动中碰撞受伤。

家具材料以实木、塑料为好,玻璃、镜面不宜用在儿童家具上。尽量不要选用有尖锐棱角的金属家具和胶合板类家具,以免锋利的角划伤儿童细嫩的皮肤,而且胶合板所散发的气味对孩子的呼吸道和眼睛有伤害,应该多选用实木家具。

儿童家具的结构要力求简单、牢固、稳定。儿童好奇、好动,家具很可能成为儿童玩耍的对象,组装式家具中的螺栓、螺钉要接合牢靠,以防止儿童自己动手拆装。折叠桌、椅或运动器械上应设置保护装置,以避免儿童在搬动、碰撞时出现夹伤。有些发达国家就要求折叠桌、椅必须有保险绳或锁紧开关以资保护。

(五)室内软装饰

为了使儿童居室与家具更好地适应儿童成长的需要,可以通过变换居室内织物与装饰品的方法,使居室和家具变得历久常新。织物的色泽要鲜明、亮丽,装饰图案应以儿童喜爱的动物图案、卡通形象、动感曲线图案等为主,以适应儿童活泼的天性,创造具有儿童特色的个性空间。形形色色的鲜艳色彩和生动活泼的布艺,会使儿童居室充满特色。由于儿童的想象力丰富,各种不同的颜色正可以刺激儿童的视觉神经,而千变万化的图案,则可满足儿童对整个世界的想象,这些可以说是儿童成长中不可缺少的重要环节。

儿童使用的床单、被褥以天然材料棉织品、毛织品为宜,这类织物对儿童的健康较为有益,而化纤产品,尤其是毛多、易掉毛的产品,会使儿童因吸入较多的化纤、细毛而导致咳嗽或过敏性鼻炎。

(六)灯光的处理

1. 婴儿室的特殊照明

设计婴儿室时要格外注意夜间照明的问题。由于婴儿容易在夜间哭闹,家长们常需在两间房间中奔波,所以照明设计相当重要。房间内最好具备直接式与间接式光源,父母可依其需要打开适合的灯光,婴儿也不会因灯光太强或太弱而感到不舒服。例如,为避免婴幼儿在夜间醒来时,因处于漆黑的房间中而惊吓,可以在夜间睡觉时打开光线微弱的间接式光源;帮宝宝换尿布时则可打开直接式光源。

2. 儿童房的照明

儿童房内应有充足的照明。合适且充足的照明,能让房间温暖、有安全感,有助于消除儿童独处时的恐惧感。除整体照明之外,床头须置一盏亮度足够的灯,以满足大一点的孩子在入睡前翻阅读物的需求;同时备一盏低照度、夜间长明的灯,防止孩子起夜时撞倒;在书桌前则必需有一个足够亮的光源,这样会有益于孩子游戏、阅读、画画或其他劳作。此外,正确地选用灯具及光源,对儿童的视力健康十分重要。如接近自然光的白炽灯、黄色日光灯比银色日光灯好,可调节光亮度、角度、高低的灯具也大大方便了使用,可根据不同的需要加以调节。一些象形的壁灯、台灯,还能巧妙地表现孩子的性格特点,同时激发他们的想象力。

3. 学习区域的照明

学习区域的照明尤其要注意整体照明与局部照明的合理设计。人的眼睛不只注视桌上,也会看四周,所以明暗的差别不能太大。虽然眼睛和相机的镜头一样可以适应明暗,但若明暗差异太大,眼睛容易疲劳,无法正常运作。通常学习区域的整体照明强度在100Ix以上,最理想则在200Ix以上。桌面台灯的亮度小学到中学需要300Ix以上,高中到大学因为文字较小,故需要500Ix以上。用室内整体的照明来取得这种亮度是很不经济的,所以应采用局部重点照明来进行补充。如果台灯的亮度有300Ix,整体照明有100Ix,那么桌上的亮度就有400Ix,可以为学习提供一个良好的照明环境。学习用的台灯最好灯罩内层为白色,外层是绿色,这样可以较好地解决照明与视力之间的矛盾。

(七)儿童室内生活环境的绿色设计

室内装饰中的许多物品会产生化学污染,这将严重危害身体尚未发育成熟、各组织器官十分娇嫩的儿童的健康。由于孩子有将东西放入嘴里的习惯,有些儿童还可能舔墙壁或地面,所以建材无毒是非常重要的。无论是墙面、顶面还是地面,都应采用无毒、无味的材料,减少有机溶剂中有害物质对儿童的危害,减少儿童受建材污染危害的可能性。这些是室内设计师在设计伊始就必须加以重视并严格遵循的基本准则。

提倡儿童室内生活环境的绿色设计,正是为了能给儿童提供一个环保、节能、安全、健康、方便、舒适的室内生活空间,从室内布局、空间尺度、装饰材料、照明条件、色彩搭配等都以满足儿童居住者生理、心理、卫生等方面的要求为目标,并且能充分利用能源、极大减少污染。绿色设计涉及的内容很多,与儿童的生活息息相关,因此必须引起足够的重视,更需要室内设计师进行不断的探索与追求,为儿童创造优质的、可持续发展的绿色生活环境。

室内设计的"以人为本"就是要满足真实、具体的使用者的切身需要,对老人、儿童、残疾人这样的特殊人群更应如此。应该努力做到自设计伊始,便着眼于整体,做好充分的预期与规划,并在设计过程中认真考虑每一个细部,将对他们的关心体现在每个细节之中。

应该充分认识"无障碍设计"在现代社会生活中的重要意义,将"无障碍设计"的理念深入、细致地贯彻下去,使其成为日常生活中不可或缺的环境要素。过去,许多人总是对"无障碍设计"存有偏见,认为其服务对象仅仅是某一部分特殊人群,而与大多数人的实际生活相去甚远,因此"无障碍设计"长期以来始终没有得到应有的重视。其实,这样的理解是完全片面和错误的。每个人一生中都将经历不同的生命阶段,无论是处于婴儿期的人们,还是因为一时的原因出现暂时行动障碍的人们,抑或是步入老年的人们,都需要环境能给予充分的支持,以保证在任何时候、任何人都能生活在一个安全与舒适的环境之中,得到环境与社会的尊重,并享有各自在生存权上的平等。只有这样,才能保证社会的和谐与可持续发展。

第十一章 室内环境设计

第一节 室内装修设计

一、室内装修材料

室内装修材料是建筑材料的重要组成部分,是指建筑主体结构围合成室内空间之后,装饰工程技术人员运用设计和施工方法营造舒适、优美和不同风格的空间效果所需要的材料,是设计师实现优秀设计方案构思的重要载体。对材料知识的正确了解,可以提高环境设计师在室内装修设计中对于材料的应用能力。

(一)木质材料

木材是用途极广的室内设计材料之一,凡墙壁、门窗、地板和天花板的构架及面层装饰、家具等无不优先考虑采用木材。木材质地坚硬,韧性特佳,不仅易于施工,而且便于维护。但木材最为显著的缺点是容易发生胀、缩、弯曲和开裂现象,同时有节疤、变色、腐朽和虫蛀等弊病。

1. 天然木材

天然木材的种类有很多,且各有各的特点,下面选取几种常用的加以简单介绍。

(1)竹——有很高的强度,抗拉、抗压且富有韧性和弹性,抗弯能力很强,不易折断。

(2)藤——藤的茎是植物中最长的,质轻而韧,极富有弹性,一般长至 2m 左右,而且都是笔直的,故常被用于制作藤制家具及具有民间风格的室内装饰用面材。

(3)桦木——质地硬,纹理斜,易变形。

(4)椴木——质地软,纹理直,质地坚固耐磨,易裂。

(5)樟木——质地略软,耐朽性强,对铁有腐蚀作用。

(6)水曲柳——质地略硬,纹理清晰,有直纹和山形纹两种,结构较粗。

(7)黄菠萝——质地略软,纹理直,收缩小。

(8)核桃木——质地硬,耐磨、耐腐,易干燥,少变形。

(9)花梨木——也称"红木",色泽好,幼木材为淡茶色,成熟木材为紫色,高龄木材则近黑色,木质精致坚硬,具有深褐色或黑色花纹。

(10)桃花心木——也称"桃木"或"桃心木",以心材常具桃红色波纹而得名,利于切割和雕刻,为名贵家具材料。

2. 人造板材

木材加工会产生大量的边角废料,为了提高木材的利用率,同时有效避免天然木材的缺点,提高产品质量,便出现了人造板材,并且已得到了广泛的推广应用,下面选择几种介绍如下。

(1)胶合板——胶合板是将原木经蒸煮软化后沿年轮切成片,通过干燥、整理、涂胶、热压、锯边而成,木片层数一般为3～12层,胶合时相邻木片的纤维互相垂直。

(2)刨花板——刨花板是将木材加工剩余物(如木屑等)切削成碎片,经过干燥,拌以胶料,在一定的温度下压制成的一种人造板。

(3)防火板——防火板是将多层纸材浸于碳酸树脂溶液中,经烘干后再以高温加压制成。它表面的保护膜处理使其具有防火防热功效,且有防尘、耐磨、耐酸碱、耐冲撞、防水、易保养、多种花色及质感强等性能。

(4)细木工板——俗称"大芯板",是由上下两层夹板、中间夹小块木条压挤连接的芯材制成的,厚度为18mm。因芯材中间有空隙,可耐热胀冷缩,其特点是具有较大的硬度和强度,质轻、耐久、易加工,可以节省制作时间与成本。

(5)中密度板——中密度板是将树皮、刨花、树枝干、果实等废材经粉碎浸泡,研磨成木浆,使其植物纤维重新交织,再经湿压成型、干燥处理而成。因成型时湿度与压力不同,中密度板分硬质、软质两种。

(6)微薄木贴皮——微薄木贴皮是以精密设备将珍贵树种经水煮软化后,旋切成0.1～1mm左右的微薄木片,再用高强胶黏剂与坚韧的薄纸胶合而成。多做成卷材,具有木纹逼真、质感强、使用方便等特点。

(二)石质材料

石材是一种质地坚硬耐久、感觉粗犷厚实的材料。石材具有耐腐、绝燃、不蛀、耐压、耐酸碱、不变形、易造型等优点,但是也有施工较难、造价昂贵、易裂、易碎、不保温、不吸音和难于维护等缺点。

1. 天然石材

(1)大理石——大理石是指变质或沉积的碳酸盐的岩石,组织细密,坚实可磨光,颜色品种繁多,不耐风化,所以常用于室内墙面,耐用年限150年左右。

(2)鹅卵石——造价低廉但运费高,装饰效果极其朴素,施工有一定难度,可先用水泥沙浆铺底,再将鹅卵石凝结在混凝土的表面。

(3)花岗岩——花岗岩属岩浆岩,其特点为构造密、硬度大、耐磨、耐压、耐火及耐空气中的化学侵蚀。其花纹为均粒、斑纹及发光云母微粒状。花岗岩是室内装饰中最高档的材料之一,多用于地面装修。耐用年限为200年左右。

(4)青石板——青石板是一种易于劈解成薄片、质地较硬、表面粗糙、多层次的石材,色彩以蓝灰色为主,也有带绿、红和黄色,是一种价格低、效果极佳的装饰石材,适于装饰墙面和室内外铺地,形态变化多样,也可加工成不同的尺寸。

2. 人造石材

（1）砖——一种黏土制品，为最古老的建筑与室内材料之一。质轻而硬度适中，具有防火、防潮、防风化等特性。普通黏土砖分红砖和青砖两种。其单位体积小，易于搬运、施工和维护。标准尺寸为 240mm×115mm×53mm，砌筑灰缝为 10mm。

（2）瓷砖——又称"面砖"，是一种单面上釉的陶质薄砖。釉面精致富于防水特性，并易于维护，但抗击性脆弱，隔热与隔音差。

（3）水磨石——水磨石是用水泥（或其他胶结材料）和石渣为原料，经过搅拌、成型、研磨等主要工序，制成一定形状的人造石材。

（4）混凝土——混凝土是一种以水泥、细沙和碎石为材料所制成的人造石材。一般皆以一份水泥对两份细沙和四份碎石为搅拌标准，灌铸时以水泥稠浆注入模板经硬化而成。

（三）石膏材料

1. 纸面石膏板

纸面石膏板是以半水石膏和护面纸为主要材料，加入适量纤维、胶粘剂、促凝剂、缓凝剂经料浆配制、成型、切割、烘干而成的轻质薄板。它具有防火、隔音、隔热、轻质、高强、收缩率小等特点，且稳定性好、不老化、防虫蛀，可用钉、锯、刨、粘等方法施工。根据室内环境的不同，纸面石膏板与金属龙骨结合被广泛应用于室内吊顶、隔墙、内墙、贴面板等装修工程。

2. 装饰石膏板

装饰石膏板是不带护面的装饰板材，形状为正方形，其表面细腻，色彩、花纹图案丰富，具有质轻、强度高、色泽柔和、美观、吸音、防火、隔热、变形小以及可调节室内湿度等优点。装饰石膏板被广泛应用于宾馆、饭店、餐厅、礼堂、办公室、候机（车）室等的吊顶和墙面装饰。

3. 石膏浮雕装饰件

装饰石膏线角、花饰和造型等石膏艺术制品可统称为石膏浮雕装饰件。它具有表面光洁，花型和线条清晰、精细，立体感强，尺寸稳定，强度高，防火及施工方便等优点。石膏浮雕装饰件被广泛用于室内的柱子、吊顶和墙面的装饰。

（四）金属材料

金属为现代室内设计的重要材料，它不仅质地坚硬、张力强大，而且热与电的传导性强，防火和防腐性能佳，通过机械加工方式可制造各种形式的构件和器物。金属的缺点是易于生锈和难于施工。

1. 黑金属

根据含碳量标准，通常分为铸铁、锻铁和钢三种基本形式。含碳量少时质软而强度小，容易弯曲，可锻性大，热处理的效果欠佳。反之，含碳量多时则质硬，可锻性减少，热处理效果良好。

（1）铸铁。含碳量在1.7%以上者称为"铸铁"，晶粒粗而韧性弱，硬度大，适于铸造各种铸件。

（2）锻铁。含碳量在0.45%以下者称为"锻铁"或"熟铁"。晶粒细而韧性强，不适于铸造，但易于敲击锻制各种铁器、铁花。

（3）不锈钢。其强度大而富于弹性，不锈钢为不易生锈的钢，其耐腐蚀性强，表面光洁度高，在现代室内设计中的应用越来越广泛。但是，不锈钢并非绝对不生锈，故保养工作十分重要。

2. 有色金属

（1）铜材——铜材表面光滑，光泽中等，经磨光后表面可制成亮度很高的镜面，铜常被用于制铜装饰件、铜浮雕、门框、铜栏杆及五金配件等。铜材时间长可产生绿锈，故应注意保养，特别是在公共场所应有专门工作人员定时擦拭，也可面覆保护膜。常用的铜材种类有青铜、黄铜、红铜、白铜等。

（2）铝材——银白色，耐腐蚀性强，便于铸造加工，表面光平，光泽中等，可染色，可制成平板、波形板等。多用于做龙骨、门窗边框。

（五）塑胶材料

1. 橡胶地板

橡胶地板是天然橡胶、合成橡胶和其他成分的高分子材料所制成的地板。其优点是环保、防滑、阻燃、耐磨、吸音、抗静电、耐腐蚀、易清洁，主要用于机场大厅、地铁站台和医院等公共空间室内地面的装修。

2. 塑料地板

塑料地板是一种新型铺地材料，其种类很多，包括硬质塑料地板、软质卷材地板和弹性卷材地板，其防水、防霉和耐磨性能较好。

3. 塑料壁纸

塑料壁纸采用PVC塑料制成，品种、花色非常丰富，是家庭装修用得最广泛的一种墙纸。塑料壁纸柔韧性强、耐磨、可擦洗、耐酸碱，还具有吸声隔热的功能。塑料壁纸表面有相同色彩的凹凸花纹图案，有仿木纹、拼花、仿瓷砖等效果，图案逼真，立体感强，装饰效果好，适用于室内墙面、客厅和楼内走廊等装饰。

（六）玻璃材料

玻璃是一种透明性极好的人工材料，它以多种物质的混合物经1550℃左右高温溶成液体，然后冷却而成固体。玻璃的透明性好，透光性强，而且具有良好的防水、防酸和防碱的性能，具有适度的耐火、耐刮的性质。室内所用玻璃一般以平板玻璃和玻璃砖为主。

1. 平板玻璃

（1）普通玻璃板——为一般小型窗户所采用的薄玻璃板，厚度多为2～3mm，最大尺寸为1800mm×2200mm。

(2)厚玻璃板——为大型门窗、橱窗、顶棚、隔墙和家具所采用的玻璃,厚度为 3～19mm。

(3)花玻璃板——以压模、喷砂、蚀刻或雕刻的方式,使一面或两面产生花纹的玻璃板,厚度为 2～5mm,适于作装饰屏风之用,也可作浴室等私密空间的窗户使用。

(4)夹丝玻璃——夹丝玻璃是将不同组织的金属丝网夹置于玻璃中心的产品,以增加普通玻璃强度,在玻璃遭受冲击或受温度影响发生剧变时,破而不缺,裂而不散,避免碎块飞出伤人,还能起到隔绝火的作用。

(5)磨砂玻璃——采用机械喷砂、手工研磨等方法将普通玻璃板的表面处理成均匀毛面。由于表面粗糙,使光线产生漫射,可使室内光线柔和。

(6)彩色玻璃——经过着色处理过的玻璃,其中最普遍的色彩为茶色、墨绿、浅蓝等,也有其他色彩。

(7)钢化玻璃——由平板玻璃经过"淬火"处理后制成,比未经处理的强度要大 3～5 倍,具有较好的抗冲击、抗弯、耐急冷、耐急热的性能,当玻璃破碎或裂成圆钝的小碎片时不致伤人。钢化玻璃的钻孔、磨边应预制,因为施工时再行切割钻孔十分困难。

(8)中空玻璃——也称"隔热玻璃",由两层或两层以上的平板玻璃组成,四周密封,中间为干燥的空气层或真空。

(9)镜面玻璃——可以反射景物,起到扩大室内空间的效果。

(10)有机玻璃——热塑性塑料的一种,它有极好的透光性、耐热性、抗寒性和耐腐蚀性,其绝缘性能良好,在一般条件下尺寸稳定性能好,成型容易。缺点是质较脆,作为透光材料表面硬度不够,容易擦毛。

2. 空心玻璃砖

空心玻璃砖是一种用两块玻璃经高温高压铸成的四周密闭的空心砖块。玻璃砖以砌筑局部墙面为主,最大特色是提供自然采光而兼能维护生活的私密性,具有适度的隔热和隔音作用,适用于门厅、厨房、浴室及其他兼需光线与私密性的空间。

(七)陶瓷材料

1. 釉面砖

釉面砖又称内墙面砖,属于多孔薄片精陶制品。它不仅强度较高、防潮、耐污、耐腐蚀、易清洗、变形小,具有一定的抗急冷急热性能,而且表面光亮细腻、色彩图案丰富、风格典雅,具有很好的装饰性。釉面砖多用于厨房、卫生间、浴室、理发室、内墙裙等处勾装修及大型公共场所的墙面装饰。

2. 墙地砖

墙地砖包括彩釉砖、无釉砖、劈离砖、渗花砖、仿古砖、大颗粒瓷质砖、金属光泽釉面砖等。墙地砖具有强度高、耐磨、耐腐蚀、耐火、耐水等特点,易清洗,不易褪色,广泛运用于人流较密集的建筑物内部墙面和地面,并对墙面起到很好的保护和装饰作用。

3. 陶瓷锦砖

陶瓷锦砖俗称马赛克,是由各种颜色的几何形状的小块瓷片铺贴在牛皮纸上形成的装饰砖,故又称纸皮砖。主要用于墙面和地面的装饰。陶瓷锦砖具有质地坚实、色泽图案多样、吸水率极小、抗腐蚀、耐溶、耐火、防滑、易清洗等特点。

4. 大型陶瓷饰面板

大型陶瓷饰面板是一种大面积的装饰陶瓷制品。它克服了釉面砖及墙地砖面积小，施工中不易拼接的缺点，装饰效果更逼真，施工效率更高，是一种有发展前途的新型装饰陶凳装饰制品。

（八）涂饰材料

1. 油漆

（1）清漆——又名树脂漆。漆膜干燥迅速，一般为琥珀色透明或半透明体，十分光亮。

（2）磁漆——漆膜坚硬平滑，可呈各种色泽，附着力强，耐水性高于清漆而低于调和漆，适用于室内金属和木质表面。

（3）喷漆——施工采用喷涂法，故名喷漆。漆膜光亮平滑，坚硬耐久，色泽鲜艳。

（4）调和漆——用油料、颜料、溶剂、催干剂等调和而成。漆膜有各种色泽，其质地较软，具有一定的耐久性，适用于室内一般金属、木材等表面。施工方便，使用广泛。

（5）防锈漆——用油料与阻蚀性颜料调剂而成，对于钢铁的防锈效果好。

2. 涂料

（1）粉刷涂料——具有装饰和保护墙面的功能。色彩丰富，可任意调制各种色彩，施工效率高，是室内装修中大量使用的装饰材料之一。

（2）防火涂料——可分为两个基本类型，一种是膨胀型防火涂料，这种涂料在火灾发生时不支持燃烧，且受热膨胀发泡，以减缓火焰的传播速度；另一种是非膨胀型防火涂料，其本身是难燃的聚合物，在火灾发生时，涂层受热分解放出阻燃性气体，阻止火焰蔓延。

（九）织物材料

1. 地毯

地毯包括羊毛毯、麻毯、丝毯、化纤毯等品种，又分为宫廷式、古典式和美术式等多种样式。具有良好的吸音、隔音、防潮、净化空气和美化环境的作用。广泛应用于宾馆、餐饮、家居等空间地面的装饰。

2. 挂毯

挂毯装饰织物又名壁毯，是一种供人们欣赏的室内墙挂艺术品，故又称艺术壁挂。挂毯图案花色精美，常采用纯羊毛蚕丝、麻布等上等材料制作而成。挂毯装饰织物对室内装饰不仅起到锦上添花的效果，还起到了保温、隔热、吸声和调节室内光线的作用。

3. 织物壁纸和墙布

织物壁纸主要分为纸基织物壁纸和麻草壁纸两种。织物壁纸和墙布具有装饰效果好、色彩鲜艳、花色多样、不易褪色和老化、防水、耐湿性强、吸音、施工简单等特点。适用于宾馆、饭店、民用住宅等空间的室内墙面装饰。

4. 高级墙面装饰织物

高级墙面装饰织物是指锦缎、丝绒、呢料等织物,这些织物由于纤维材料、制造方法和处理工艺的不同,所产生的质感和装饰效果也不相同。常被用于高档室内墙面的浮挂装饰,也可用做室内高级墙面的裱糊装饰材料。适用于高级宾馆、酒店等公共空间的裱糊装饰。

二、顶棚、墙面与地面装修设计

(一)顶棚装修设计

顶棚在人的上方,它对空间的影响较为显著,一般材料选用石膏板、金属板、铝塑板等,在设计时应考虑到顶棚上的通风、电路、灯具、空调、烟感、喷淋等设施,还应根据空间或设施的构造需要,在层次上作错落有致的变化,以丰富空间、协调室内空间环境气氛。

1. 纸面石膏板吊顶

纸面石膏板吊顶是由纸面石膏板和轻钢龙骨系列配件组成,具有质轻、高强度、防火、隔音、隔热等性能,有便于安装、施工速度快、施工工期短等特点,适合不同空间,并能制作多种造型。

图 11-1　纸面石膏板吊顶

2. 石膏角线

石膏角线位于顶棚与墙的交界处,也称为"阴角",由于阴角处一般在施工中很难处理好,故用石膏角线来弥补阴角的缺陷,起到美化空间的作用。根据设计的需要,石膏角线后边可以隐藏一些电线,将形式和功能结合得天衣无缝,同时角线也可以做成木质的。然而并不是所有房间均适合用角线,在设计时要根据房间的风格形式来决定是否选用。

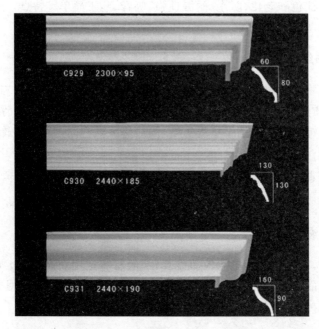

图 11-2　石膏脚线（单位:mm）

(二)墙面装修设计

墙面是室内空间限定的要素之一,它是空间的垂直组成部分,要想取得好的空间效果,就应在满足功能的情况下,处理好墙面的造型与材料的关系。视觉心理学认为:人对空白存在着先天的恐惧感,当人注视一面墙、一个空间时,目光总是要寻求一个"栖息"之处,希望有一个美的客观存在来满足视知觉本能的需求,所以墙面的表现有助于室内空间的情调与气氛的烘托,是设计中的重点部分。

1. 玻璃墙面

玻璃表面具有不同的变化,如色彩、磨边处理,同时玻璃又是一种容易破裂的材料,如何固定与放置是需要特别设计的。玻璃具有极佳的隔离效果,同时它能营造出一种视觉的穿透感,无形中将空间变大,对于一些采光不佳的空间,利用玻璃墙面能达到良好的采光效果。

2. 壁纸墙面

这是一种能使墙变得漂亮的方法,因为壁纸的颜色、图案、材料多种多样,任你选择,而且如今的壁纸更耐久,甚至可以水洗。壁纸有以下几种。

(1)纸基壁纸

纸基壁纸是最早的壁纸之一,纸面可印图案或压花,基底透气性好,不易变色、鼓包。这种壁纸比较便宜,但性能差,不耐水、不能清洗、易断裂、不便于施工。

(2)织物壁纸

织物壁纸是用丝、羊毛、棉、麻等纤维织成的壁纸,用这种壁纸装饰的环境给人以高雅、柔软和舒适之感。

图 11-3　玻璃墙面造型

（3）天然材料壁纸

天然材料壁纸是用皮革、麻、木材、树叶、草等为原料制成的壁纸，也有用珍贵木材切成薄片制成的壁纸，其特点是风格淳朴、自然。

（4）仿真塑料壁纸

仿真塑料壁纸是以塑料为原料，模仿砖、石、木材等天然材料的纹样和质感制成的壁纸。

图 11-4　壁纸墙面造型

3. 镜子墙面

用镜子将对面墙上的景物反映过来，或者利用镜子造成多次的景物重叠所构成的画面，既能扩大空间，又能给人提供新鲜的视觉印象，若两面镜子相对，镜面相互成像，则视觉效果更加奇特。

图 11-5　镜子墙面造型

4. 面砖墙面

由于面砖具有耐热、防水和易清洗的特点,它理所当然地成为厨房、浴室必不可少的装饰材料。长期以来人们在使用面砖时,只注重强调其实用性,而目前可供选择的面砖比以往面砖有极大的改观,花色品种多种多样。在铺装时也可采用不规则的形状或斜向的排列,构成一幅独具风味的艺术拼贴画。

图 11-6　面砖墙面造型

5. 黑板墙面

用黑板作墙面装饰能同时具有两种功效:一是具有实用功能,可以在它上面写留言和提醒语,供孩子们涂鸦等;二是白色粉笔的图形文字同时还具有装饰作用,所以在环境中适当放置部分黑板墙面能给日常生活提供一个富于创造性的背景。

图 11-7　黑板墙面造型

6. 织物软包墙面

纺织品具有吸湿、隔音、保暖、富于弹性等优点,缺点是不耐脏,贴上墙后不易清洗。毛麻、丝绒、锦缎、皮革装饰的墙面华贵典雅,这类高级织物的装修一般是在胶合板上裱贴一层10～20mm厚的塑料泡沫,再将织物包贴于上,按照设计要求,分块拼装于墙面。

图 11-8　织物软包墙面造型

7. 金属薄板墙面

用铝、铜、铝合金和不锈钢等金属薄板装修墙面,不仅坚固耐用、美观新颖,而且具有强烈的时代感。金属薄板的表面可为搪瓷、烤漆、喷漆或电镀。金属板的外形可以是平的,也可以是波浪形和卷边形。金属薄板可用螺钉直接固定在墙体上,也可在墙上先架钢龙骨,再用特制的紧固件把薄板挂在或卡在龙骨上。

（三）地面装修设计

地面是构成室内空间的基本要素，地面的色彩、质地、形状、图案一般最先为人们的视觉所感知。就室内设计而言，它承受着室内设施、家具的压力，所以必须要坚固耐用。

在设计中，地面材质有软有硬，有天然的有人造的，材质品种众多，但不同的空间材质的选择也要有所不同。地毯质地柔软，脚感好，走在上面无噪音，适合用于卧室、高档工作室等。实木地板自然淳朴、纹理优美，有温暖和舒适感，适合用于起居室、卧室等。石材地面稳重有光泽，具有清凉感；瓷砖地面质感光滑、平整，图案色彩丰富，具有良好的装饰效果，二者均适合用于门厅、客厅等。

1. 石材地面

石材由于它坚硬、耐磨、光洁度好、易清洁，给人高雅、华贵的感觉，但价格较贵，一般适用于人流量多的公共场所，如图11-9所示。石材表面的处理既可以是磨光的，也可以是烧毛的，设计时可根据需要选择加工方式。另外，石材还可以根据设计的需要加工成各种拼花图案来装饰地面，以填补较少家具给室内空间带来的平淡效果。

图11-9　石材地面

2. 实木地板

实木地板因其色泽柔和、纹理丰富而给人们带来浓浓的暖意。它除了具有观赏性外还是室内铺地最实用的材料之一，并经得住日常磨损。如今木材保持了其几个世纪以来室内铺地材料首选物的地位，目前除了那些统治室内数年的标准金黄色硬木地板外，各种迥然不同的地板吸引着更多的人。

3. 釉面瓷砖地面

瓷砖有耐重压、易于清洗等优点，在安装、清洁和维护等方面均优于地毯和木地板，挑选时应注意釉质应厚而匀称，色差尽可能小。一般好的瓷砖厚度在8mm以上，并有防滑设计，当釉面沾上水后反倒变涩，而且表面不规则细微凸起处的花纹圆滑过渡，不会积存污垢，易于清洁,如图 11-11 所示。在选购瓷砖时还应注意,浴室、厨房适于铺小规格的瓷砖,利于找坡散水,客厅等大面积的空间应铺设大规格的瓷砖,瓷砖的颜色和风格应和整体空间色系搭配协调好。

图 11-10　实木地板

图 11-11　釉面瓷砖地面

4. 强化复合地板

强化复合地板的特点是耐磨性强、抗压性强,表面装饰层花纹优美,色泽均匀,铺装快捷,但弹性和脚感不如实木地板。这种地板由表层、芯层、底层三部分组成,表层由耐磨并具有装饰性的材料组成,芯层是由中高密度纤维板或刨花板组成,底层是由低成本的层压板组成,目前饰面已逐渐改用含有耐磨层的三聚氰胺树脂浸渍装饰纸。

5. 地毯

地毯由于保暖性好,能降低噪音,质地比较松软,踩上去又舒服,所以它在众多地面材料中保持了一种独特的地位,如图 11-12 所示。但地毯掩藏灰尘的本领要比硬质地面高明得多,目前虽然对其进行了种种"耐脏"处理,已使得地毯抗污迹的能力大大增强,但与硬质地面容易清洁的特点相比,它还不是对手。不过小块工艺地毯作为硬质材料铺成的地面和满铺地毯之间的折中,堪称最佳的备选物。

图 11-12　地毯地面

第二节　室内家具与陈设设计

一、室内家具设计

（一）家具的分类

1. 按使用功能分类

（1）支承类家具:指各种坐具、卧具,如凳、椅、床等。

（2）凭倚类家具:指各种带有操作台面的家具,如桌、台、茶几等。

（3）储藏类家具:指各种有储存或展示功能的家具,如箱柜、橱架等。

（4）装饰类家具:指陈设装饰品的开敞式柜类成架类的家具,如博古架、隔断等。

2. 按制作材料分类

（1）木质家具:主要由实木与各种木质复合材料（如胶合板、纤维板、刨花板和细木工板等）所构成。

（2）塑料家具:整体或主要部件用塑料包括发泡塑料加工而成的家具。

（3）竹藤家具:以竹条或藤条编制部件构成的家具。

（4）金属家具:以金属管材、线材或板材为基材生产的家具。

（5）玻璃家具:以玻璃为主要构件的家具。

（6）皮家具:以各种皮革为主要面料的家具。

3. 按结构特征分类

（1）框式家具:以榫接合为主要特点,木方通过榫接合构成承重框架,围合的板件附设于框架之上,一般一次性装配而成,不便拆装。

（2）板式家具:以人造板构成板式部件,用连接件将板式部件接合装配的家具,板式家具有可拆和不可拆之分。

（3）拆装式家具:用各种连接件或插接结构组装而成的可以反复拆装的家具。

（4）折叠家具:能够折动使用并能叠放的家具,便于携带、存放和运输。

（5）曲木家具:以实木弯曲或多层单板胶合弯曲而制成的家具,具有造型别致、轻巧、美观的优点。

（6）壳体家具:指整体或零件利用塑料或玻璃一次模压、浇注成型的家具,具有结构轻巧、形体新奇和新颖时尚的特点。

（7）悬浮家具:以高强度的塑料薄膜制成内囊,在囊内充入水或空气而形成的家具,悬浮家具新颖、有弹性、有趣味,但一经破裂则无法再使用。

（8）树根家具:以自然形态的树根、树枝、藤条等天然材料为原料,略加雕琢后经胶合、钉接、修整而成的家具。

4. 按风格特征分类

(1)欧式古典家具:具有代表性的是欧洲文艺复兴时期、巴洛克时期、洛可可时期的家具,总的特点是精雕细刻。

(2)中式古典家具:以明清时期的家具为代表,明式家具造型简练朴素、比例匀称、线条刚劲、高雅脱俗;清式家具化简朴为华贵,造型趋向复杂繁琐,形体厚重,富丽气派。

(3)现代家具:现代家具以使用、经济和美观为特点,重视使用功能,造型简洁,结构合理,较少装饰,采用工业化生产,零部件标准且可以通用。

(二)家具的设计

家具是科学、艺术、物质和精神的结合。家具设计涉及心理学、人体工程学、结构学、材料学和美学等多学科领域。家具设计的核心就是造型,造型好的家具会激发人们的购买欲望,家具设计的造型设计应注意以下几个问题。

(1)比例——比例是一个度量关系,即指家具的长、宽、高3个方向的度量比。

(2)平衡——平衡给人以安全感,分对称性平衡和非对称性平衡。

(3)和谐——构成家具的部件和元素的一致性,包括材料、色彩、造型、线型和五金等。

(4)对比——强调差异,互为衬托,有鲜明的变化,如方与圆、冷与暖、粗与细等。

(5)韵律——一种空间的重复,有节奏的运动,韵律通过形状、色彩和线条取得连续韵律、渐变韵律和起伏韵律。

(6)仿生——根据造型法则和抽象原理对人、动物和植物的形体进行仿制和模拟,设计出具有生物特点的家具。

(三)家具的配置

室内装修完工以后首先要选定的就是家具,作为一名室内设计人员当然应该具备家具设计的能力,但其主要任务往往不是直接设计家具,而是从环境总体要求出发,对家具的尺寸、色彩、风格等提出要求。在选择家具时,往往会遇到尺寸、材质、色彩等方面的修改和选择,家具厂可以根据设计人员或业主提供的尺寸修改家具,使家具在室内环境中无论在风格上还是尺度上,都无可挑剔。

二、室内陈设设计

室内陈设的物品,是用来营造室内气氛和传达精神功能的物品。用于室内陈设的物品从材质上可分为以下几个大类。

(一)家居织物陈设

家居织物主要包括窗帘、地毯、床单、台布、靠垫和挂毯等。这些织物不仅有实用功能,还具备艺术审美价值。

窗帘具有遮蔽阳光、隔声和调节温度的作用。采光不好的空间可用轻质、透明的纱帘,以增加室内光感;光线照射强烈的空间可用厚实、不透明的绒布窗帘,以减弱室内光照。隔声的窗帘多用厚重的织物来制作,褶皱要多,这样隔声效果更好。窗帘调节温度主要运用色彩的变化来实现,如冬天用暖色,夏天用冷色;朝阳的房间用冷色,朝阴的房间用暖色。

地毯是室内铺设类装饰品,不仅视觉效果好,艺术美感强,还可以吸收噪声,创造安宁的室内气氛。此外,地毯还可使空间产生聚合感,使室内空间更加整体、紧凑。

靠垫是沙发的附件,可调节人们的座、卧、倚、靠姿势。靠垫的布置应根据沙发的样式来进行选择,一般素色的沙发用艳色的靠垫,而艳色的沙发则用素色的靠垫。

(二)艺术品与工艺品陈设

艺术品和工艺品是室内常用的装饰品。

艺术品包括绘画、书法、雕塑和摄影等,有极强的艺术欣赏价值和审美价值。在艺术品的选择上要注意与室内风格相协调,欧式古典风格室内中应布置西方的绘画(油画、水彩画)和雕塑作品;中式古典风格室内中应布置中国传统绘画和书法作品,中国的书画必须要进行装裱,才能用于室内的装饰。

工艺品既有欣赏性,且还有实用性。工艺品主要包括瓷器、竹编、草编、挂毯、木雕、石雕、盆景等。还有民间工艺品,如泥人、面人、剪纸、刺绣、织锦等。除此之外一些日常用品也能较好地实现装饰功能,如一些玻璃器具和金属器具晶莹透明、绚丽闪烁,光泽性好,可以增加室内华丽的气氛。

(三)其他物品陈设

其他的陈设物品还有家电类陈设,如电视机、DVD 影碟机和音响设备等;音乐类陈设,如光碟、吉他、钢琴、古筝等;运动器材类陈设,如网球拍、羽毛球拍、滑板等。除此之外,各种书籍也可作室内陈设,既可阅读,又能使室内充满文雅书卷气息。

第三节　室内绿化设计

一、室内绿化设计的功能

室内绿化是室内设计的一部分,它主要是利用植物材料并结合园林常用的手法来组织、完善、美化空间。

植物的绿色可以给人的大脑皮层以良好的刺激,使疲劳的神经系统在紧张的工作和思考之后得以放松,给人以美的享受。室内植物作为装饰性的陈设,比其他任何陈设更具有生机和魅力。

室内设计具有柔化空间的功能。现代建筑空间大多是由直线形构件所组合的几何体,令人感觉生硬冷漠。利用绿化中植物特有的曲线、多姿的形态、柔软的质感、悦目的色彩,可以改变人们对空间的空旷、生硬等不良感觉。

二、室内绿化设计的种类

（一）室内植物

室内绿化设计就是将自然界的植物、花卉、水体和山石等景物经过艺术加工和浓缩移入室内，达到美化环境、净化空气和陶冶情操的目的。室内绿化既有观赏价值，又有实用价值。在室内布置几株常绿植物，不仅可以增强室内的青春活力，还可以缓解和消除疲劳。

室内植物种类繁多，有观叶植物、观花植物、观景植物、赏香植物、藤蔓植物和假植物等。假植物是人工材料（如塑料、绢布等）制成的观赏植物，在环境条件不适合种植真植物时常用假植物代替。

绿色植物点缀室内空间应注意以下几点。

（1）品种要适宜，要注意室内自然光照的强弱、多选耐阴的植物。如红铁树、叶椒草、龟背竹、万年青、文竹、巴西木等。

（2）配置要合理，注意植物的最佳视线与角度，如高度在 $1.8\sim2.3m$ 为好。

（3）色彩要和谐，如书房要创造宁静感，应以绿色为主；客厅要体现主人的热情，则可以用色彩绚丽的花卉。

（4）位置要得当，宜少而精，不可太多太乱，到处开花。

图 11-13　室内植物绿化

（二）室内水景

室内水景有动静之分，静则宁静，动则欢快，水体与声、光相结合，能创造出更为丰富的室内效果。常用的形式有水池、喷泉和瀑布等。

图 11-14　室内水景绿化

（三）室内山石

山石是室内造景的常用元素,常和水相配合,浓缩自然景观于室内小天地中。室内山石形态万千,讲求雄、奇、刚、挺的意境。室内山石分为天然山石和人工山石两大类,天然山石有太湖石、房山石、英石、青石、鹅卵石、珊瑚石等;人工山石则是由钢筋水泥制成的假山石。

图 11-15　室内山石绿化

第四节　室内色彩设计

一、室内色彩设计的功能

（一）色彩调整空间宽窄

色彩由于其本身性质及所引起的视错觉,对于室内空间具有面积或体积上的调整作用,比如,室内空间有过大、过小的现象时,可以运用色彩作适度的调整。

根据色彩的特性,明度高、彩度强的暖色皆具有前进性;相反,明度低、彩度弱的冷色皆具有后退性。室内空间如果过于松散时,可以选用具有前进性的色彩来处理墙面,使室内空间获得紧凑亲切的效果。相反,室内空间如果感觉过于狭窄拥挤时,则应选用具有后退性的色彩来处理墙面,使室内空间取得较为宽阔的效果。室内空间若较为宽敞时,可以采用变化较多的色彩;室内空间若较为狭窄时,则应采用单纯而统一的色彩。

(二)色彩调整空间高低

色彩同时又具有重量感,明度高的色彩较轻,明度低的色彩较重;同明度而彩度高的色彩较轻,同明度而彩度低的色彩较重;同明度同彩度的暖色相较轻,同明度同彩度的冷色相较重。而且,轻的色彩必然具有上浮感,重的色彩必然具有下沉感。

假如室内空间过高时,天花板可以采用略重的下沉性色彩,地板可以采用较轻的上浮性色彩,使其高度获得适度的调整。相反,假如室内空间偏低时,天花板则必须采用较轻的上浮性色彩,地板则必须选用较重的下沉性色彩,使室内空间产生较高的感觉。而且,当室内空间偏低时,无论天花板或地板的色彩都必须单纯;当室内空间偏高时,天花板或地板则可选用较富于变化的色彩。

(三)色彩调整环境品质

室内色彩还应满足个人或群体对于不同色彩的偏爱,并应更多地了解使用人的性格特征,用室内色彩给予积极的表现,使人人拥有性格鲜明的生活环境,并可应用色彩的特性,矫正人们性格上的错误倾向。

其实色彩的象征并无理论上的绝对性或必然性,在设计时,只有注意时代性的变化、地域性的差别和个人的差别等综合条件,才能在环境性格的表现上获取积极的效果。七色中对人体心理健康最为有益的是绿色,它对人的神经系统、视网膜组织的刺激都有好处,能使人消除疲劳,舒缓血流。

二、室内色彩的应用与搭配

色彩分无彩色和有彩色两大类。黑、白、灰为无彩色,除此之外的任何色彩都为有彩色。其中红、黄、蓝是最基本的颜色,被称为三原色。三原色是其他色彩所调配不出来的,而其他色彩则可以由三原色按一定比例调配出来。如红色加黄色可以调配出橙色,红色加蓝色可以调配出紫色,蓝色加黄色可以调配出绿色等。

(一)无彩色

1. 黑色

黑色具有稳定、庄重、严肃的特点,象征理性、稳重和智慧。黑色是无彩色系的主色,可以降低色彩的纯度,丰富色彩层次,给人以安定、平稳的感觉。黑色运用于室内装饰,可以增强空间的稳定感,营造出朴素、宁静的室内气氛。

2. 白色

白色具有简洁、干净、纯洁的特点,象征高贵、大方。白色使人联想到冰与雪,具有冷调的现代感和未来感。白色具有镇静作用,给人以理性、秩序和专业的感觉。白色具有膨胀效果,可以使空间更加宽敞、明亮。白色运用于室内装饰,可以营造出轻盈、素雅的室内气氛。

3. 灰色

灰色具有简约、平和、中庸的特点,象征儒雅、理智和严谨。灰色是深思而非兴奋、平和而非激情的色彩,使人视觉放松,给人以朴素、简约的感觉。此外,灰色使人联想到金属材质,具有冷峻、时尚的现代感。灰色运用于室内装饰,可以营造出宁静、柔和的室内气氛。

(二)三原色

1. 红色

红色具有鲜艳、热烈、热情、喜庆的特点,给人勇气与活力。红色可刺激和兴奋神经,促进机体血液循环,引起人的注意并产生兴奋、激动和紧张的感觉。红色有助于增强食欲。红色使人联想到火与血,是一种警戒色。红色运用于室内装饰,可以大大提高空间的注目性,使室内空间产生温暖、热情、自由奔放的感觉。

粉红色和紫红色是红色系列中最具浪漫和温馨特点的颜色,较女性化,可使室内空间产生迷情、靓丽的感觉。

2. 黄色

黄色具有高贵、奢华、温暖、柔和、怀旧的特点,它能引起人们无限的遐想,渗透出灵感和生气,使人欢乐和振奋。黄色具有帝王之气,象征着权利、辉煌和光明;黄色高贵、典雅,具有大家风范;黄色还具有怀旧情调,使人产生古典唯美的感觉。黄色是室内设计中的主色调,可以使室内空间产生温馨、柔美的感觉。

3. 蓝色

蓝色具有清爽、宁静、优雅的特点,象征深远、理智和诚实。蓝色使人联想到天空和海洋,有镇静作用,能缓解紧张心理,增添安宁与轻松之感。蓝色宁静又不缺乏生气,高雅脱俗。蓝色运用于室内装饰,可以营造出清新雅致、宁静自然的室内气氛。

(三)调配色

1. 紫色

紫色具有冷艳、高贵、浪漫的特点,象征天生丽质,浪漫温情。紫色具有罗曼蒂克般的柔情,是爱与温馨交织的颜色,尤其适合新婚的小家庭。紫色运用于室内装饰,可以营造出高贵、雅致、纯情的室内气氛。

2. 绿色

绿色具有清新、舒适、休闲的特点,有助于消除神经紧张和视力疲劳。绿色象征青春、成长和希望,诗人感到心旷神怡,舒适平和。绿色是富有生命力的色彩,诗人产生自然、休闲的感觉。绿色运用于室内装饰,可以营造出朴素简约、清新明快的室内气氛。

3. 褐色

褐色具有传统、古典、稳重的特点,象征沉着、雅致。褐色使人联想到泥土,具有民俗和文化内涵。褐色具有镇静作用,给人以宁静、优雅的感觉。中国传统室内装饰中常用褐色作为主调,体现出东方特有的古典文化魅力。

(四)搭配色

色彩的搭配与组合可以使室内色彩更加丰富、美观。室内色彩搭配力求和谐统一,通常用两种以上的颜色进行组合,要有一个整体的配色方案,不同的色彩组合可以产生不同的视觉效果,也可以营造出不同的环境气氛。

蓝色＋白色:地中海风情,清新、明快;

米黄色＋白色:轻柔、温馨;

黄色＋茶色(浅咖啡色):怀旧情调,朴素、柔和;

黑＋灰＋白:简约、平和;

蓝色＋紫色＋红色:梦幻组合,浪漫、迷情;

黑色＋黄色＋橙色:青春动感,活泼、欢快;

青灰＋粉白＋褐色:古朴、典雅;

黄色＋绿色＋木本色:自然之色,清新、悠闲;

红色＋黄色＋褐色＋黑色:中国民族色,古典、雅致。

第五节 室内照明设计

一、室内照明的作用

(一)照明的功能性作用

照明的功能性是以满足实际生活需要为目标的采光方式,它分普遍照明和局部照明两种方式。普遍照明是指给予室内均匀照明的一种采光方式,局部照明是指根据特定区域的活动需要,将光线正确投向固定活动面或作业面的一种采光方式。

(二)照明的装饰性作用

照明的装饰性是以创造视觉美感效果为目标的采光方式,一方面,光线本身造成的和谐、平衡、韵律等效果,充分具备了动人的美感;另一方面,灯具本身也具有装饰性的陈设作用。

与光源不同,灯具的装饰价值不在于它们所发射出的光线,而在于它们本身所独有的风格与美感,它们的外观能决定一个房间的风格和情调,这是其他光源所无法企及的。

对于有创造性的人来说,台灯作为一种设计其潜力几乎是无穷的,人们生活中之所以喜欢用台灯来装饰房间,最主要的原因是各种各样的摆设、收藏只要稍加改动并且连上电线就能变成台灯。比如,有人用裁缝用的人体模型改装成为一盏台灯,效果就很不错。

二、室内照明的方式

室内照明主要有自然光照明和人造光照明两种形式。自然光照明主要以太阳光为主要光源。人造光照明以各类灯具为主,可分为五种方式,即直接照明、半直接照明、间接照明、半间接照明和漫射照明。

(一)直接照明

直接照明是指光线通过灯具射出后,使其中 $90\% \sim 100\%$ 的光到达工作面上的照明方式。这种照明方式具有强烈的明暗对比,并能造成有趣生动的光影效果,可突出工作面在整个环境中的主导地位,但是由于亮度较高,应防止眩光的产生。

(二)半直接照明

半直接照明,是用半透明材料制成的灯罩罩住光源上部,使 $60\% \sim 90\%$ 的光集中射向工作面,$10\% \sim 40\%$ 的光经半透明灯罩漫射形成较柔和的光线的照明方式。这种照明方式常用于较低房间的照明,由于漫射光能照亮平顶,使房间顶部亮度增加,因而能产生增高空间的感觉。

(三)间接照明

间接照明是将光源遮蔽而产生的间接光的照明方式。其中 $90\% \sim 100\%$ 的光通过天棚或墙面反射作用于工作面,10% 以下的光则直接照射工作面。

间接照明通常有两种处理方法:一种是将不透明的灯罩装在灯泡的下部,光线射向平顶或其他物体上反射成间接光线;另一种是把灯泡设在灯槽内,光线从平顶反射到室内成间接光线。这种照明方式单独使用时,需注意不透明灯罩下部的浓重阴影。通常和其他照明方式配合使用,才能取得特殊的艺术效果。

(四)半间接照明

半间接照明,是把半透明的灯罩装在光源下部,使 60% 以上的光射向平顶,形成间接光源,$10\% \sim 40\%$ 的光经灯罩向下扩散的照明方式。这种照明方式能产生比较特殊的照明效果,使较低矮的房间有增高的感觉,常用于住宅中的小空间部分,如门厅、过道、衣帽间等。

(五)漫射照明

漫射照明是利用灯具的折射功能来控制眩光,将光线向四周扩散、漫辐射的照明方式。这种照明大体上有两种形式:一种是光线从灯罩上面射出经平顶反射,两侧从半透明灯罩扩散,下部从格栅扩散；另一种是用半透明灯罩把光线全部封闭而产生漫射，这类照明方式使光线性能柔和，视觉舒适，适于卧室。

三、室内照明的设计

（一）家居照明设计

客厅和餐厅是家居空间内的公共活动区域，因此要足够明亮，采光主要通过吊灯和吊顶的筒灯，为营造舒适、柔和的视听和就餐环境，还可以配置落地灯和壁灯，或设置暗藏光，使光线的层次更加丰富。

卧室空间是休息的场所，照明以间接照明为主，避免光线直射，可在顶部设置吸顶灯，并配合暗藏灯、落地灯、台灯和壁灯，营造出宁静、平和的空间氛围。

书房是学习、工作和阅读的场所，光线要明亮，可使用白炽灯管为主要照明器具。此外，为使学习和工作时能集中精神，台灯是书桌上的首选灯具。

卫生间的照明设计应以明亮、柔和为主，灯具应注意防湿和防锈。

（二）商业照明设计

商业空间在功能上是以盈利为目的的空间，充足的光线对商品的销售十分有利。在整体照明的基础上，要辅以局部重点照明，提升商品的注目性，营造优雅的商业环境。

在商业空间照明设计中，店面和橱窗给客人第一印象，其光线设计一定要醒目、特别，吸引人的注意。

办公空间根据其功能需求，采光量要充足，应尽量选择靠窗和朝向好的空间，保证自然光的供应。为防止日光辐射和眩光，可用遮阳百叶窗来控制光量和角度。办公空间的光线分布应尽可能均匀，明暗差别不能过大。在光照不到的地方配合局部照明，如走廊、洗手间、内侧房间等。夜晚照明则以直接照明为主，较少点缀光源。

商场的内部照明要与商品形象紧密结合，通过重点照明突出商品的造型、款式、色彩和美感，刺激顾客的购买欲望。

餐饮空间为增进食欲，主光源照明与明亮，以显现出食物的新鲜感。此外，为营造优雅的就餐环境，还应辅以间接照明和点缀光源。

酒吧的照明设计以局部照明、间接照明为主，在灯具的选择上尽量以高照度的射灯、暗藏灯管来进行照明，在光色的选择上还必须与空间的主题相呼应。一些特定的灯光设计与配合还可以体现相应的主题，如一些酒吧设计中，以怀旧为主题，可以使用很多木、竹、石等自然材料配合黄色灯光；为体现对工业时代的怀念，可以使用烙铁、槽钢、管道等工业时代的产品配合浅咖啡色和黄色灯光。

卡拉 OK 厅是群众自娱自乐的空间，灯光的设计主要考虑整体环境气氛的营造，应给人以轻松自如、温馨浪漫的感觉，故间接照明、暗藏光使用较多。

第十二章 当代室内设计的发展趋势

第一节 可持续发展的趋势

"可持续发展"(sustainable development)的概念形成于 20 世纪 80 年代后期,1987 年在名为《我们共同的未来》(Our Common Future)的联合国文件中被正式提出。尽管关于"可持续发展"概念有诸多不同的解释,但大部分学者都承认《我们共同的未来》一书中的解释,即:"可持续发展是指应该在不牺牲未来几代人需要的情况下,满足我们这代人的需要的发展。这种发展模式是不同于传统发展战略的新模式。"文件进一步指出:"当今世界存在的能源危机、环境危机等都不是孤立发生的,而是由以往的发展模式造成的。要想解决人类面临的各种危机,只有实施可持续发展的战略。"

具体来说,"可持续发展"首先强调发展,强调把社会、经济、环境等各项指标综合起来评价发展的质量,而不是仅仅把经济发展作为衡量指标。同时亦强调建立和推行一种新型的生产和消费方式。无论在生活上还是消费上,都应当尽可能有效地利用可再生资源,少排放废气、废水、废渣,尽量改变那种靠高消耗、高投入来刺激经济增长的模式。

其次,可持续发展强调经济发展必须与环境保护相结合,做到对不可再生资源的合理开发与节约使用,做到可再生资源的持续利用,实现眼前利益与长远利益的统一,为子孙后代留下发展的空间。

此外,可持续发展还提倡人类应当学会尊重自然、爱护自然,把自己作为自然中的一员,与自然界和谐相处。彻底改变那种认为自然界是可以任意剥夺和利用的对象的错误观点,应该把自然作为人类发展的基础和生命的源泉(图 12-1)。

图 12-1 人类应该与大自然和睦共处

实现可持续发展,涉及人类文明的各个方面。建筑是人类文明的重要组成部分,建筑物及其内部环境不但与人类的日常生活有着十分密切的关系,而且又是耗能大户,消耗着全球总能耗的50%以及大量的钢材、木材和金属。因此如何在建筑及其内部环境设计中贯彻可持续发展的原则就成为十分迫切的任务。1993 年 6 月的第 18 次世界建筑师大会就号召全世界的建筑师要"把环境与社会的持久性列为我们职业实践及责任的核心"。由此可见,维护世界的可持续发展正是当代设计师义不容辞的责任。

在建筑设计和室内设计中体现可持续发展原则是崭新的思想,国内外都处在不断探索之中。简要说来,主要表现为"双健康原则"和"3R 原则"。

所谓"双健康原则"就是指:既要重视人的健康,又要重视保持自然的健康。设计师在设计中,应该广泛采用绿色材料,保障人体健康;同时要注意与自然的和谐,减少对自然的破坏,保持自然的健康。

所谓"3R 原则",就是指:减小各种不良影响的原则、再利用的原则和循环利用的原则(Reduce,Reuse,Recycle)。希望通过这些原则的运用,实现减少对自然的破坏、节约能源资源、减少浪费的目标。

目前国内外都尝试在设计中运用"可持续发展"的原理,位于墨西哥科特斯海边(Sea of Cortez)南贝佳(Baja)半岛的卡梅诺住宅(Camino Con Corazon)就是一例。这一地区气候干热,阳光充足,偶有飙风和暴雨。业主期望设计一栋不同寻常的住宅,朝向海景,同时可以尽量利用自然通风,不用空调降温。为了实现上述目标,建筑师在设计中十分注意利用自然通风和采用降温隔热的措施(图 12-2 至图 12-7)。

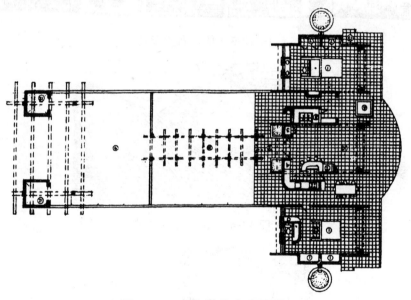

图 12-2　卡梅诺住宅平面图

图 12-3　住宅侧立面图

图 12-4 住宅侧向外观图

图 12-5 住宅背立面图

图 12-6 屋顶的通风塔

图 12-7 通透的内部空间

　　在炎热地区设计住宅,隔热措施十分重要,设计师对住宅的屋顶设计进行了大胆的尝试,取得了较好的效果。设计师采用了一个鱼腹式桁架系统,然后覆以钢筋混凝土板。下侧桁架弦杆采用板条和水泥抹灰,形成一个可自然循环的双层通风屋顶。空气通过屋顶两头的网格进入,从女儿墙内的出口和屋顶中心的烟囱流出。中空部分可以隔热,侧面用网格封口,既可使空气通过，又可防止鸟儿在内部筑巢。这样形成的屋顶一方面解决了通风、降温问题，同时也是很好的艺术构件，形成了独特的外观效果，达到了艺术与功能的统一。

为了尽可能地利用自然通风，建筑师在空间处理上亦作了不少努力。整幢住宅分三部分：会客、起居娱乐、主人卧室。这三部分均可向海边、阳光和风道开门，只需打开折叠式桃花芯木门和玻璃门，就可使整栋建筑变成一个带顶的门廊。

住宅的三个部分之间以活动隔门间隔，天气热时可以打开隔门通风，凉时或使用需要时可以关上，形成独立的空间，使用十分方便灵活。为了强化通风效果，建筑围墙、前门也均为网格形式，利于海风通过，又能形成美丽的光影效果。

在卡梅诺住宅设计中，设计师还考虑到屋顶雨水的收集问题。两片向上翘起的屋顶十分有利于收集雨水，屋顶两端还设置了跌水装置，可以让雨水落到地面的水池中，实现雨水的循环使用和重复使用。

创作符合可持续发展原理的建筑及其内部环境是目前设计界的一种趋势，是人类在面临生存危机情况下所作出的一种反映与探索。卡梅诺住宅就是在这方面进行较为全面尝试的范例，其经验对于我们来说具有很好的借鉴意义。事实上，在我国的大量传统建筑中亦有不少符合可持续发展理论的佳例，西北地区的大量窑洞建筑就是佳例。

如今，我国正在进行大规模的建设活动，建筑装饰行业的规模很大，然而我们也同时面临着能源紧缺、资源不足、污染严重、基础设施滞后等一系列问题，发展与环境的矛盾日益突出。因此，作为一名室内设计师，完全有必要全面贯彻可持续发展的思想，借鉴人类历史上的一切优秀成果，用自己的精美设计为人类的明天作出贡献。

第二节　以人为本的趋势

突出人的价值和人的重要性并不是当代才有，在历史上早已存在。据考古研究，我国殷商甲骨文中就有"中商""东土""南土""西土""北土"之说，可见当时殷人是以自我本土为"中"，然而再确定东、南、西、北诸方向的。这种以自我为中心、然后向四面八方伸展开去的思想，充分显示出人对自我力量的崇信，象征着人的尊严，正所谓"天地合气，命之曰人"（《素问·宝命全形》）。由于人在长期的进化中，形成了高度发达的大脑，所以"天复地载，万物悉备，莫贵于人"（《素问·宝命全形》），"水火有气而无生，草木有生而无知，禽兽有知而无义，人有气有生有知有义，故最为天下贵也"（《荀子·王制》）。可见在我国很早就认识到人的价值，认识到人的作用。

16世纪欧洲文艺复兴运动，也提倡人的尊严和以人为中心的世界观。文艺复兴运动的思想基础是"人文主义"，即从资产阶级的利益出发，反对中世纪的禁欲主义和教会统治一切的宗教观，突出资产阶级的尊重人和以人为中心的世界观。在建筑活动方面，世俗建筑取代宗教建筑而成为当时主要的建筑活动，府邸、市政厅、行会、广场、钟塔等层出不穷，供统治者享乐的宫廷建筑也大大发展。总之，与人有关、而不是与神有关的建筑在这时得到了很大的发展。

近几十年来，在建筑设计以及室内设计中强调突出人的需要，为人服务的设计师也屡见不鲜，如芬兰的阿尔托（Alvar Aalto）曾在一次讲座中说："在过去十年中，'现代建筑'的所谓功能主要是从技术的角度来考虑的，它所强调的主要是建造的经济性。这种强调当然是合乎需要的，因为要为人类建造好的房舍同满足人类其他需要相比一直是昂贵的……假如建筑可以按部就班地进行，即先从经济和技术开始，然后再满足其他较为复杂的人情要求的话，那么，纯粹是技术的功能主义，是可以被接受的；但这种可能性并不存在。建筑不仅要满足人们的一切活动，它的形成也必须是各方面同时并进的……错误不在于'现代建筑'的最初或上一阶段的合理化，而在于合理化的不够深入……现代建筑的最新课题是要使合理的方法突破技术范畴而进入人情与心理的领域。"在这里，阿尔托既肯定了建筑必须讲经济，又批评了只讲经济而不讲人情的"技术的功能主义"，提倡设计应该同时综合解决人们的生活功能和心理感情需要。这种突出以人为主的设计观在当今室内设计领域中尤其受到人们的重视。人一生中的大部分时间都在室内度过，室内环境直接影响到人的工作与生活，因此更需要在设计中突出"以人为本"的思想。

在室内设计中，首先应该重视的是使用功能的要求，其次就是创造理想的物理环境，在通风、制冷、采暖、照明等方面进行仔细的探讨，然后还应该注意到安全、卫生等因素。在满足了这些要求之外，还应进一步注意到人们的心理情感需要，这是在设计中更难解决也更富挑战性的内容。阿尔托在这方面的尝试与探索是很值得借鉴的。他擅长在室内设计中运用木材，使人有温暖感；即使在钢筋混凝土柱身上也常缠几圈藤条以消除水泥的冰冷感；为了使机器生产的门把手不致有生硬感，还将门把手造成像人手捏出来的样子那样。在造型上，他喜欢运用曲线和波浪形；在空间组织上，主张有层次、有变化，而不是一目了然；在尺度上，强调人体尺度，反对不合人情的庞大体积。他设计的卡雷住宅就是典型的一例。该住宅的空间互相流通，十分自由，人们的视觉效果在经常发生变化，非常有趣。主要装饰材料是木材，而且尽量显露木材的本色，使人感到十分温暖亲切。整个天花以直线和圆弧描绘出优美自然的弧线，强化了空间的流通，给人以舒展感。室内的木质家具和悠然的绿化又给内部环境增添了几分温馨（图12-8 至图12-12）。阿尔托的这些思想与作品不论是在当时，还是在现在，都给人以很大的启迪。突出以人为本的思想，突出强调为人服务的观点，对于室内设计而言，无疑具有永恒的意义。

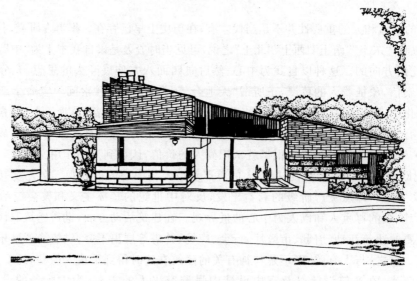

图 12-8　外观尺度亲切宜人的卡雷住宅

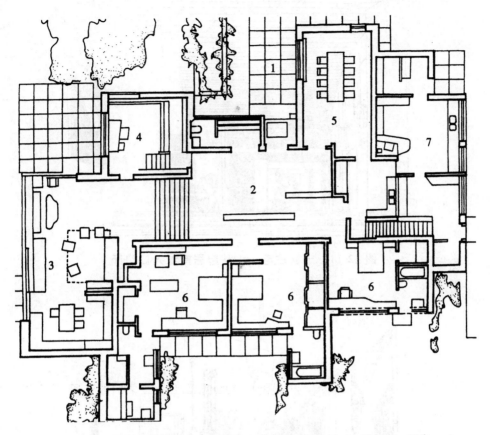

1—入口；2—门厅兼画廊；3—起居室；4—书房；5—餐厅；6—卧室；7—厨房

图 12-9　卡雷住宅平面图

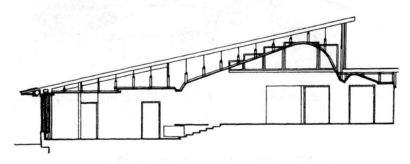

图 12-10　卡雷住宅剖面图——直线和圆弧相结合的吊顶给人以舒展优美的感受

图 12-11　卡雷住宅——从起居室看入口门厅

图 12-12　卡雷住宅的餐厅——悠然的绿化给室内环境增添了温馨

第三节　多元并存的趋势

20世纪60年代以来,西方建筑设计领域与室内设计领域发生了重大变化,现代建筑的机器美学观念不断受到挑战与质疑。人们看到:理性与逻辑推理遭到冷遇,强调功能的原则受到冲击,而多元的取向、多元的价值观、多样的选择正成为一种潮流,人们提出要在多元化的趋势下,重新强调和阐释设计的基本原则,于是各种流派不断涌现,此起彼落,使人有众说纷纭、无所适从之感。有的学者曾对目前流行的观点进行了分析,总结出如下十余对相关因素:

现代	——后现代		现实	——理想
技术	——文化		当代	——传统
内部	——外部		本国	——外国
使用功能	——精神功能		共性	——个性
客观	——主观		自然	——人工
理性	——感性		群体	——个体
逻辑	——模糊		实施	——构思
限制	——自由		粗犷	——精细

　　上述这些互相相对的主张，似乎每一方均有道理，究竟谁是谁非，很难定论。因此学者们提出了"钟摆"理论，指出钟摆只有在左右摆动时，挂钟的指针才能转动，当钟摆停在正中或一侧时，指针就无法转动而造成停滞。

　　当今的室内设计从整体趋势而言亦是如此，正是在不同理论的互相交流、彼此补充中不断前进，不断发展。当然，就某一单项室内设计而言，则应根据其所处的特定情况而有所侧重、有所选择，其实这也正是使某项室内设计形成自身个性的重要原因。

　　上述十余对相对因素在室内设计中相当常见，几乎同时于 20 世纪 70 年代末建成的奥地利旅行社与美国国家美术馆东馆就是两个在风格上迥然不同的例子。

　　维也纳奥地利旅行社的室内设计是后现代主义的典型作品，由汉斯·霍莱茵设计。该旅行社的中庭很有情调，天花是拱形的发光顶棚，顶棚顶由一根带有古典趣味的不锈钢柱支撑。钢柱的周围散布着 9 棵金属制成的棕榈树。顶棚上倾泻而下的阳光加上金属棕榈树的形象很易使人联想到热带海滩的风光，而金属之间的相互映衬，又暗示着这是一种娱乐场所。大厅内还有一座具有印度风格的休息亭，人们坐在那里便可以想起美丽的恒河，可以追溯遥远的东方文明。当从休息亭回头眺望时，会看到一片倾斜的大理石墙面。这片墙蕴含着深刻的含意，它与墙壁相接而渐渐消失，神秘得如同埃及的金字塔。金碧辉煌的钢柱从后古典柱式的残断处挺然升起，体现出古典文明和现代工艺的完美交融。初看上去该设计比较怪异，但仔细品味会发现这是设计师对历史的深刻理解（图 12-13 至图 12-17）。

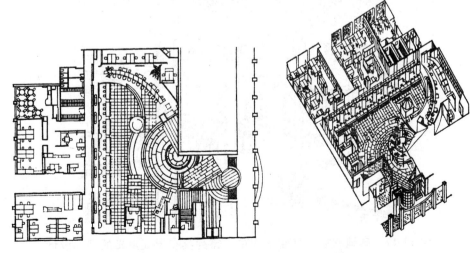

图 12-13　奥地利旅行社平面及室内轴测图

图 12-14 奥地利旅行社大厅咨询台　　图 12-15 奥地利旅行社营业厅中的钢柱

图 12-16 奥地利旅行社营业厅中具有印度风格的休息厅

图 12-17 奥地利旅行社营业厅中一系列具有象征意义的细部设计

由贝聿铭先生设计的美国国家美术馆东馆则仍然具有典型的现代主义风格,简洁的外形、反复强调的以三角形为主的基本构图要素、洗练的手法都反映着现代主义的特点(图12-18),给人以简洁、明快、气度不凡之感。

众多的流派并无绝对正确与谬误之分,它们都有其存在的依据与一定的理由,与其争论谁是谁非,还不如在承认各自相对合理性的前提下,重点探索各种观点的适应条件与范围,这将会对室内设计的发展更有意义。钟摆在其摆动幅度内并无禁区,但每一具体项目则应视条件而有所侧重,室内环境所处的特定时间、环境条件、设计师的个人爱好、业主的喜好与经济状况等因素正是决定设计这个钟摆偏向何方的重要原因,也只有这样,才能达到多元与个性的统一,才能达到"珠联璧合、相得益彰、相映生辉、相辅相成"的境界,才能走向室内设计创作的真正繁荣。

第四节　环境整体性的趋势

"环境"并不是一个新名词,但环境的概念引入设计领域的历史则并不太长。对人类生存的地球而言,可以把环境分成三类,即自然环境、人为环境和半自然半人为环境。对于室内设计师来讲,其工作主要是创造人为环境。当然,这种人为环境中也往往带有不少自然元素,如植物、山石和水体等。如果按照范围的大小来看,又可以把环境分成三个层次,即宏观环境、中观环境和微观环境,它们各自又有着不同的内涵和特点。

宏观环境的范围和规模非常之大,其内容常包括太空、大气、山川森林、平原草地、城镇及乡村等,涉及的设计行业常有国土规划、区域规划、城市及乡镇规划、风景区规划等。

中观环境常指社区、街坊、建筑物群体及单体、公园、室外环境等,涉及的设计行业主要有城市设计、建筑设计、室外环境设计、园林设计等。

微观环境一般常指各类建筑物的内部环境,涉及的设计行业常包括室内设计、工业产品造型设计等。

中观环境和微观环境与人们的生存行为有着密切的关系,其中的微观环境更是如此,绝大多数人在一生中的绝大多数时间都和微观环境发生着最直接最密切的联系,微观环境对人有着举足轻重的影响。然而尽管如此,还是应当认识到微观环境只是大系统中的一个子系统,它和其他子系统存在着互相制约、互相影响、相辅相成的关系。任何一个子系统出了问题,都会影响到环境的质量,因此就必然要求各子系统之间能够互相协调、互相补充、互相促进,达到有机匹配。就微观环境中的室内环境而言,必然会与建筑、公园、城镇等环境发生各种关系,只有充分注意它们之间的有机匹配,才能创造出真正良好的内部环境。据说著名建筑师贝聿铭先生在踏勘香山饭店的基地时,就邀请室内设计师凯勒(D. Keller)先生一起对基地周围的地势、景色、邻近的原有建筑等进行仔细考察,商议设计中的香山饭店与周围自然环境、室内设计间的联系,这一实例充分反映出设计大师强烈的环境整体观。

对于室内设计来讲,当然首先与建筑物存在着很大的关系。室内空间的形状、大小,门窗开启方式,空间与空间之间的联系方式以及室内设计的风格等,都与建筑物存在着千丝万缕的联系。当然室内设计的质量也直接影响着建筑物的使用与品味,贝聿铭先生设计的埃弗逊美术馆就是一例(图12-18至图12-20)。埃弗逊美术馆强调的是厚重、浑厚的风格,强调雕塑般的实体感,其内部空间突出的也是这种浑厚的效果,即使展品也是如此。展出的绘画作品讲求黑白关系的对比,尺度巨大,用笔凝重;雕塑则追求厚实、浑圆的效果。总之,该美术馆的微观环境与中观环境已经达到了有机匹配、交相辉映的境界。

图 12-18　埃弗逊美术馆外观

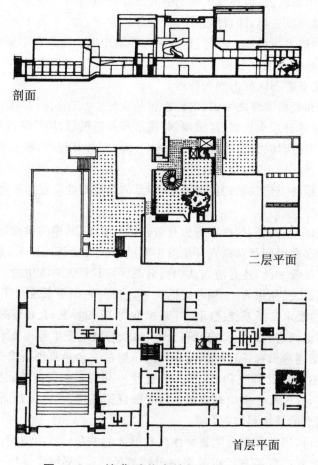

剖面

二层平面

首层平面

图 12-19　埃弗逊美术馆平面图、剖面图

图 12-20　埃弗逊美术馆中央大展厅内景

　　其次,室内设计与其周围的自然景观也存在着很大的关系,设计师应该善于从中汲取灵感,以期创造富有特色的内部环境。事实上,室内设计的风格、用色、用材、门窗位置、视觉引导、绿化选择等方面都与自然景观存在着紧密关系。美国建筑师迈耶设计的位于哈伯斯普林的道格拉斯住宅就是一例。该住宅位于一个可以俯视密执安湖的陡坡上,周围树木郁郁葱葱。设计师充分考虑到周围优美的自然景观,设计了一个两层高的起居室,大片玻璃代替了阻隔视线的墙面,使业主能方便地俯瞰美丽的密执安湖。为了突出自然风光,室内的墙面未加装饰,树木、湖水和变幻的天空成为室内最好的装饰,整个设计与周围自然环境一气呵成,达到了内外一体的效果(图 12-21 至图 12-24)。

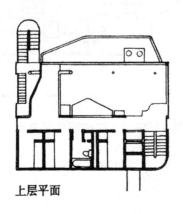

上层平面

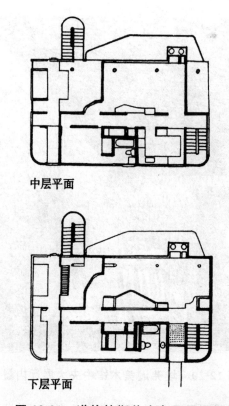

中层平面

下层平面

图 12-21　道格拉斯住宅各层平面图

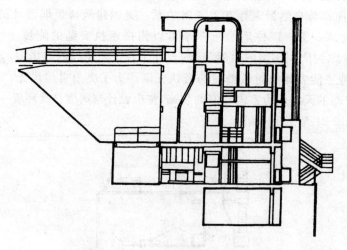

图 12-22　道格拉斯住宅剖面图

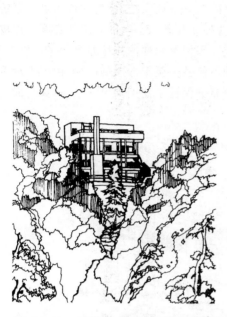

图 12-23　道格拉斯住宅外观透视

图 12-24　道格拉斯住宅顶层暖廊

　　此外,就城市环境而言,其特有的文化氛围、城市文脉和风土人情等对室内环境亦有着潜移默化的影响。例如,古都西安一些饭店的室内设计都力图体现唐风,试图从唐文化中汲取养分;西安有些饭店则大量使用秦始皇陵中出土的兵马俑及铜车马作为装饰,以此表示一定的地域特色,不管它们的实际效果如何,都可以看作是城市环境对室内设计的影响。

　　总之,室内设计是环境系统中的一个组成部分,坚持从环境整体观出发有助于创造出富有整体感、富有特色的内部环境。

第五节　运用新技术的趋势

　　自进入机器大生产时代以来,设计师就一直试图把最新的工业技术应用到建筑中去,萨伏伊别墅和巴塞罗那博览会中的德国馆等都是当时运用新技术的佳例。20 世纪 50 年代以后,西方各国的科学技术得到了新的发展,技术的进步更加明显地影响到整个社会的发展,同时还强烈地影响了人们的思想,人们更加认识到技术的力量和作用。因此,如何在设计中运用最新的技术一直是不少设计师探索的话题。在室内设计领域,设计师们热心于运用能创造良好物理环境的最新设备;试图以各种方法探讨室内设计与人类工效学、视觉照明学、环境心理学等学科的关系;反复尝试新材料、新工艺的运用;在设计表达等方面也早已开始运用各种最新的计算机技术……总之,新技术正在对室内设计产生着各种各样的影响,其中最容易引人注目的是新材料、新结构、新设备和新工艺在室内设计中的表现力,巴黎的蓬皮杜中心堪称这种倾向的佳例。

蓬皮杜国家艺术与文化中心建成于 1976 年,其最大特点就在于充分展示了现代技术本身所具有的表现力。大楼暴露了结构,而且连设备也全部暴露了。在东立面上挂满了各种颜色的管道,红色的代表交通设备,绿色的代表供水系统,蓝色的代表空调系统,黄色的代表供电系统。面向广场的西立面上则蜿蜒着一条由底层而上的自动扶梯和几条水平向的多层外走廊。蓬皮杜中心的结构采用了钢结构,由钢管柱和钢桁架梁所组成。桁架梁和柱的相接亦采用了特殊的套管,然后再用销钉销住,目的是为了使各层楼板有升降的可能性。至于各层的门窗,由于不承重而具有很好的可变性,加之电梯、楼梯与设备均在外面,更充分保证了使用的灵活性,达到平面、立面、剖面均能变化的目的(图 12-25 至图 12-29)。

图 12-25　蓬皮杜中心外观

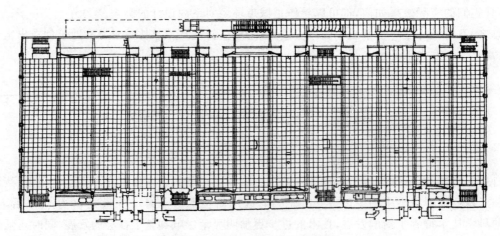

图 12-26　蓬皮杜中心平面图

图 12-27　蓬皮杜中心大厅内景

图 12-28　蓬皮杜中心美术博物馆展示厅

图 12-29　蓬皮杜中心的扶梯道路

　　随着生态观念日益深入人心,当前的高技术运用又表现出与生态设计理念相结合的趋势,出现了诸如双层立面、太阳能技术、地热利用、智能化通风控制等一系列新技术,设计师试图利用新技术来解决生态问题,追求人与自然的和谐。其中德国柏林国会大厦改造工程就是一例。

　　德国柏林国会大厦改造在立面上主要表现为建造了一个玻璃穹顶。这一穹顶内采用了诸多新技术,达到了生态环保的要求。首先玻璃穹顶内有一个倒锥体,锥体上布置了各种角度的镜子,这些镜子可以将水平光线反射到建筑内部,为下面的议会大厅提供自然光线,减少议会大厅使用人工照明的能耗。其次,在玻璃穹顶内设有一个随日照方向调整方位的遮光板,遮光板在电脑的控制下,沿着导轨缓缓移动,以防止过度的热辐射和镜面产生眩光,这些都只有在现代计算机技术的基础上才能付诸实践。

　　此外,玻璃穹顶内的锥体还发挥了拔气罩的功能。柏林国会大厦的气流组织也设计得很巧妙,议会大厅通风系统的进风口设在西门廊的檐部,新鲜空气进入后经议会大厅地板下的风道及设在座位下的风口低速而均匀地散发到大厅内,然后再从穹顶内锥体的中空部分排出室外,气流组织非常合理(图 12-30 至图 12-34)。

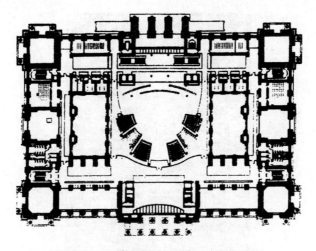

图 12-30　德国柏林国会大厦平面图

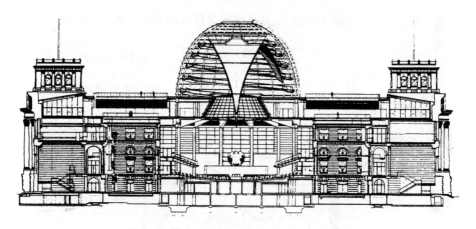

图 12-31　德国柏林国会大厦剖面图

图 12-32　德国柏林国会大厦外观

图 12-33　德国柏林国会大厦玻璃穹顶内的倒挂锥体及遮光板

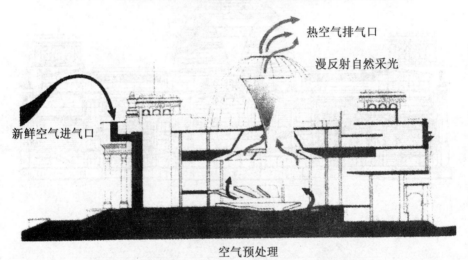

图 12-34　德国柏林国会大厦玻璃穹顶内的光线反射与气流组织

　　总之,现代技术的运用不但可以使室内环境在空间形象、环境气氛等方面有新的创举,给人以全新的感受,而且可以达到节约能源、节约资源的目标,是当代室内设计中的一种重要趋向,值得引起我们的高度重视。

第六节　尊重历史的趋势

　　在现代主义建筑运动盛行的时期,设计界曾经出现过一种否定传统、否定历史的思潮,这种思潮不承认过去的事物与现在会有某种联系,认为当代人可以脱离历史而随自己的意愿任意行事。随着时代的推移,人们已经认识到这种脱离历史、脱离现实生活的世界观是不成熟的,是有欠缺的。人们认识到：历史是不可割断的，我们只有研究事物的过去、了解它的发展过程、领会它的变化规律，才能更全面地了解它今天的状况，也才能有助于我们预见到事物的未来，否则就可能陷于凭空构想的境地。因此，在 20 世纪 50 至 60 年代，特别是在 60 年代之后，在设计界开始重视历史文脉，倡导在设计中尊重历史，尊重历史文脉，使人类社会的发展具有历史延续性，这种趋势一直延续至今，始终受到人们的重视。

尊重历史的设计思想要求设计师在设计时，尽量把时代感与历史文脉有机地结合起来，尽量通过现代技术手段而使古老传统重新活跃起来，力争把时代精神与历史文脉有机地融于一炉。这种设计思想无论在建筑设计还是在室内设计领域都得到了强烈的反映，在室内设计领域还往往表现得更为详尽。特别是在生活居住、旅游休息和文化娱乐等室内环境中，带有乡土风味、地方风格、民族特点的内部环境往往比较容易受到人们的欢迎，因此室内设计师亦比较注意突出各地方的历史文脉和各民族的传统特色，这样的例子可谓不胜枚举。

图 12-35 所示为沙特阿拉伯首都利雅得一所大学内的厅廊，设计师在厅廊的设计中十分尊重伊斯兰的历史传统，运用了富有当地特色的建筑符号，使通廊的地方特色得到充分的展现。在落日余辉的照耀下，浅棕色的柱廊使得这一长长的空间更显得幽深恬静。

图 12-35　富有伊斯兰历史特点的长廊

图 12-36 所示则为贝聿铭先生设计的香山饭店，它既是一个现代化的宾馆，又是在设计中充分体现中国传统建筑精神的一个作品。设计师从我国园林和民居中吸取了不少养分，在整个建筑空间的中心，更是粉墙翠竹、叠石理水与传统影壁组织在一起，创造出了具有我国风格的中庭空间。在材料的选择及细部处理上也很讲究，采用白色粉墙和灰砖线脚。在山石选择、壁灯以及楼梯栏杆等的处理中也很注意民族风格的体现。总之，整个工程把时代感与中国历史文脉完美地结合起来，是很成功的佳作。

图 12-36　将时代感与中国传统融于一体的香山饭店中庭

　　被视为具有后现代主义里程碑意义的美国电话电报大楼是尊重历史文脉的又一例证（图 12-37 至图 12-40）。该大楼位于纽约地价十分昂贵的中心区，平面采用十分简洁的矩形，单从平面看就有古典建筑的感觉。大楼的首层电梯厅是设计的重点，为了突出古典气氛，设计师采用了一排排结构的柱廊，这样既划分了电梯厅的平面，丰富了空间，而且又突出了古典的韵味。内部的材料主要以深色磨光花岗岩为主，华丽而稳重；地面石材作拼花处理，增加了丰富感觉。在室内设计中还运用了许多古典建筑的语言，如马蹄形拱券让人想起大马士革清真寺，大厅的顶部使人联想起古罗马的帆拱结构，入口大门虽是拱状门，但修长竖向划分的金属窗框，却令人想起哥特建筑中高耸冷峻的形象，此外，室内的雕像亦采用具像的手法……总之，电话电报大楼的室内设计是怀念历史、表现历史文脉的具体反映，是这方面的典例之一。

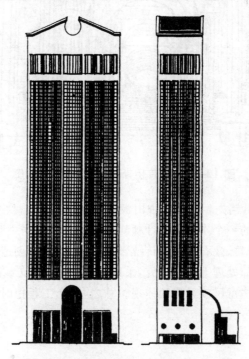

图 12-37　美国电话电报大楼外立面

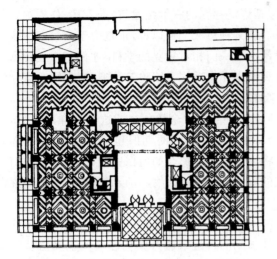

图 12-38 电话电报大楼首层平面图

图 12-39 电话电报大楼入口前厅景观

图 12-40 电话电报大楼电梯厅内景

第七节　注重旧建筑再利用的趋势

广义上我们可以认为：凡是使用过一段时间的建筑都可以称作旧建筑，其中既包括具有重大历史文化价值的古建筑、优秀的近现代建筑，也包括广泛存在的一般性建筑，如厂房、住宅等。其实，室内设计与旧建筑改造有着非常紧密的联系。从某种意义上可以说，正是由于大量旧建筑需要重新进行内部空间的改造和设计，才使室内设计成为一门相对独立的学科，才使室内设计师具有相对稳定的业务。一般情况下，室内设计的各种原则完全适用于旧建筑改造，这里则重点介绍当前具有历史文化价值的旧建筑和产业类旧建筑改造中的一些设计趋势。

建筑是文明的结晶、文化的载体，建筑常常通过各种各样的途径负载了这样那样的信息，人们可以从建筑中读到城市发展的历史。如果一个城市缺乏对不同时期旧建筑的保护意识，那么这个城市将成为缺乏历史感的场所，城市的魅力将大打折扣。那么如何保留城市记忆、保护旧建筑呢？对这个问题人们早有认识，解决这个问题的方法经历了从原物不动、展览品式保护到逐渐再开发再利用等几个阶段。

我们知道，建筑的意义在于使用。展览品式的保护尽管可以使建筑得到很好的保存，但活力却无从谈起，因此，除了对于顶级的、历史意义极其深刻的古迹或者其结构已经实在无法负担新的功能的历史建筑以外，对于大多数年代比较近的、尤其是大量性的建筑的保护应该优先考虑改造再利用的方式。比如在欧洲，大多数年代久远的教堂具有很高的历史价值，但对这些建筑的保护工作往往是与使用并行的，即在使用中保护，在保护中使用，因此这些建筑一直焕发着活力，成为城市中的亮点。

在对具有历史文化价值的旧建筑进行改造时，除了运用一般的室内设计原则与方法外，还应注意处理"新与旧"的关系，特别要注意体现"整旧如旧"的观念。"整旧如旧"是各种与建筑遗产保护相关的国际宪章普遍认可的原则，学者们普遍认为：尽管"整旧如旧"具有美学上的意义，但其本质目的不是使建筑遗产达到功能或美学上的完善，而是保护建筑遗产从诞生起的整个存在过程直到采取保护措施时为止所获得的全部信息，保护史料的原真性与可读性。"修缮不等于保护。它可能是一种保护措施，也可能是一种破坏。只有严格保存文物建筑在存在过程中获得的一切有意义的特点，修缮才可能是保护……这些特点甚至可能包括地震造成的裂缝和滑坡造成的倾斜等'消极的'痕迹。因为有些特点的意义现在尚未被认识，而将来可能被逐渐认识，所以《威尼斯宪章》一般规定，保护文物建筑就是保护它的全部现状。修缮工作必须保持文物建筑的历史纯洁性，不可失真，为修缮和加固所加上去的东西都要能识别出来，不可乱真。并且严格设法展现建筑物的历史，换一句话说，就是文物建筑的历史必须是清晰可读的。"[①]

遵循上述改造原则的实例很多，法国巴黎的奥尔塞艺术博物馆就是一例（图 12-41）。奥尔塞博物馆利用废弃多年的奥尔塞火车站改建而成，在改建过程中设计师尽量保存了建筑物的原貌，最大限度地使历史文脉延续下来，尽可能使古典的东西在新的环境中发挥新的潜力。而新增部分的形式则尽量简化朴素，以避免产生矫揉造作的感觉。图 12-42 所示为展览大厅的一角，设

---

① ［美］埃兹拉·斯托勒编；焦怡雪译. 朗香教堂. 北京：中国建筑工业出版社，2000

计师保留了古典天花的饰块,并通过与现代金属框架的对比而衬托出传统的价值;图 12-43 所示则为利用原有站台改建而成的展厅,原有建筑上的一些设施与构件都得到很好的利用;图 12-44 所示为原有古典大钟的再利用,古典大钟已经十分自然地成为展厅的视觉趣味中心。

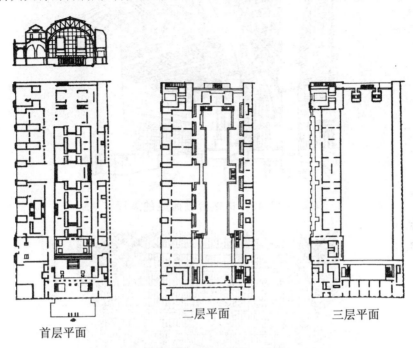

首层平面　　　　　　二层平面　　　　　　三层平面

图 12-41　奥尔塞艺术博物馆平面、剖面图

图 12-42　博物馆展览大厅

图 12-43 由站台改建成的展厅

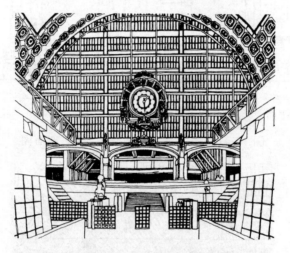

图 12-44 原有的古典大钟得到很好的利用

产业建筑是另一类目前在我国越来越受到重视的旧建筑。由于我国很多城市 20 世纪都曾经历过以重工业为经济支柱的时期,因此产生了工业厂房比较集中的地区。这些厂房往往受当时国外工业建筑形式的影响比较大,采用了当时的新材料、新结构、新技术。但是,随着第三产业的发展和城市产业结构的转变,不少结构良好的厂房闲置下来,严重的甚至引起城市的区域性衰落。在这种情况下,进行废旧厂房的更新再利用很有可能成为区域重新焕发活力的契机。目前我国各大城市已经有不少成功的例子,如废旧的厂房被改造成艺术家工作室、购物中心、餐馆、酒吧、社区中心或者室内运动场所等。厂房的特殊结构、特殊设备以及材料质感为人们提供了不同的感受,使人从中体会到工业文明的特色,相对高大的空间也给人以新奇感。改造之后建筑重新焕发生机,区域也随之繁荣起来,同时为社会提供了更多的就业机会,体现出旧建筑改造的社会价值。

同其他类型的旧建筑一样,在产业建筑再利用中也应该注意"整旧如旧"或"整旧如新"的选择问题。目前不少设计者偏向于采用"整旧如旧"的表现方法,希望保持历史资料的原真性和可读性。例如，北京东北部的大山子 798 工厂一带集中了很多企业，随着时代的变迁，其中不少企业已经风光不再，于是一批艺术家租下了这些厂房，将其改造成自己的工作室、展室……经过一段时间的发展，如今这一地区已经成为北京的"苏荷区"。图 12-45、图 12-46 就是 798 工厂改造后的室内空间。

图 12-45　原来的工业建筑被改造成艺术家的展室和工作室

**图 12-46　一些原来车间内的设备被保留下来，
使参观者体会到工业文明的特色**

第八节　极少主义及强调动态设计的趋势

近年来,我国设计界流行极少主义的设计思潮。按照鲍森(John Pawson)的解释:"极少主义被定义为:当一件作品的内容被减少至最低限度时她所散发出来的完美感觉,当物体的所有组成部分、所有细节以及所有的连接都被减少或压缩至精华时,它就会拥有这种特性。这就是去掉非本质元素的结果。"

极少主义的思想其实可以追溯到很远,现代主义建筑大师密斯就曾提出"少就是多"的理论,主张形式简单、高度功能化与理性化的设计理念,反对装饰化的设计风格,这种设计风格在当时曾风靡一时,其作品至今依然散发着无限魅力。时至今日,"少就是多"的思想得到了进一步的发展,有人甚至提出了"极少就是极多"的观点,在这些人看来纯粹、光亮、静默和圣洁是艺术品应该具备的特征。

极少主义者追求纯粹的艺术体验,以理性甚至冷漠的姿态来对抗浮躁、夸张的社会思潮。他们给予观众的是淡泊、明净、强烈的工业色彩以及静止之物的冥想气质。极少主义思想在建筑设计中有明显的体现,这类设计往往将建筑简化至其最基本的成分,如空间、光线及造形,去掉多余的装饰。这类建筑往往使用高精密度的光洁材料和干净利落的线条,与场地和环境形成强烈的对比。

在室内设计领域,"极少主义"提倡摒弃粗放奢华的修饰和琐碎的功能,强调以简洁通畅来疏导世俗生活,其简约自然的风格让人们耳目一新。他们致力于摈弃琐碎、去繁从简,通过强调建筑最本质元素的活力,而获得简洁明快的空间。极少主义室内设计的最重要特征就是高度理性化,其家具配置、空间布置都很有分寸,从不过量。习惯通过硬朗、冷峻的直线条,光洁而通透的地板及墙面,利落而不失趣味的设计装饰细节,表达简洁、明快的设计风格,十分符合快节奏的现代都市生活。极少主义在材料上的"减少",在某种程度上能使人的心情更加放松,创造一种安宁、平静的生活空间。

事实上,极少主义并不意味着单纯的简化。相反,它往往是丰富的集中统一,是复杂性的升华,需要设计师通过耐心和努力的工作才能实现。

在家具布置方面,极少主义十分注重家具与室内整体环境的协调,非常注重室内家具与日常器具的选择。

在材料与色调方面,极少主义设计非常强调室内各种材料与色调的运用,其总的特征是简单但不失优雅,常常采用黑、白、灰的色彩计划。有时还主张运用大片的中性色与大胆强烈的重点色而达到一种视觉冲击力。极少主义总的用色原则是先确定房间的主色调,通常是软而亮的调子,然后决定家具和室内陈设的色彩范围(图12-47至图12-49)。

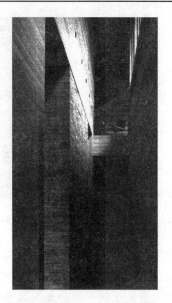

图 12-47　墙体色调以暖白为主体，仅通过
黑色的沙发床予以突出

图 12-48　通过材料本身的色彩
质感形成对比

图 12-49　极少主义常用的纯净的单色系列

图 12-50　光线在极少主义室内设计中具有重要作用

图 12-51　光影效果丰富了视觉感受

极少主义设计的地面材料一般为单色调的木地板或石材,同时也十分注重软质材料的运用,如纤维绒、天鹅绒、皮革、亚麻布、丝、棉等。这些装饰织物的色调要尽可能自然,质地应该突出触感。图案太强的织物不适合此类风格。在设计中,窗帘材料一般应选择素色的百叶窗或半透明的纱质窗帘,因为这种窗帘更能增加房间的空间感,也更方便自然光线的进入。

极少主义对光线也很重视,但一般情况下,极少主义偏爱良好的自然光照。图 12-50 和图 12-51 中的业主就对自然光有着强烈的爱好,希望光线无处不在。所以经过设计师的巧妙处理,整个空间充满了光的韵律。

其实,极少主义不仅仅是一种设计风格,它所代表的思维似乎包涵着一些永恒的价值观,如对材料的尊重、细部的精准及简化繁杂的设计元素等等。它不仅仅是西方现代主义的延伸,同时也涵盖了东方美学思想,具有很强的生命力。

在当前流行极少主义风格的同时,也非常强调内部空间的动态设计。内部空间的动态设计其实早有提及,清代学者李渔就曾提出了"贵活变"的思想,建议不同房间的门窗应该具有相同的规格和尺寸,但可以设计成不同的题材和花式,以便随时更换和交替。时至今日,建筑物的功能日趋复杂,人们的审美要求日益变化,室内装饰材料和设备日新月异,新规范新标准不断推出……这些都导致建筑装修的"无形折旧"更趋突出,更新周期日益缩短。据统计,我国不少餐馆、美发厅、服装店的更新周期在 2～3 年,旅馆、宾馆的更新周期在 5～7 年。随着竞争机制的引入,更新周期将有进一步缩短的可能性。因此关注动态设计成为当代室内设计的一大趋势。

动态设计一方面要求设计师树立更新周期的观念,在选材时反复推敲,综合考虑投资、美观和更新的因素,谨慎选择非常耐用的材料。另一方面也要求设计师尽量通过家具、陈设、绿化等内含物进行装饰,增加内部空间动态变化的可能性。因此,目前室内设计中表现出简化硬质界面上的固定装饰处理,主张尽可能通过内含物美化空间效果的趋势。

总之,当代室内设计的发展与社会、经济、文化和科技等因素密切相关,与人类对自身认识的不断深化相和谐。当代室内设计正处于多种理论相互补充、多种趋势相互并存的状态之中,展现出百花齐放、百家争鸣的局面,是室内设计师展现自身价值的大好时期。

以上这些设计倾向与当今社会、经济、文化和科技等因素密切相关,反映出人们对地球生存环境的高度关注,反映出人们对人的价值的重视,反映出对环境整体性的追求,反映出对科学技术的热爱、反映出对传统的珍惜……相信随着人类对自身认识的不断深化,室内设计也将永无止境地不断向前发展。

第十三章 项目协调与管理

第一节 项目阶段的划分

这些年来,大型设计项目的管理趋向于让专门的项目经理或者建筑估料师来负责,这些从业人员受过特殊培训,可妥善处理设计项目中的法律问题以及其他复杂的工程问题。然而,许多室内设计师仍然亲自协调管理小型设计项目。本章将按照项目开始到项目完工的时间顺序,对项目协调与管理的几个主要阶段做概述,并介绍设计项目所需要经历的相关过程。

室内设计项目总体可分成四个主要阶段。第一阶段是客户设计需求、设计师的设计提议和客户对这一提议的许可。第二阶段涉及收集可用于形成初步创意构想的信息,还包括面对客户的室内设计展示报告。设计展示报告之后,客户同意并签订各个设计计划和方案,紧接着就是项目阶段三,在这一阶段里设计师确定好设计图里的细节问题,并为项目施工做好完全的准备。到了第四阶段,项目施工的各个方面逐一展开并竣工,然后设计师会正式地把室内设计成果移交给客户。这些阶段和收费或者费用结构的方法,将在最初的设计提议里清楚地向客户说明,客户将有选择地与设计师经历开列的所有设计阶段,或者只经历其中的一个或两个阶段。通常来讲,设计师要对一开始召开的客户设计需求会议进行收费,但是在还没获得客户对设计提议的同意之前,客户没有义务必须与设计师进行下一阶段的合作。

一、阶段一

(一)客户需求和设计分析

与客户的最初会面不但是为了确定客户需求的性质,而且是为了让设计师有机会给客户"传输知识",以使他们对室内设计合作的整个过程有全面的了解。由于近年来人们对室内设计知识的兴趣有所增加,大多数客户对这个话题已比较熟悉,并想要尽可能多地参与到室内设计师的设计过程中。因此,设计师及早地具体界定主雇之间的伙伴关系会很有好处。在获取客户需求会议之后,如果设计师花时间来写明一份设计分析,往往能达到事半功倍的效果。设计分析的写作通常以确认客户设计需求的形式进行,但还可以包含尽可能多的辅助信息和细节。从本质上讲,设计分析是管理信息的一种方式,它建立了一个存储库。对于一个房间,这项措施可能显得毫无必要,但是由于大多数设计项目都涉及好几个房间的设计——例如餐厅设计,并且设计师可能同时接手好几个设计项目,这就很能理解做设计分析的价值了。收集在这里的信息应该以有助于确认客户需求、树立客户的信心和开列设计费用结构为目的。注重细节具有至高无上的作用。

如客户对某特殊、昂贵的重复细节设计有要求,但设计师却忽视了这一客户设计需求,没有在之后的估价单里反映出来,那么这很可能会严重地挫伤客户对设计师的信心。设计分析的内容还可使设计的决策更容易,比如,确定客户对某一住房使用的期望——他们是在为今后十年做规划呢,还是寻求个较短期的解决方案。

如图 13-1 所示,在跟客户初次的会议完了之后,一位工作认真的设计师会制定客户档案,并对他或她的室内设计需求进行分析。

客户档案
身份:一名成功的园林设计师,曾在世界各地负责设计项目
兴趣:烹饪、绘画、园艺、音乐、娱乐和徒步行走(长途的!)
特殊要求:尽量降低公寓装修对环境的影响;尽量使用环保产品并且就地取材

房产
公寓:20世纪30年代的仓库改造房,位于楼房的第四层,阁楼式的两间卧室
地点:汉普斯特荒原
房间特点:景色很好;面朝西南的小阳台,阳台的门口是落地长窗
限制:房间的内部结构无法改变
房间面积:主要居住空间为12.8m×8.8m;浴室为4.6m×3.4m

客户需求
居住区域即合成一体的厨房、主卧室和浴室等的家具布局和装饰方案;包括窗户处理和照明。特别需要注意的是,客户喜欢中性色,但是他的妻子喜欢更惹人注意的宝石色彩

设计风格
舒适、现代、都市氛围,但不要冷淡或者没有人情味;高雅、彰显个性的
特别要求:宽敞、隐密的存储空间;"个性"浴室

原有饰面
墙壁:石膏饰面
地板:实体水泥,下有70mm厚的砂浆底层
天花板:石膏板(上有足够的空间,可用于隐藏式照明)
窗户:钢(Crittal品牌)
供暖:暖气片

居住区域
• 六人的舒适的座位区
• 靠近厨房的六人就餐区
• 紧凑的厨房区域,要有良好储存空间和操作台空间(可能采用中心组合式、带柜台的),可以容纳得下炉盘、嵌墙式双重烤箱和微波炉、电冰箱/冷冻箱,以及带废水处理的双重水槽
• 客户的工作区,含储存和足够大的空间,可容许客户摆下A1规划

主卧
• 带软垫床头板的特大号床,一个舒服的扶手椅,两张床头柜,可容纳宽敞抽屉和可供悬挂衣物的储存空间

浴室
• 浴缸和独立淋浴间;厕所;两个洗脸池;加热毛巾架

图 13-1

（二）设计提议

设计提议应说清楚设计项目的各个阶段、客户对设计图画和插图形式的期望，以及每个设计阶段各项服务费用的细分。此外，它还应该包括详细的付款条件和雇佣条款。设计提议里应给客户一些灵活空间，并尽可能适应客户的要求和时间表。在有些情况下，设计师应做好商谈的心理准备，对任何的存在客观制约保持灵敏，这些可能包括时间安排、财政预算或者法律技术困难。在这种情况下，设计师可以建议客户采取其他途径，比如把工作分阶段进行或者看看其他的费用结构表有没有更适合当前设计项目的。虽然从构思到竣工，全由室内设计师负责和监管设计项目的所有阶段有很明显的好处，但是，有的客户可能更喜欢和设计师起协作到包括设计展示报告阶段，然后决定是由他们自己来进行各设计的施工或者与别的专业人员一起完成。另一种可能是，客户要求设计师制作出设计图纸并做好项目施工准备，然后要求设计师把项目转手给一位项目经理。

二、阶段二

（一）考察和测量

在已经获得客户对设计提议的同意之后，设计师就可以马上开始下一阶段，收集作为创意构思基础的有关信息，而这是以房间的现场考察和测量开始的。室内设计的一贯做法是，房间考察应该做得越综合越好。项目开头多几小时的实地考察，将给以后项目开展时节省好多天现场核查细节或者收集补充信息的时间。除了为了实际层面上的方便，现场观察的价值还体现在设计师可以借此"经历"房屋空间的氛围和体积，这对创意构思过程应该很裨益。实地考察这方面的作用容易被疏忽，因为设计师经常过于专注房间勘察本身，花费时间于收集所有的细小信息，方便以后绘图时能够恰如其分地反映该空间。

在获得客户的设计需求之后，准确测量特定设计项目涉及的各房间，并对设计前建筑细节的类型和条件制作出一份房间考察报告，是室内设计进程的下一阶段。例如 Muhiplicity Architects 设计的这个教堂改造房（图 13-2），它原先就具有玻璃窗画和横梁天花板。

（二）创意和概念

在获得和分析了客户需求，并且进行了房间考察以及所需的任何初步研究之后，设计师面临的最吃力也最重要的设计阶段之一是酝酿创意的过程。不幸的是，这通常也是一个设计项目中包含了最少实用技能和中心思想的因素之一。为了获得杰出的创造力，设计师这时需要完全地放松身心，并实际上能够进行"空想"。当面临各种工作的时间期限时，设计师可能很难做到这一点，而容易陷入采用经过前人使用过的证明安全可靠的方案的设计套路。这样，他们就放弃了一次次尝试并构思出全新创意的机会。

创意阶段通常分三步走。第一步是确定设计概念。这要求设计师要有完全开放的思想和创新思维的能力。对有些人来说，体育锻炼和新鲜空气会有助于这一过程；对另外一些人来说，它可能是一杯红酒和几段舒缓的经典乐曲。

图 13-2　Muhiplicity Architects 设计的教堂改造房

　　灵感无处不在,它的来源可能多种多样。设计概念的形成可能基于与客户召开的获取客户需求会议时的几个关键词、富有联想色彩的词语,或者几个创新理念的结合体外加一些有趣的色彩和材质。味觉、嗅觉、各种声音和视觉全都能对设计概念的形成有影响,并能帮助打开设计师的记忆和经验的资料库。在为客户进行设计的过程中,设计师实际上是在设计一种人生体验,设计师所得到的设计概念应该能够成为设计方案的本质和澄清设计基调。

　　设计的概念确定之后,它需要进一步的分析、具体化和审视评定。最后,它可以被展现出来,要么以非正式图片的形式为设计师提供有效的设计边界;要么做成一个正式的概念板,在做设计展示报告时可拿来向客户展示。

（三）空间规划和设计

　　根据房间考察时所得的绘图和测量制作设计项目各个空间的缩尺平面图,便构成空间规划过程的基础,它和一些辅助性草图一起用以帮助设计师设想设计理念成形后的可能模样。缩尺模板可用来帮助规划家具布局,对于大型设计项目来说,这点通常在计算机上进行草拟。一旦最终的设计方案已经成形,各种规划图将经过润色,做得更完善,以便客户展示报告之用,各种辅助性视觉材料也将准备完毕。

(四)客户展示报告

无论面对客户的室内设计展示报告采取何种形式,最重要的要记住它是一个沟通活动,一次设计师可以向客户表现他们对设计项目很用心的机会,并且借这个机会设计师树立起客户对他们的专业素养的信心。展示报告的过程应该是一个言简意赅、有所侧重、信息量足和富于人情味的实战演习。

展示报告的基本准备将包括分析场合、地点类型和明确到场听众的基本身份。从这里,设计师应该能确定设计展示报告的正式程度、时间安排和做报告的方法,以及正确的着装规范。展示报告本身的内容和结构显然是个关键,设计师将需要收集和挑选合适的视觉辅助手段和资料,而且计划好展示报告的结构,使它有引言、主体和结语。展示辅助手段应经过取合以适应当时当地情况并有助于信息的传达,但同时需要精心的准备和有技巧地使用操作。太多或者太过复杂的辅助手段很可能只会使客户更迷茫,最终有损于展示报告效果。

针对客户设计需求,创意构思过程的灵感来源可以多种多样,包括各种自然主义的形状和形式等(图 13-3)。

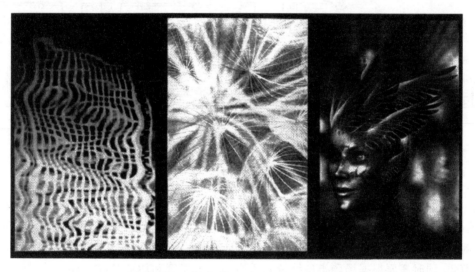

图 13-3　创意的灵感来源多种多样

图 13-4 是含家具布局的"佛之吧"总平面图。位于纽约,设计者是杜普(Dupoux)。

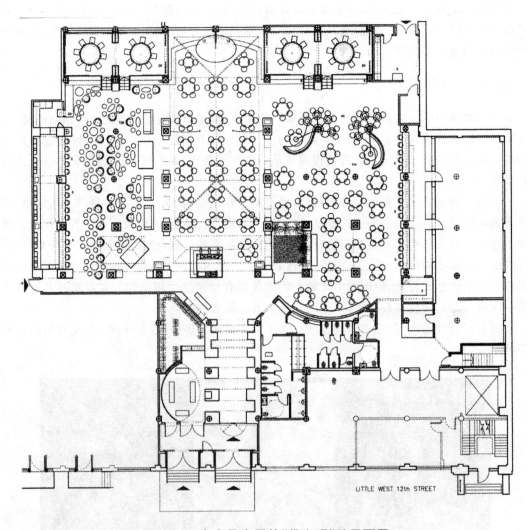

图 13-4　含家具布局的"佛之吧"总平面图

　　进一步的有益准备还涉及是否使用详细的说明文字,或简单的提示文字,或者完全舍弃文字部分;然后是否需要排练几次,以便掌握好时间,使报告内容变得密集些并避免神经紧张。报告过程中时不时地腾出一点时间,用于期待客户可能会有的疑问,这也很有好处。设计师需要对听众表示尊重,同时需要根据场合类型维持好适当的庄重程度和职业特质。能听度、噪音的开放、热情和节奏,加上适当的肢体语言、站立姿势和眼神交流的使用,所有这些全都有助于取得演讲报告的成功。

　　图 13-5 所示是一家发廊的翻新工程中,设计师所提议使用的材料饰面样品、表示空间布局的轴测图和周边地区环境相片一起把设计师的设计理念传达给客户。

图 13-5　发廊翻新工程设计图

图 13-6 提供了一次设计方案要使用的视觉解释资料，上面有经过渲染的家具布局图、立面图和透视草图，以及设计师推荐使用的纺织品样本和家具配件图像。

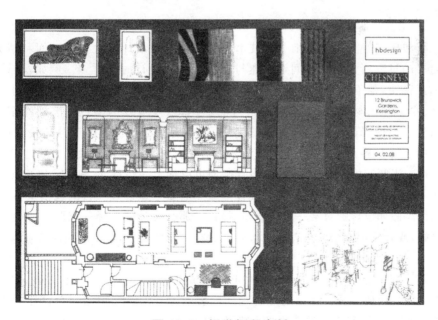

图 13-6　视觉解释资料

（五）客户许可

有时客户展示报告会进行得异常顺利，事后设计师不禁会喜上眉梢；在其他场合，客户展示报告则很有可能进行得不太如人意。但无论结果如何，设计师都应该对下一步设计方案的出售保持精神集中。虽然可能无法让客户一时之间马上签下所有的设计方案，但是设计师可以借助一些途径来促进客户尽快做出决策。有时，这将需要设计师对设计方案做一些调整和完善，那么，设计师能否积极地吸收客户的意见，在设计展示报告中保持灵活的态度和不墨守成规于原来的设计提议，将显得非常重要。在某些情况下，设计师在脑中保留一两个备用方案的做法也十分值得，尤其当设计方案的执行可能受到财政预算的制约时。

三、阶段三

（一）方案实施

客户书面同意设计师所提出的各个室内设计计划和方案之后，设计师将开始收集在设计中采用的所有装饰产品的信息。然后设计师制作施工图，这些图纸和将给予各个潜在承建商、供应商及专业技术人员的施工说明书、招标文件可作为他们准备报价单的基础。因为有必要确保客户理解设计中的各个要素和各个要素的组成部分，这些要素和组成部分通常都会被设计师拷贝到施工图上。

（二）施工说明

详细说明和确定好方案中各细节的技术参数需要花费设计师大量的时间和精力，因此制作施工说明书的过程所占用的时间经常能与初步规划和设计时一样多。例如，设计师为一个灯具制作施工说明，他不仅需要考虑灯具外观本身，还需要决定灯泡的类型、大小、颜色和瓦数；灯罩的大小、形状、材料和颜色；灯罩内衬的颜色；以及皮线的颜色。准确性至关重要，因为此时任何的失误或者简约都是设计师的责任，这一责任的代价可能十分昂贵。设计师可附上即将使用的装饰材料和饰面的样本，装饰性施工的说明则应该指明涂料的颜色和类别以及所需使用的数量。当制定施工说明文件时，设计师便可以加上一些条款，确保承包商以对环境安全负责的态度进行施工。在选择承包商时，设计师显然需要根据设计项目的规模来考虑他们是否胜任这份工作。假如设计师对某一承包商还很陌生，那么设计师选择一家职业协会组织的承包商可能会更好，或者采用有个人推荐的承包商。而在一些场合里，客户会建议几家承包商之间进行投标。

照明计划并不总是实际客户展示报告的必要组成部分，但是对电气专家来说，它应是施工说明书中相当关键的组成部分。这里的照明规划图表示了一家运动俱乐部里设计师建议设计的18个相对独立的电路图和4种类型的照明装置（图13-7）。

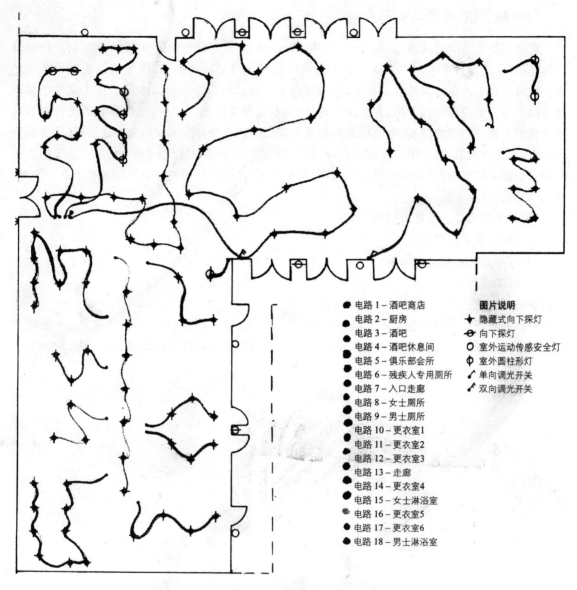

图 13-7　照明规划图

（三）投标和估价

在大多数情况下，几家承包商会就设计项目投标，拼个你死我活，或者通过商业谈判，最终达成共识。因为用于准备投标估价单需要耗费的成本和时间巨大，所以对于一家公司来说，如果最终招标结果对自己不利，它的损失也可能是一笔大数目。

对于招标投标的好处，有人持有不同的看法。例如，有人认为"投标会让承建商有机可乘，对设计图纸、施工说明、设计账单等里面的错误或者曲解提出异议"（承包顾问/仲裁官 James R. Knowles），还有人认为"投标人相互竞争，争相使用最低价位的产品，不利于客户和承包商关系的健康发展——在这个过程中律师获利，施工质量受到影响，从而使得估价偏低"（摘自伊根报告，John Egan 爵士）。

（四）施工图、客户估价和合同

对于主要承包商的选择，通常设计师会陪同客户一起审理投标估价单，而由客户自己做出最终的选择，这是因为承包合同的签订更像是承包商和客户之间的事情，而非承包商和设计师之间。然后从各方约定俗成的报价单中，准备客户成本估计单。为承包商准备的施工图的绘制本身实际上是一个迷你设计过程，它要求要有构思、布局和设计细节。在这里，最后的设计细节将给予描绘出来——例如照明、电缆或者冷却系统等。当这已令各方满意地完成之后，紧接着就是接受合同，在这之后，施工图将变成承包商的施工指南。在每次工程施工开始之前，设计师让客户和承包商签订一份合同（或许是建筑合同）很有必要，这份合同的内容必须涵盖以下几个方面：

（1）雇佣条款条件；

（2）相关室内设计服务时间表；

（3）费用、开支时间表；

（4）成本计算和偿付时间表；

（5）施工说明；

（6）责任与免责。

一幅施工图的绘制本身实际上是一个迷你设计过程，要有构思、布局和设计细节。一份油漆施工说明书必须确保油漆工完全明白自己的工作，以及施工达到饰面的最佳效果（图 13-8）。

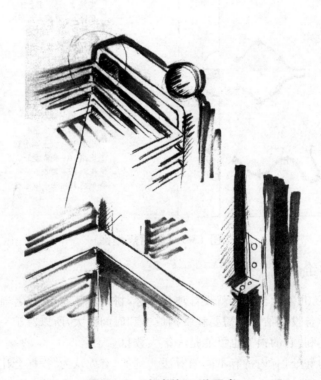

图 13-8　油漆施工说明书

施工图在获得对方同意之后，就变成承包商的施工说明。以下这个例子表现了一个金属制壁炉篮筐的细节部分（图 13-9）。

油漆施工说明书

客户：Silverman Productions Ltd

客户地址：Silverman House, Battersea Wharf, London SW11

施工代号：MD/0084

董事会议室／管理人员食堂——第三层

天花板：	油漆翻新：多乐士，炽白，一层，无光泽
墙壁：	油漆翻新：冕牌，"FLAGON"，扁平哑光乳胶漆
护壁板顶木条：	油漆翻新：多乐士，"ICE STORY 3" OON 25/000，抛光
护壁板：	胶合板，"LIGHT CHEERY" 4183，缎面光
窗户：	窗框——油漆翻新：多乐士，"ICE STORM 3" OON 25/000，抛光
壁脚板：	胶合板，"LIGHT CHEERY" 4183，抛光
地板：	"Maestro"地毯瓷砖——颜色翻新：200

一般注解：

- 油漆工应该预先准备好所有表面，以有利于得到最佳饰面效果
- 所有新的木工活和细木活制品都经节疤处理、填充、磨光和涂上底漆
- 按照制造商建议的方法施用底层漆和表面漆
- 所有现有的上漆木工活都要淋洗、擦拭、填充、磨光和涂上一层表面漆
- 现有的墙面覆层都要剔除——墙壁都要经过冲洗、填堵裂缝和磨光
- 必要时，油漆工使用制造商推荐使用的黏合剂
- 不要在木工活上使用乳胶漆作为底层漆
- 对于特制混合漆或者粉彩，在专业的油漆工动工之前，要先经过设计师（或客户）的现场批准才可施用

图 13-9　承包商的施工说明书

签订该合同的正式表格有两种,分别都可以从英国皇家建筑师协会(RIBA)和英国室内设计协会(BIDA)购买,但如果设计师使用他们自己的合同形式,那么使用前最好先咨询并征得诉状律师的同意。

施工图以及施工说明书、承包商本人的实地视察,将使承包商可以准备好估价单,而承包商的投票估价单将构成客户估价的基础。

(五)许可和审批

同样在这一阶段,设计师将向当地政府机关寻求必要的施工许可和审批。这些证件手续的意义不应被设计师低估,因为一旦处理不当,它们可能给项目的进程带来严重的拖延和问题。设计师必须有能力正确而有效地完成必要表格的填写工作,他还必须对所有的申请保持密切的关注和追踪,以避免因轻心而导致任何疏忽的出现。

对于内部布局调整、建筑物扩建或者其他建筑物外表变化,设计师必须咨询建筑规划局官员的意见,确知在一般许可的房产开发权之下室内设计中的这部分是否能执行,或者是否需要得到进一步的审核批准。这可能取决于房产的本来容积和所提议房产开发的规模,以及建筑物从前是否已经进行过结构调整、增加和扩建。

如图 13-10 所示,为了确保建筑物使用人员的人身安全,许多设计项目的施工需要消防官员的介入。防火门、清楚的出口标志、自动探火喷水系统和应急照明只是对一个商业空间的消防要求中的一部分。

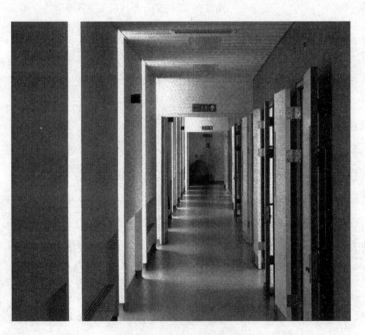

图 13-10　消防设计

下面这座排屋的尾部扩建整洁、现代,同原来的传统建筑结构达到了成功搭配,为住房提供了一个明亮、宽敞的厨房空间(图 13-11)。几乎所有的房屋扩建都需要获得规划许可。

图 13-11 房屋扩建

在项目施工的早期阶段,设计师还可能需要就防火门和脱险通道等问题,向消防官员进行咨询。对于商业类项目和公共区域的室内装修,设计师不但必须获得消防官员的许可,而且还必须得到卫生官员的批准。在工程收工的时候,建筑规划局官员会来视察所有工程项目完成的质量,如果满意,他就会发放适当的许可证书。地区勘测员将监督项目施工的进展情况,如果存在什么需要重做的工作,设计师应该在关键阶段和勘测员一起核实,以避免附加的开支及延迟。

如果建筑物属于在录的古建筑,位于历史文物建筑保护区或者位于一块自然景观非常优美的区域,那么,设计师的一般房产开发权也可能会受到法律限制。对一栋在录的古建筑的内部改动,可能只需要"在录建筑施工许可",但也可能还需要获得建筑规划批准。简单的修复作业可能不需要正式的许可,但设计师必须制作出一张修复作业日程表,把它呈交给当地的建筑规划机关,以便获得书面确认书,证实这项施工作业可以不经过正式许可就能开工。

世界上大多数国家都建立有一个国家遗产保护性质的机构,该机构专门用来看管历史建筑并隶属于一个正当的政府部门,设计师将需要从这个政府部门寻求建筑物改动或者翻新的施工许可证。例如在英国,在录历史建筑被划分成三个类别:Ⅰ级历史文物建筑、ⅡH级历史文物建筑和Ⅱ级历史文物建筑。由于前两级历史文物建筑类别里主要是具有特别重要历史价值的古建筑,设计师工作中一般涉及的在录建筑来自第三个类别。在录建筑物并不一定是居民住宅,许多戏剧院、电影院、市政厅和医院等,也同样可以是政府的在录建筑物。根据建筑物内进行的商业活动类型的不同,美国对在录建筑的级别划分有所不同。

四、阶段四

(一)项目管理

对于项目管理和项目监督之间的不同之处,设计师常常会出现概念混淆。一位设计师既可以自己做项目管理(因此成为项目经理,身兼两职),也可以选择把项目交接给专门的项目经理。

要获得高级别的项目管理水平,设计师可以选择管理理论课程和取得正式资格证书,但是对于简单的项目监督,则不存在什么规则或者指导方针。大多数室内设计师趋向于在监督较小项目(通常定义为"小作业")时学习项目管理的技巧,这常常是以他们自己的责任为代价,或者有时让业内汗颜地以客户的损失为代价。比起英国,在美国的一些室内设计课程更注重学生的项目管理技能的训练,因此,如果不计较工程项目大小的话,总体上美国室内设计师亲自做项目管理的比例更高一些。

理所当然地,经营住宅类设计项目和管理商业空间类项目之间有着天壤之别。对于前者,设计师可以用一种非常私人的方式跟客户沟通,但是在个商业设计的场合,项目管理则涉及跟专业人士的合作,无论合作方是委员会或者个人。商业类设计的客户看得懂合同,并且很可能就销售、市场营销目标和企业形象等做一个更注重财政支出的客户设计需求报告。总而言之,在决定接手项目管理之前,设计师应严肃地考虑一下凭自己的能力,他们最适合与哪种类型的客户打交道,这不无裨益。

(二)项目经理职责

总体而言,项目经理对项目施工的成功负有直接职责。他们对客户负有全部的责任,对于任何可能的风险,他们都应该心中有数。保证工程进度、定期更新项目计划和协商工程中出现的任何问题,都是项目经理的工作职责。这意味着项目经理得定期准备和主持工程会议。在项目工程竣工时,项目经理将对工程完成的最终成果做评价。

项目经理的职责范围相当之广,具体包括项目的室内设计、室内设计方案产品供应和安装的组织安排、向承包商解释产品说明、引进适合的专业技术人员、监督项目实施、向客户做报告以及看管各项财务支出。最重要的是,一次成功的项目管理与协调全在于实现良好的沟通和团队合作,使团队里的所有成员都能积极地投入,并在工程施工的每一个阶段得到及时的信息更新,确保每个人都明白个人负责的工程细节。

(三)工程进度表

项目经理一开始将处理的几件事之一是制作一张工程项目团队的通讯关系图。然后是准备工作程序和工程进度表,这需要一个切合实际的时限和日程设计,确保各类承包商和供应商能在正确的时间得到引进,以及有较充裕的时间来排序、定购和招标、制造、安装及矫正或干燥。该工作程序将每月更新一次,并将人手一份发给参与工程建设的每一个成员。许多大型项目操作都建有网上工程管理中心,由公司进行管理,这样项目团队的不同角色,包括承包商,都能使用一个专门的密码进行访问。工程中的任何变更都将自动地记录下来,必要时项目经理也可以看到这一信息。承包商和供应商必须被视作项目团队里不可缺失的一部分,此时,实现项目团队各成员之间的良好联系及通讯的意义跟客户关系一样。

工程开始前的准备工作也是成功的关键,在所有事项还没有适当地做好日程安排和准备之前,项目经理必须做到不受客户的催促而仓促地开始工程项目的建设。这是因为缺乏细心的工程准备会带来质量的欠缺和施工细节做得不到位。

图 13-12 所示的为工程进度表,它列出了工程进度的各个阶段,包括拆除和设立建筑结构阶段、照明和电气安装,以及所必需的表面饰面和家具摆设。

工程进度表

1.0　建筑结构拆除

1.1　拆卸和移除设计当中没有必要的建筑结构。

1.2　移除现有的墙面覆层。

1.3　移除现有的地板覆层，并把所有以上拆除物搬离施工现场。

2.0　建筑结构设计

2.1　给厨房区域树立隔断墙。

2.2　安装五个木板隔断墙门轨并做好门口，检查铺设地毯的地平面。

2.3　检查用于悬挂曲线灯的天花板结构，如果必要，在天花板的隐蔽处安装木框。

2.4　按照平面图的设计，从地面安装1米高的木质护壁板顶木条。

3.0　照明

3.1　在天花板的适合位置安装曲线挂灯。

3.2　装聚光灯和筒灯到曲线挂灯上。

3.3　按照照明概念设计，把迷你星光装配到天花板上。

4.0　电气

4.1　按照要求安装电路。

4.2　设置迷你星光的调光按钮。

4.3　检查所有的灯具和插座开关是否工作良好。

5.0　墙面覆层

5.1　准备好需要饰面的所有墙面、窗框和木工，便于最佳的饰面制作。

5.2　在适当位置施用底漆。

5.3　用"Flagon"哑光乳胶漆涂染天花板和护壁板顶木条之间的墙壁。

5.4　用"Ice Storm 3"光泽漆涂染窗框。

5.5　给护壁板顶木条涂上"Ice Storm 3"光泽漆。

6.0　饰面

6.1　安装暖气片箱。

6.2　按照制造商的说明，在护壁板区域固定木质胶合板。

7.0　地板

7.1　按照制造商的说明铺设地板底层。

7.2　按照设计规划安装地毯瓷砖。

7.3　清洁地毯。

8.0　家具

8.1　按照设计方案的规划，安置桌子椅子。

8.2　如果必要，抛光家具并清洁。

图 13-12　工程进度表

（四）采购

采购时间表的制定是为了确保装饰材料、饰面、装置、设备和家具的安装与工作程序的时间安排保持一致。下定单要求准确性，设计师必须努力跟供应商建立和睦关系、有效合作，以获得尽善尽美的协助和服务。例如,如果有东西在投递过程中损坏了,设计师必需要有把握,供应商会马上重新发出一个来。确立一个订购和偿付的格式也至关重要,这样可确保在需要供应的所有产品成本确认之后,客户高兴且乐意签订下任何订购单。

(五)工地监管

即使有项目经理,但工地监管经常是工程中重要的组成部分。工地现场将需要召开经常性的会议,讨论施工进程、正出现的施工难题和任何可能需要做出调整的变化。这些工地访问将使设计师有机会核查货物是否已按时投递,以及确保既定的成本、工程质量和各个工程进度表是否正按照原计划进行。

由于主要承包商通常只跟客户签订合同,这就存在着客户直接与承包商对话,并给出与设计师建议相矛盾的意见的风险。当客户的居住地是在工地附近时,工地监管可能变得尤其困难,因为这样客户常常比设计师更频繁地了解工程进度,在设计师还没来得及从承包商那里得到提醒时,客户更有可能提前知道了。这种局面使得设计师难于管理工程中的各种变数,也难于替客户避免没必要的烦恼和沮丧。另外,它还可能增加工程成本,因为承包商势必在当天的最后花费一些时间来进行清理。为了避免这类尴尬的出现,设计师应在项目的早期就确立好项目总体负责人的名字和客户介入工程的尺度,这对工程的顺利进行不无裨益。

成功的工地监管取决于承包商可以提前得到准确的房屋信息。所展现的即是一栋房子和房子中庭的详细讲解图,它们强调了需要注意的外部建筑区域。

(六)施工设计管理(CDM)

为了加强施工设计的安全可靠,施工设计管理条例在 1994 年得到引进,并在 2007 年进行了进一步立法。几乎所有的施工项目都受到该法律的影响,而且在大多数情况下,英国健康安全执行部(HSE)需要被告知项目的执行情况。在 CDM 管理条例下,客户、设计师、主要承包商和CDM 协调员都有具体的工作职责——虽然在小型施工项目里,设计师和 CDM 协调员的职责可能是一体的。

任何涉及建筑物拆卸的项目都不具有免责的权利,项目方案必须告知健康安全执行部(HSE),是否施工工期会多于 30 天或者是否涉及超过 500 人天的施工过程。对于居家设计类客户以及每次施工参与人员的最大数目都少于 5 人的项目,他们可以有一些免责权利,但是这一免责条件不适用于跟居家设计类客户打交道的设计师;在这一方面,室内设计师具有提醒客户设计师各项义务的义务。

在项目施工过程中,设计师处于有能力减少施工设计风险的特殊位置,因此他们应该从一开始就着手解决项目的健康安全问题。然而非但如此,他们的责任还应超越这一点,从而包括施工后的维修、修复和翻新等工作,以及保证空间使用者的健康和安全。根据 1999 年施工健康与安全条例,设计师还负有风险评估的责任。因此,由于 CDM 条例的存在,设计师现在需要具备更多的关于承包商的实际工作过程知识、对房屋建筑的深刻理解,以及因此他们开列使用的各种材料饰面的潜在危险。这些潜在危险包括任何对人类健康有害、引起人身伤害或者导致火灾、爆炸或灌水泛滥等"灾难性事件"的一切方面。

对于大型工程项目,设计师还需要对建筑物建造和拆除备过程有很好的掌握,甚至有时候要对当前建筑工业的操作提出质疑,因为 CDM 管理条例的正确实行正是鼓励创新和开发出新的、更完善的建筑方法。在这种大规模的工程项目里,将会有一位专门的 CDM 协调员;这一角色可能由一名建筑师或者勘测员来担当。CDM 协调员的资格可以通过培训获得。

图 13-13 所示为一个多功能会议室的装饰设计案例。这一序列图片追踪了一个多功能会议室的装饰设计过程,会议室位于荷兰海尔伦的帝斯曼(DSM)集团总部,由莫里斯·蒙特延斯设计。

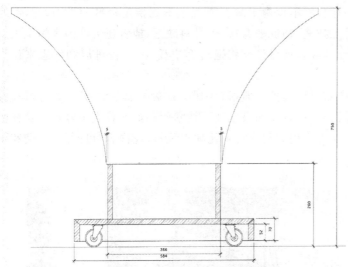

多功能会议室可移动桌子之一的截面图

桌子的CAD渲染图

正在制作中的桌子

桌子在已完工室内设计中的模样

图 13-13 装饰设计

（七）安装

细木工、材料、饰面和家具的安装必须经过认真的规划，安装时需要注意易于进出的问题。如果一件投递货物到了门口却抬不进来，客户是不会感到高兴的。负有监视责任的设计师或者项目经理应该尽量对每次货物投递例行检查，查找是否有损毁痕迹。送货单必须保管好，发票和偿付单据必须经过记录。为了依照日程表来安装备产品，设计师需要跟承包商保持不间断的联络。不幸的是，项目施工过程中往往存在着不少偷工减料或者达不到指定标准的方面。这可能根源于计划不能及时完工、拙劣的手工技艺、物资来源缺乏、材料缺乏，或者还可能因为施工项目超出了预算的范围。一位优秀的设计师或者项目经理将通过客户反应、工程进展和深思来认真估量工程项目的成败进程。

客户总是会很高兴能拥有一本产品售后维护手册，该手册会向客户详细说明装饰材料和饰面的维护方法，如何使用各种家庭器械装置，以及如果出现了技术问题如何找人来修等。这在浴室和厨房设计中尤其有用，因为这些地方使用的装饰材料比如大理石、花岗岩、可丽耐、玻璃和不锈钢等，通常需要精心护理（图 13-14）。

图 13-14　浴室装饰

（八）项目竣工和交接

项目即将竣工时，设计师将对所有工程细节执行一次彻底而仔细的大检查，寻找破损的油漆、不平的地板覆层、没有挂好的窗帘等，以便在正式的设计项目交接之前，能把这些问题都纠正过来。举行一次正式的项目交接仪式的好处是，设计师通常可以借此机会给客户留下深刻的印象。许多设计师会从设计费用里腾出一笔款来用于点缀室内设计现场，在客户到来之前，他们可能准备些鲜花、蜡烛、巧克力和香槟并播放一些动听的音乐。在有些情况下，客户可能缺席整个项目施工过程，而要求设计师安排好房屋内的一切，甚至把冰箱填满食物。为了成功做到这一点，为了给客户创造出恰当的愉快而高贵的设计经历，设计师的设计分析中应该提供有关客户的必要信息。

设计项目竣工时，设计师可用式样新颖的花瓶和鲜花或者碗和新鲜水果的摆设来给已完成的室内装修增添光彩,从而给客户留下一个好印象(图 13-15)。

图 13-15　项目竣工后的摆设

在实用方面,项目竣工将伴随着最终发票和阶段付款的结束,任何的质量保证书、产品说明书或者信息小册子都将在这时递交给客户。这一般会得到所有客户的赏识,并且设计师如果能向客户提供一个室内设计售后维护手册,在这个手册里包含与各项施工有关的一切资料,比如收据、保证书、产品说明、涂料颜色、视听资料和木料或石料地板的护理等,那么,这一举动无疑也会增加总体设计项目的专业性。项目交接时通常允许有一个保留期,这保留期的长短可在与客户签订设计合同的时候协定。保留期有时被称作"潜伏困难期"或者"剩余工作清单"阶段,在这个期间,客户保留一小部分未付设计费用,而设计师要确保工程竣工后出现的任何问题都给客户满意地处理好。根据所涉工程项目的种类大小,保留期可长可短,短可以是两周时间,长则可达六个月之久。

第二节　项目费用的结算

根据各项工程项目的复杂程度,室内设计的费用结构会有所不同,但是以下是最常用的室内设计收费方法。

一、咨询费

对于这项,设计师应以每小时或每天为收费单位,这一方法适合下面情形:
(1)只要求设计师有限的工作投入的客户;
(2)花费在搜索工艺品、古董和其他专业物品的购买地点的时间;
(3)在明确的客户需求还没形成的项目第一阶段;
(4)更喜欢以计时费率和固定的协定小时数作为标准委托设计的客户。

二、费用和增高标价相结合

这种收费方法通常用于主要涉及家具、家用装置和设备(FF&E)供应的设计项目。这里可能包括一个初步概念设计费用,然后,任何经供应的装饰用品价格都将采取增高标价(成本上另外加收一个百分比)的形式收取。另外,如果施工工作特别庞大或者复杂,设计师可收取一个工程协调费,用以抵消家具、家用装置和设备的安装费用。

三、固定酬金费用

这一方法经常适用于主要包括设计内容的项目,装饰商品的供应可有可无。其中包括:
(1)初步概念设计的固定酬金;
(2)设计方案形成到在制品阶段之前的固定室内设计费;
(3)项目施工期间的工程协调费(计时费率或工程总成本里取百分比);
(4)行政管理或者手续费。

四、零售价收费

在有些情况下,如果不涉及其他费用的收取,设计师便可以以零售成本价来供应装饰用品。但是,零售价收费的方法也可以跟某一设计咨询费联合使用。无论采取何种收费方法,设计师都应该及早地跟客户就设计费用问题协商一致。

有时,设计师可以先以计时收费的方式进行概念设计和预算说明过程收费,然后在客户肯定了项目可以继续之后,转换成费用一次总付法。设计师还必须明确,如果出于任何原因,在设计师得到指令之后客户又取消了让设计师继续提供服务的计划,原先商定酬金费用的一个百分比将会做客户征收,并且设计师还将有权取得该阶段新产生的所有开支的补偿。设计师应该清楚,许多客户喜欢见到设计师所提供货物与服务的发票,因为出示发票可以使客户对设计师的工作和诚信都更有信心。这是一项可以接受的商业操作,应该在签订合同阶段就给予明确。

计算设计费用时,设计师应该考虑到按照与客户达成的协议,他们可能在项目的各个阶段花费时间的多少。另外,他们还应考虑该项工作对于他们的实际价值,以及按照建筑面积推算它的价值的多少。一般来说,预算数字的制订会参考设计项目的各种要素,然后按照总体预算成本取固定百分比计算得出。这个固定百分比值会发生变化,对于小型项目可能高些,对一宗较大规模的设计项目,可能就往下调低一些。除收取设计费用之外,设计师通常还要收取旅行支出、最低生活费、预算外开支、图画文件复制费用和与某一具体按成本合同有关的邮资费用,等等。

正式"交接"之后,设计师将把竣工结算发票发给客户(图 13-16)。但是,在这笔结算之上存在的另一笔协定费用将由客户扣留一小段时期,以防出现工程完工后任何问题的出现,需要设计师的关照。

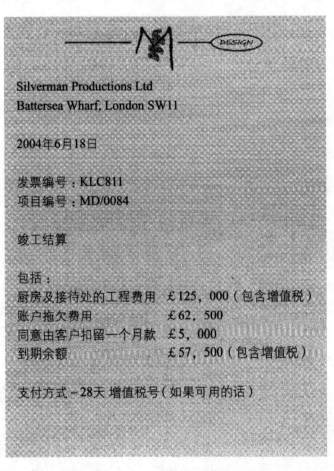

图 13-16 竣工结算发票

除此,设计师还要明确设计项目各主要阶段,图 13-17 即为项目设计主要阶段一览表。

阶段一

- 初步会面
- 客户需求
- 设计提议和客户对该提议的许可

阶段二

- 设计考察、测量和分析
- 设计概念/初步设计工作
- 成本预算与费用
- 设计展示报告准备
- 客户展示报告/客户合同

阶段三

- 施工图（可能包括照明和室内设施计划、窗户处理和细木工设计）
- 施工说明/招标文件（据此建筑商、供应商、制造商和专业技工为他们各自的工作估价）
- 客户估价
- 按照要求，向当地政府机关申请施工许可证
- 雇佣承包商/协议书/合同接受

阶段四

- 工作程序表
- 工程进度表
- 采购
- 必要时，工地监管
- 必要时，家具安装
- 竣工及交接

图 13-17 项目设计主要阶段一览表

参考文献

[1]陈易.室内设计原理.北京:中国建筑工业出版社,2006.

[2]赵平勇.设计概论.北京:高等教育出版社,2003.

[3]郑曙旸.环境艺术设计.北京:中国建筑工业出版社,2007.

[4]文健.室内设计.北京:北京大学出版社,2010.

[5]杨先艺.艺术设计史.武汉:华中科技大学出版社,2006.

[6]李强.室内设计基础.北京:化学工业出版社,2010.

[7]芦影,张国珍.设计史.北京:中国传媒大学出版社,2007.

[8]吴家骅.环境艺术设计史纲.重庆:重庆大学出版社,2002.

[9]陆小彪,钱安明.设计思维.合肥:合肥工业大学出版社,2006.

[10]李晓莹,张艳霞.艺术设计概论.北京:北京理工大学出版社,2009.

[11]郑曙旸.室内设计思维与方法.北京:中国建筑工业出版社,2003.

[12]席跃良.环境艺术设计概论.北京:清华大学出版社,2006.

[13]彭泽立.设计概论.长沙:中南大学出版社,2004.

[14]李晓莹,张艳霞.艺术设计概论.北京:北京理工大学出版社,2009.

[15]席跃良.艺术设计概论.北京:清华大学出版社,2010.

[16]维特鲁威.建筑十书.北京:中国建筑工业出版社,1986.

[17]高丰.新设计概论.南宁:广西美术出版社,2007.

[18]凌继尧等.艺术设计概论.北京:北京大学出版社,2012.

[19]宋奕勤.艺术设计概论.北京:清华大学出版社,2011.

[20]邱晓葵.室内设计.北京:高等教育出版社,2008.

[21]蒋雯.设计管理.北京:机械工业出版社,2011.

[22]张福昌.现代设计概论.武汉:华中科技大学出版社,2007.

[23]赵江洪.设计心理学.北京:北京理工大学出版社,2004.

[24]李龙生.艺术设计概论.合肥:安徽美术出版社,1999.

[25]曹田泉.艺术设计概论.上海:上海人民美术出版社,2009.

[26]何永胜,刘超.艺术设计概论.长沙:湖南人民出版社,2007.

[27](英)珍妮·吉布斯著;吴训路译.室内设计教程.北京:电子工业出版社,2011.

[28](美)鲁道夫·阿恩海姆.艺术与视知觉.北京:中国社会科学出版社,1984.

[29](美)苏珊·朗格.情感与形式.北京:中国社会科学出版社,1986.

[30](美)A·热著;熊昆译.可怕的对称.长沙:湖南科学技术出版社,1992.

[31](美)保罗·拉索著;周文正译.建筑表现手册.北京:中国建筑工业出版社,2001.

[32](英)罗宾·乔治·科林伍德.艺术原理.北京:中国社会科学出版社,1985.

[33](美)罗杰·H·克拉克,迈克尔·波斯著;汤纪敏译.世界建筑大师名作图析.北京:中国建筑工业出版社,1997.